Ernst Probst

Meteoriten

Die wichtigsten Funde
und Krater

Widmung

Den Wissenschaftlern und Wissenschaftlerinnen gewidmet, die mich bei meinen Büchern unterstützt haben

Impressum:
Meteoriten. Die wichtigsten Funde und Krater
1. Auflage als Print-Book: Juli 2022
Autor: Ernst Probst
Im See 11, 55246 Mainz-Kostheim
Telefon: 06134/21152
E-Mail: ernst.probst (at) gmx.de
Herstellung: Amazon Distribution GmbH, Leipzig
Alle Rechte vorbehalten
ISBN: 979-8-838-02714-6

Einschlag des Chicxulub-Meteoriten in Mexiko vor 66 Millionen Jahren, der das Aussterben von Dinosauriern, Flugsauriern, Meeressauriern und anderer Tiere auslöste.
Bild: Gemälde von Donald E. Davis, NASA (via Wikimedia Commons),
Lizenz: gemeinfrei (Public domain)

Inhalt

Vorwort / Seite 17

188 Sternwunden auf der Erde / Seite 19

Steine, die vom Himmel fallen / Seite 43

Meteoritenkrater auf Planeten und Monden / Seite 67

Geschichte der Meteoritenforschung / Seite 75

Einschlagkrater der Erde / Seite 99

Steinmeteoriten über 1.000 Kilogramm / Seite 119

Eisenmeteoriten über 1.000 Kilogramm / Seite 119

Campo-del-Cielo-Meteorit / Seite 121

Hoba-Meteorit / Seite 123

Aletai-Meteorit / Seite 125

Cape-York-Meteorit / Seite 126

Canyon-Diablo-Meteorit / Seite 133

Sikhote-Alin-Meteorit / Seite 137

Gibeon-Meteorit / Seite 139

Mundrabilla-Meteorit / Seite 139

Cranbourne-Meteorit / Seite 143

Willamette-Meteorit / Seite 145

Stein-Eisen-Meteoriten über 1.000 Kilogramm / Seite 149

Suavjärvi-Krater
Der älteste Meteoritenkrater der Erde / Seite 151

Yarrabubba-Krater
Der zweitälteste Meteoritenkrater der Erde / Seite 157

Shoemaker-Krater / Seite 161

Acraman-Krater / Seite 163

Woodleigh-Krater / Seite 167

Tookoonooka-Krater / Seite 167

Talundilly-Krater / Seite 168

Vredefort-Krater
Der größte Einschlagkrater der Erde / Seite 173

Morokweng-Krater / Seite 177

Kamil-Krater / Seite 177

*Der Zwergplanet Ceres im Asteroidengürtel
zwischen den Planeten Mars und Jupiter
hat einen Durchmesser von 940 Kilometern.
Ceres wurde am 1. Januar 1801 von dem Priester,
Mathematiker und Astronom Giuseppe Piazzi (1746–1826)
in Palermo auf Sizilien entdeckt.
Foto: Justin Cowart, NASA (via Wikimedia Commons).
Lizenz: gemeinfrei (Public domain)*

*Der Asteroid Vesta
ist mit einem Durchmesser von 516 Kilometern
der zweitgrößte Asteroid im Asteroidengürtel.
Vesta wurde am 29. März 1807
von dem Arzt und Astronom
Heinrich Wilhelm Olbers (1758–1846) in Bremen entdeckt.
Foto: NASA (via Wikimedia Commons).
Lizenz: gemeinfrei (Public domain)*

Sudbury-Krater
Asteroid oder Komet? / Seite 181

Clearwater-Krater / Seite 185

Manicouagan-Krater / Seite 187

Charlevoix-Krater / Seite 188

Carlswell-Krater / Seite 188

Montagnais-Krater / Seite 188

Saint-Martin-Krater / Seite 189

Keurusselkä-Krater
Wie alt ist dieser Meteoritenkrater? / Seite 193

Lappajärvi-Krater
Neun Meteoritenkrater in Finnland / Seite 197

Krater im Baltikum / Seite 201
Kraterfeld von Kaali / Seite 201
Neugrund-Krater / Seite 201
Kärdla-Krater / Seite 201
Dobele-Krater / Seite 203
Mizarai-Krater / Seite 203
Veprai-Krater / Seite 203

Siljan-Krater
Schwedens größter Einschlagkrater / Seite 207

Dellen-Krater / Seite 209

Araguainha-Krater
Der größte Einschlagkrater in Südamerika / Seite 213

Wilkesland-Krater
Der hypothetische Riesenkrater / Seite 217

Rochechouart-Chassenon-Krater
Der lange verkannte Meteoritenkrater / Seite 221

Puchezh-Katunki-Krater
Der begrabene Meteoritenkrater / Seite 229

Mjolnir-Krater
Meteoritenkrater auf dem Meeresgrund / Seite 233

Chicxulub-Krater
Der mutmaßliche Dinosaurier-Killer / Seite 237

Bowtyschka-Krater
Der größte Einschlagkrater der Ukraine / Seite 247

Hiawatha-Krater
Der Meteoritenkrater unter dem Eis / Seite 249

Paterson-Krater / Seite 251

Silverpit-Krater
Ein Meteoritenkrater vor Englands Küste? / Seite 255

10

Einschlag des Chicxulub-Meteoriten in Mexiko vor 66 Millionen Jahren, der das Aussterben von Dinosauriern, Flugsauriern, Meeressauriern und anderer Tiere auslöste.
Bild: Gemälde von Donald E. Davis, NASA (via Wikimedia Commons),
Lizenz: gemeinfrei (Public domain)

11

*Darstellung des Dinosaurier-Aussterbens
als Folge eines verheerenden Vulkanausbruches in der Region
Dekkan in Indien. Dabei stiegen Unmengen
klimaverändernder Gase in den Himmel auf.
Bild: Zina Deretsky, National Science Foundation
(via Wikimedia Commons),
Lizenz: gemeinfrei (Public domain)*

Logoisk-Krater
Ein mittelgroßer Krater in Weißrussland / Seite 259

Chesapeake-Krater
Der größte Meteoritenkrater der USA / Seite 261
Beaverhead-Krater / Seite 266

Popigai-Krater
Der größte Meteoritenkrater in Russland / Seite 269

Kara-Krater / Seite 271

Nördlinger Ries
Ein Meteoritenkrater in Süddeutschland / Seite 275

Steinheimer Becken
Ein Meteorit oder zwei? Das ist die Frage / Seite 287

Weitere Meteoritenkrater in Deutschland / Seite 293
Meteoriteneinschlag am Niederrhein? / Seite 293
Meteoriteneinschlag im Saarland? / Seite 294

Eltanin-Krater
Der Krater auf dem Meeresboden / Seite 296

Lonar-Krater
Indiens erster Meteoritenkrater / Seite 301

Dhala-Krater / Seite 305

Ramgarh-Krater / Seite 307

Luna-Krater / Seite 307

Shiva-Krater / Seite 311

Barringer-Krater
Der Krater der Enttäuschungen / Seite 315

Xiuyan-Krater
Der erste Meteoritenkrater in China / Seite 328

Hongkong-Krater / Seite 330

Zhuolo-Krater / Seite 331

Yilan-Krater
Der zweite Meteoritenkrater in China / Seite 335

Meteoriten in Deutschland / Seite 338
Treysa-Meteorit / Seite 343
Bitburg-Meteorit / Seite 345
Untermässing-Meteorit / Seite 349
Benthullen-Meteorit / Seite 353
Eichstätt-Meteorit / Seite 355
Emsland-Meteorit / Seite 357
Hainholz-Meteorit / Seite 359
Krähenberg-Meteorit / Seite 361
Mainz-Meteorit / Seite 365
Menow-Meteorit / Seite 367
Nentmannsdorf-Meteorit / Seite 369
Obernkirchen-Meteorit / Seite 371
Oldenburg-Meteorit / Seite 372
Steinbach-Meteoriten / Seite 373

*Komet C/1858 L1 (Donati) am 5. Oktober 1858.
Dieser Komet wurde am Abend des 2. Juni 1858
von dem italienischen Astronom
Giambattista Donati (1826–1873) entdeckt
und danach monatelang weltweit immer wieder beobachtet.
Donati war nach Ansicht vieler Zeitgenossen
einer der beeindruckendsten und schönsten Kometen
(wenn auch nicht der spektakulärste) des 19. Jahrhunderts.
Bild aus Edmund Weiß (1837–1917):
„Bilderatlas der Sternenwelt –
eine Astronomie für jedermann" (1888)
Bild (via Wikimedia Commons),
Lizenz: gemeinfrei (Public domain)*

Meteoriten in Österreich / Seite 381
Mauerkirchen-Meteorit / Seite 383
Ybbitz-Meteorit / Seite 384

Meteoriten in der Schweiz / Seite 387
Twannberg-Meteorit / Seite 388
Rafrüti-Meteorit / Seite 388
Utzenstorf-Meteorit / Seite 388

Meteoritenkrater in Polen / Seite 390
Moraska-Krater / Seite 390

Keine Gefahr mehr aus dem All? / Seite 393

„Schmutzige Schneebälle" / Seite 397
Wiederkehrende Meteorschauer / Seite 404

Der Autor / Seite 407

Bücher von Ernst Probst / Seite 409

Gemälde des Meteoritenfalls von Hraschina bei Agram 1751.
Bild aus Wilhelm von Haidinger (1795–1871):
Der Meteoreisenfall von Hraschina bei Agram am 26. Mai 1751.
In: Sitzungen der kaiserlichen Akademie der Wissenschaften,
mathematisch-naturwissenschaftliche Classe, XXXV. Band,
Nr. 11, Wien 1859.
Bild (via Wikimedia Commons),
Lizenz: gemeinfrei (Public domain)

Vorwort

Seit mehr als 4 Milliarden Jahren stürzen immer wieder Stein- oder Eisenbrocken auf die Erde. Der imposanteste von ihnen war vielleicht rund 50 Kilometer groß und schuf in der Antarktis einen fast 500 Kilometer messenden Krater. Viele dieser Himmelskörper rasten mit einem Höllentempo bis zu 70.000 km/h zu unserem „Blauen Planeten". Teilweise explodierten sie bereits in der Luft. Ein Bolide schlug in Südafrika einen Krater mit maximal 320 Kilometern Durchmesser. Eines der Geschosse aus dem All löschte offenbar durch seinen Treffer in Mexiko vor 66 Millionen Jahren die Dinosaurier aus. Mit diesen und anderen Einschlägen befasst sich das Taschenbuch „Meteoriten. Die wichtigsten Funde und Krater". Es stellt sich die bange Frage, ob sich ein solches Inferno mit Erdbeben, Tsunami, Impaktwinter und Massensterben auch heute ereignen kann.

Amerikanischer Geophysiker
Robert Sinclair Dietz (1914–1995).
Foto: University of California San Diego,
Digitale Sammlungen.
Foto (via Wikimedia Commons),
Lizenz: gemeinfrei (Public domain)

188 Sternwunden auf der Erde

Millionen kleiner Himmelskörper – Asteroiden und Meteoroiden genannt – rasen durch unser Sonnensystem. Die größten davon erreichen einen Durchmesser bis zu 1.000 Kilometern, die meisten sind jedoch kleiner. Himmelskörper von unter 1 Kilometer bis zu mehreren 1.000 Kilometern Durchmesser bezeichnet man als Asteroid, Planetoid oder kleiner Planet. Die meisten Asteroiden befinden sich im Asteroidengürtel zwischen Mars und Jupiter. Dort sollen mehr als 10 Millionen solcher Gesteinsbrocken umherschwirren.

Das Bruchstück eines Asteroiden, das in die Erdatmosphäre eintaucht, heißt Meteoroid. Beim Eintritt in die Erdatmosphäre erzeugt dieser eine Leuchterscheinung. Ein Himmelskörper, der die Erdoberfläche erreicht hat, wird Meteorit genannt. Laut Duden bezeichnet man das von einem Meteorit geschlagene Loch als Meteorkrater obwohl ein Meteor eigentlich eine Lichterscheinung ist. Für Einschlagkrater (Impaktkrater) auf der Erde hat der amerikanische Geophysiker Robert S. Dietz (1914–1995) in den 1960er Jahren die Bezeichnung Astroblem („Sternwunde") vorgeschlagen.

Die Mehrzahl der Meteoriten, die heute auf die Erde stürzen, stammen ursprünglich aus dem Asteroidengürtel zwischen den Planeten Mars und Jupiter, wo massenhaft kleine Himmelskörper ihre Bahnen ziehen. Unter den auf der Erde entdeckten Meteoriten kennt man inzwischen auch solche, die vom Mars oder vom Erdmond stammen.

Die meisten Meteoriten werden durch Kollisionen von Asteroiden von ihrem Mutterkörper losgeschlagen. Die Zeitspanne zwischen dem Abtrennen vom Mutterkörper und dem Einschlag (Impakt) auf der Erde liegt oft bei einigen Millionen

Aufnahme der Erde während des Fluges von „Apollo 17"
zum Erdmond am 7. Oktober 1972
Foto: NASA/Apollo 17, Harrison Schmitt oder Ron Evans
(via Wikimedia Commons), Lizenz: gemeinfrei (Public domain)

Jahren, kann aber auch mehr als 100 Millionen Jahre betragen. Meteoriten enthalten des älteste Material unseres Sonnensystems, das zusammen mit diesem vor mehr als 4,5 Milliarden Jahren entstanden ist. Ähnlich altes Material befindet sich in Kometen.

Der Begriff Meteorit ging aus dem altgriechischen Wort metéoros (zu deutsch: emporgehoben, hoch in der Luft) hervor. Bis Mitte des 20 Jahrhunderts bezeichnete man Meteoriten oft als Meteorsteine. Davor sprach man von Aerolith (Luftstein) und Uranolith (Himmelsstein). Anfang der 1990er Jahre ersetzte man den Ausdruck Meteoriten durch die Bezeichnung Meteoroiden.

Meteoroiden, die aus dem Sonnensystem stammen, erreichen in der Erdumlaufbahn (Erdorbit) eine maximale Geschwindigkeit bis zu 260.000 Stundenkilometern. Beim Eintritt in die Erdatmosphäre werden Meteoroiden sehr stark abgebremst (bis auf rund 50.000 Stundenkilometer) und erhitzt. Dabei schmelzen sie teilweise bzw. verdampfen. Falls ein Meteorit nur beobachtet wurde, spricht man von einem Fall. Hat man ihn nur gefunden, ist von einem Fund die Rede.

Dem stärksten Beschuss durch Meteoriten war die Erde im Präkambrium vor etwa 4 Milliarden Jahren ausgesetzt. Weil damals die Erdkruste noch nicht stabil gewesen ist, zerbrach sie gebietsweise immer wieder durch die Einschlagskraft der Meteoriten.

Auf der Erde mit einem Durchmesser von mehr als 12.700 Kilometern und einer Oberfläche von 510 Millionen Quadratkilometern sind 188 Meteorkrater geologisch nachgewiesen. Vom kleineren Mars mit einem Durchmesser von knapp 6.800 Kilometern und einer Oberfläche von 144,8 Millionen Quadratkilometern kennt man etwa 300.000 sichtbare und messbare Meteoritenkrater.

*Der Marskrater Mädler
hat einen Durchmesser von 124 Kilometern.
Er wurde 1973 von der Internationalen Astronomischen Union
nach dem deutschen Astronom
Johann Heinrich von Mädler (1794–1874) benannt.
Laut einer Studie von Calet I. Fassett und James W. Head
aus dem Jahre 2008 soll es sich bei dem Krater
um einen ehemaligen See handeln.
Foto: NASA (via Wikimedia Commons),
Lizenz: gemeinfrei (Public domain)*

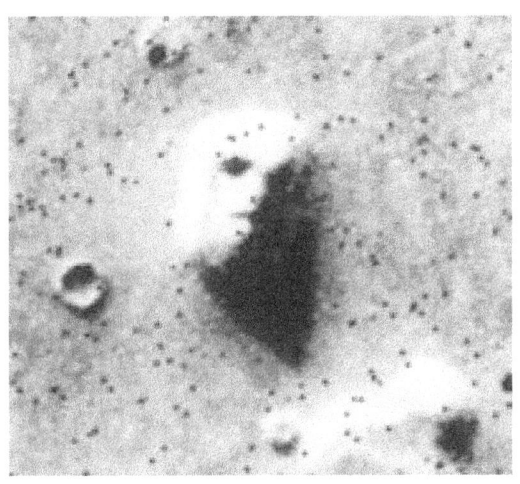

Eines der bemerkenswertesten Bilder der NASA-Mission
„Viking I" zum „Roten Planeten" war das „Gesicht auf dem Mars".
Diese Aufnahme entstand am 15. Juli 1976.
Das Motiv ähnelt einem menschlichen Gesicht.
Dies führte zu Spekulationen, es handle sich um das Werk
einer außerirdischen Zivilisation.
Spätere Bilder belegten, dass ein alltägliches Merkmal
durch den Winkel der Sonne wie ein Gesicht dargestellt wurde.
Foto: NASA Viking I (via Wikimedia Commons),
Lizenz: gemeinfrei (Public domain)

Die Freiburger Geologen Stefan Hergarten und Thomas Kenkmann vermuteten 2015 in den „Earth and Planetary Science Letters", auf der Erde existierten etwa 340 unbekannte Meteoritenkrater mit einem Durchmesser bis zu 6 Kilometern. Zu diesem Ergebnis gelangten sie mit einer Wahrscheinlichkeitsrechnung, bei der sie berücksichtigten, wie schnell geologische Strukturen auf der Erde erodieren Nämlich mit rund 0,1 Millimeter pro Jahr. Dies bedeutet, dass auf der Erde Gebirge und Krater etwa tausendmal so schnell verschwinden wie auf dem Mars.
Die beiden Freiburger Geologen korrigierten mit ihrer Wahrscheinlichkeitsrechnung frühere Schätzungen, wonach es weltweit noch Tausende unentdeckter Meteoritenkrater geben könnte. Die Wahrscheinlichkeit für Meteoriten-Einschläge ist nach ihrer Ansicht auf der Erde ähnlich groß wie auf den benachbarten Himmelskörpern. Aber irdische Meteoritenkrater verschwinden schneller.
Weitere Meteoritenkrater kann man mit Messungen der lokalen Schwerkraft finden, wie sie in der Ölbranche unternommen werden. Eine ringförmige Verdichtung von Gestein im Untergrund kann auf einen verborgenen Krater hindeuten. Mit Hilfe der weltumspannenden Datenbank „Google Earth" und deren Satellitenbildern spürt man gegenwärtig bislang unbekannte Meteoritenkrater auf. Dies gelang 2010 in der Wüste Ägyptens, als man Spuren eines 45 Meter breiten Einschlagkraters (Kamil-Krater) entdeckte.
Noch langsamer als auf der Erde zieht sich die Erosion auf dem Erdmond dahin. Wie die Erde stand der Mond vor ungefähr 4 Milliarden Jahren unter heftigem Beschuss durch kosmische Körper. Seine von Kratern übersäte Oberfläche zeigt Spuren des permanenten Bombardements.

Als größter Meteorkrater auf dem Erdmond gilt das 1651 von dem italienischen Priester und Astronom Giovanni Riccioli (1598–1671) benannte Mare Imbrium („Meer des Regens" oder Regenmeer) mit einem Durchmesser von 1.146 Kilometern. Früher verkannte man die dunklen Tiefebenen des Erdmondes als Meere. Der Riesenkrater Mare Imbrium wurde vor rund 4 Milliarden Jahren geschlagen und vor ca. 3,5 Milliarden Jahren durch mächtige Lavaergüsse ausgefüllt. Zweitgrößter Meteorkrater auf den Mond ist das Mare Crisium („Meer der Krisen" oder „Meer der Gefahren") mit einem mittleren Durchmesser von 418 Kilometern. Auch dieser Krater wurde 1651 von Riccioli benannt.
Zu den größten und ältesten Meteorkratern auf der Erde gehören die Vredefort-Struktur in Südafrika und die Sudbury-Struktur in Ontario (Kanada). Der Vredefort-Krater mit einem Durchmesser von maximal 320 Kilometern entstand vor 2,023 Milliarden Jahren. Kleiner ist der Sudbury-Krater mit einem Durchmesser von rund 250 Kilometern und einem Entstehungsalter von 1,85 Milliarden Jahren. Älter als diese beiden Krater sind der Suavjärvi-Krater in Russland und der Yarrabubba-Krater in Australien. Der etwa 16 Kilometer große Suavjärvi-Krater wurde vor 2,4 Milliarden geschlagen, der etwa 30 Kilometer große Yarrabubbaa-Krater vor 2,299 Milliarden Jahren.
In Deutschland entstanden im Miozän vielleicht zur jeweils selben Zeit vor etwa 14,8 Millionen Jahren oder mit ungefähr 500.000 Jahren Abstand die Meteoritenkrater Nördlinger Ries (24 Kilometer Durchmesser) in Bayern und das 40 Kilometer entfernte Steinheimer Becken (3,8 Kilometer Durchmesser) in Baden-Württemberg. Oft liest man, die beiden Krater seien durch das gleiche Ereignis (Ries-Ereignis) durch einen Doppel-Asteroiden gebildet worden. 2020 war davon die

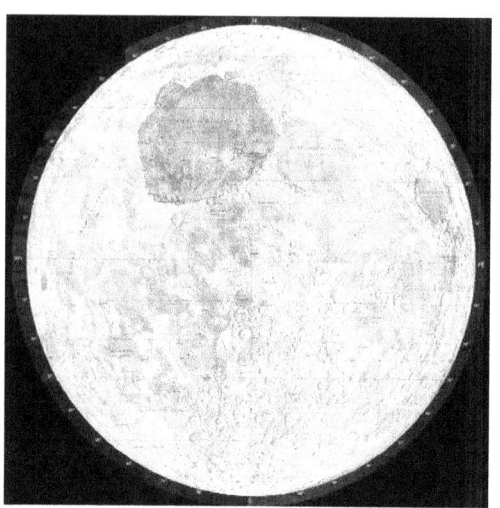

*Meteorkrater Mare Imbrium („Meer des Regens"
oder Regenmeer) auf dem Erdmond. Durchmesser 1.146 Kilometer.
Foto: Srbauer / CC BY-SA 3.0 (via Wikimedia Commons),
lizensiert unter Creative Commons-Lizenz by-sa-3.0,
https://creativecommons.org/licenses/by-sa/3.0/legalcode*

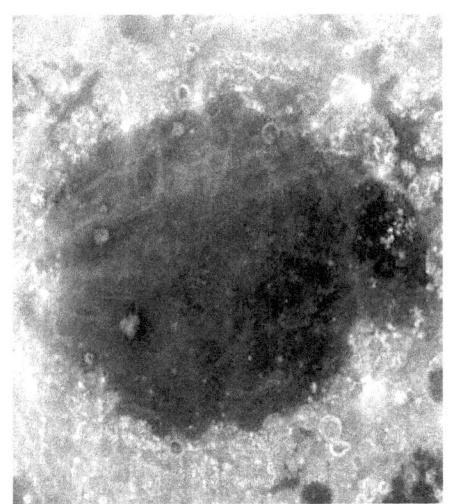

*Meteorkrater Mare Crisium („Meer der Krisen"
oder „Meer der Gefahren") auf dem Erdmond.
Mittlerer Durchmesser des Kraters 418 Kilometer.
Foto: NASA (via Wikimedia Commons),
Lizenz: gemeinfrei (Public domain)*

*Italienischer Priester und Astronom
Giovanni Riccioli (1598–1671).
Bild aus einem Werk aus dem 17. Jahrhundert
(via Wikimedia Commons),
Lizenz: gemeinfrei (Public domain)*

Rede, das Steinheimer Becken könne eine halbe Million Jahre nach dem Nördlinger Ries geschaffen worden sein.

Was ein riesiger Himmelskörper auf der Erde anrichten kann, verrät der Chicxulub-Krater auf der mexikanischen Halbinseln Yucatán. Dort schlug gegen Ende der Kreidezeit vor etwa 66 Millionen Jahren ein Asteroid mit einem Durchmesser von ungefähr 15 Kilometern ein und löste damit vermutlich ein großes Massensterben aus, dem auch die Dinosaurier zum Opfer fielen.

Einschläge eines Asteroiden mit der Größe des „Dinosaurier-Killers" ereignen sich statistisch etwa alle 50 Millionen Jahre. Demnach wäre der nächste Asteroiden-Einschlag längst fällig. Nach den Dinosauriern würde eine solche Katastrophe wohl eine Art komplett vernichten: die des Menschen.

Viele ungeklärte Fragen warf das spektakuläre Tunguska-Ereignis in Sibirien vom 30. Juni 1908 auf. Zahlreiche Augenzeugen beobachteten am Himmel einen blassblauen Feuerball. Kurz darauf machte die Druckwelle einer Explosion rund 2.000 Quadratmeter Wald dem Erdboden gleich, was einer Kreisfläche von 50 Kilometern entsprach. Man vermutet, dass es sich bei diesem Ereignis um die Explosion eines Meteoroiden, vermutlich eines Kometenkern-Fragments oder eines kleineren Asteroiden von etwa 50 bis 100 Meter Durchmesser in einer Höhe von ungefähr 10.000 Metern handelte. Meteoriten oder ein Krater wurden nicht entdeckt. Einige Stunden nach dem Ereignis fiel unweit von Kiew in der Ukraine der fast 1,9 Kilogramm schwere Meteorit Kagarlyk.

Alle Meteoritenfälle auf der Erde, von denen Material gefunden und analysiert wurde, veröffentlicht man im „Meteorica Bulletin". Zwischen 2010 und 2019 beispielsweise sind weltweit 86 Meteoritenfälle beobachtet worden, also 8,6

Tunguska-Ereignis in Sibirien vom 30. Juni 1908.
Rund 2.000 Quadratmeter Wald wurden dem Erdboden gleich gemacht.
Foto: Academy of Sciences of the USSR 1920th
(via Wikimedia Commons),
Lizenz: gemeinfrei (Public domain)

Darstellung des Tunguska-Meteoriten
und des Mineralogen Leonid Alekseyevich Kulik (1883–1942)
auf einer sowjetischen Briefmarke
aus Anlass des 50. Jubiläums des Ereignisses.
Kulik leitete 1927 die erste sowjetische Forschungsexpedition
zur Untersuchung des Tunguska-Ereignisses.
Foto (via Wikimedia Commons),
Lizenz: gemeinfrei (Public domain)

32

*Der parkende Chevrolet Malibu, in den am 9. Oktober 1992
der 12,4 Kilogramm schwere Peekskill-Meteorit
im US-Bundesstaat New York einschlug,
im „Museum d'Histoire Naturelle" in Paris.
Foto: Bruno Barral / CC BY-SA 4.0 (via Wikimedia Commons),
lizensiert unter Creative Commons-Lizenz by-sa-4.0,
https://creativecommons.org/licenses/by-sa/4.0/legalcode*

Fälle pro Jahr. In Wirklichkeit stürzen viel mehr Meteoriten auf die Erde. Ein großer Teil fällt ins Meer oder auf unbesiedelte Gebiete. Experten der NASA berechneten, pro Tag würden 100 Tonnen außerirdischen Materials auf der Erde niedergehen. Nach anderen Angaben fallen pro Jahr 19.000 Meteoriten mit einem Gewicht über 100 Gramm auf unseren Planeten, davon 5.800 auf die Landfläche. Deutschland brächte es pro Jahr auf 14 Meteoritenfälle. Schätzungen zufolge bewahrt man weltweit in privaten und wissenschaftlichen Sammlungen etwa 45.000 Meteoriten auf.
Kleinere Meteorite richten beim Aufprall auf die Erde unterschiedlich große Schäden an. Ein Steinmeteorit von Valera in Venezuela beispielsweise erschlug am 15. Oktober 1912 eine Kuh. Der 12,4 Kilogramm schwere Peekskill-Meteorit im US-Bundesstaat New York beschädigte am 9. Oktober 1992 gegen 19.50 Uhr mit lautem Knall einen parkenden Chevrolet Malibu. Halterin des Wagens war die 18-jährige Studentin Michelle Knapp, die sich zu dieser Zeit im Haus ihrer Mutter aufgehalten hatte. Als sie nach draußen ging, um nach dem Grund des Kraches zu sehen, fand sie unter dem demolierten Autoheck einen warmen Stein, der so groß wie ein Football war. An jenem Freitag beobachteten etliche Augenzeugen außergewöhnliche Leuchterscheinungen am Himmel. Der geschäftstüchtige Meteoritensammler Allan Langheinrich erwarb den beschädigten Chevrolet Malibu, reiste mit ihm und einem 656 Gramm schweren Bruchstück des Steinmeteoriten umher und verlieh diese Objekte an Ausstellungen. Experten schätzen das Gewicht des ursprünglichen Meteoriten, bevor er bei seinem Flug durch die Erdatmosphäre in mehr als 70 Teile zerfiel, auf 20 Tonnen.
Unbekannt ist die genaue Zahl der Fälle, bei denen ein Mensch von einem Meteoriten verletzt oder getötet wurde. Am 30.

Rauchspur des Meteoriten von Tscheljabinsk in Sibirien
am 15. Februar 2013.
Foto: Uragon TT / CC BY-SA 3.0 (via Wikimedia Commons),
lizensiert unter Creative Commeons-Lizenz by-sa-3.0,
https://creativecommons.org/licenses/by-sa/3.0/legalcode

November 1954 beispielsweise durchschlug in Sylacauga im US-Bundesstaat Alabama ein 5,56 Kilogramm schwerer Meteorit das Dach eines Hauses und traf – vom Aufprall auf ein Radiogerät bereits gebremst – die auf einer Couch liegende Hausfrau Ann Elizabeth Hodges am Arm und an der Hüfte. Die Folge waren großflächige Blutergüsse. Laut dem deutschen Naturforscher Alexander von Humboldt (1769–1859) starb 1660 bei einem Aerolithenfall in Italien ein Franziskaner. Chinesische Texte aus der Zeit zwischen 700. v. Chr. und 1920 n. Chr. erwähnen neben Sachschäden auch Todesfälle.

Ins „Reich der Spekulationen" gerät man, sobald man im Internet nach Todesfällen durch Meteoriten sucht. An einer Stelle ist weltweit von etwa 10.100 Toten zwischen 1420 v. Chr. und der Gegenwart die Rede. Allerdings sollen davon im Mittelalter im März/April 1490 allein in der Gegend von Qingyang in China rund 10.000 Menschen durch vom Himmel fallende Steine erschlagen worden sein. Die genaue Zahl der Todesopfer dieses Qingyang-Meteoritenschauers ist unklar. Am 22. August 1888 wurden angeblich in Sulaimaniyya (heute Irak) ein Mensch durch einen Meteoritenfall getötet und ein weiterer gelähmt. Die Geschichte eines Inders, der am 6. Februar 2016 in Tiruchirappali an den Folgen eines Meteoriteneinschlags gestorben sein soll, erwies sich als „Zeitungsente". Ebenfalls 2016 dementierten NASA-Wissenschaftler die Behauptung, ein Mann in Indien sei 1929 durch einen Meteoritenfall gestorben.

Durch die Detonation eines Meteoroiden in der oberen Atmosphäre und die dadurch ausgelöste atmosphärische Druckwelle stürzte am 15. Februar 2013 in Tscheljabinsk (Sibirien) das Dach einer Zinkfabrik ein. Etwa 3.000 weitere Gebäude wurden beschädigt,. Es zersplitterten vor allem Fenster und

Amerikanische Astronomin Carolyn Shoemaker (1929–2021).
Sie entdeckte 32 Kometen
und ist damit die erfolgreichste „Kometenjägerin".
Foto: Eugene Merle Shoemaker (1928–1997)
(via Wikimedia Commons),
Lizenz: gemeinfrei (Public domain)

wurden Türen aufgedrückt. Hunderte von Menschen erlitten Schnitt-wunden durch zersplittertes Glas und Prellungen.
Größere Meteoriten können in besiedelten Regionen enorme materiale Schäden anrichten und sogar viele Menschenleben fordern. Meteoriten mit einem Gewicht von mehr als 100 Tonnen werden durch die Erdatmosphäre nicht mehr nennenswert abgebremst. Beim Aufprall auf die Erde wird ihre sogenannte kinetische Energie explosionsartig freigesetzt, wobei Einschlagkrater entstehen. Solche verheerenden Einschläge können eine globale Naturkatastrophe verursachen und wie vor 66 Millionen Jahren ein Massenaussterben (Dinosaurier-Sterben) vieler Pflanzen- und Tierarten auslösen.
Große Zerstörungskraft tritt auch beim Einschlag eines Kometen auf einem Planeten auf. 1994 zog die starke Gravitationskraft des Planeten Jupiter den Kometen Shoemaker-Levy 9 an. Der Name dieses Himmelskörpers beruht darauf, dass es 1993 der neunte kurzperiodische Komet war, der von Carolyn Shoemaker (1929–2021), Eugene Merle Shoemaker (1938–1997) und David H. Levy entdeckt wurde. Jener Komet zerbarst beim Eintritt in das Schwerefeld des Jupiter in 21 Teile. Einige Teile schlugen mit bis zu 200.000 Stundenkilometern ein. Das größte Bruchstück setzte beim Aufprall eine Energie frei, die dem Vielfachen des Weltarsenals an Atombomben entsprach.
Nicht bewiesen sind Vermutungen, im Gebiet des Chiemgau in Oberbayern und in der Gegend bei Burghausen in Niederbayern lägen kreisrunde Einschlagkrater von Kometen. 2000 vermuteten Amateur-Archäologen erstmals, zwischen 2.200 und 300 v. Chr. solle sich im Chiemgau in Bayern der Einschlag eines Kometen oder Asteroiden ereignet haben. Es hieß, dieser Himmelskörper sei nach dem Eindringen in die Erdatmosphäre in der Luft explodiert und die Trümmer sollen

angeblich im Chiemgau niedergegangen sein. Jene Katastrophe soll den damals in der Region lebenden Kelten den Garaus gemacht sowie den wenig mehr als 200 Meter großen und durchschnittlich 10 Meter tiefen Tüttensee geschaffen haben. Das glauben zumindest die Mitglieder des „Chiemgau Impact Research Teams" (CIRT), eines Clubs von Hobbyforschern um den Würzburger Geologie-Professor Kord Ernstson. Von der Fachwelt wird die These eines Chiem-gau-Einschlags oder Chiemgau-Impakts überwiegend abgelehnt. Nach Angaben des Bayerischen Landesamts für Umwelt ist diese Hypothese widerlegt. Geologen des Landesamtes nahmen Proben von den Ablagerungen am Seegrund und dem darauf wachsenden Moor. Per Radiokarbon-Methode fanden sie heraus, das Moor sei bereits in einem halben Meter Tiefe etwa 4.800 Jahre alt und an seinem Boden rund 10.000 Jahre. Darunter liegende Seeablagerungen datierte man auf ein Alter von 12.500 Jahren, was bestens zu einer Entstehung des Tüttensees am Ende des Eiszeitalters passe. Roland Eichhorn, der Chefgeologe des Bayerischen Landesamtes für Umwelt, erklärte bei einem Gespräch mit „Spiegel-Online", man könne ausschließen, dass ein Meteorit den Tüttensee zur Zeit der Kelten geschaffen habe: „Wenn in dem Loch seit 12.500 Jahren Grünzeug wächst, dann kann es nicht erst vor 2.500 Jahren entstanden sein".
Meteoriten sind unterschiedlich aufgebaut. Sogenannte undifferenzierte Meteoriten enthalten die ersten und ältesten schweren chemischen Elemente, die im Sonnensystem durch Kernfusion entstanden. Man findet sie am häuigsten, nennt sie Chondriten und rechnet sie zu den Steinmeteoriten. Dagegen stammen differenzierte Meteoriten vor allem von Asteroiden, manche auch vom Mars und vom Erdmond. Dabei handelt es sich um Himmelskörper, die wie die Erde

durch Schmelzprozesse einen schalenartigen Aufbau haben. Jene Materialtrennung wird als Differentiation bezeichnet. Differenzierte Meteoriten werden weiter unterteilt. Nichtchondritische Steinmeteoriten (Achondrite) stammen aus dem Mantel der Asteroiden. Aus einer Eisen-Nickel-Legierung bestehende Eisenmeteoriten stammen aus dem Kern der Asteroiden. Stein-Eisen-Meteoriten stammen aus dem Übergangsbereich zwischen Kern und Mantel.

Im „Decker Meteorite-Museum" in Oberwesel am Mittelrhein sind seit September 2011 zahlreiche Originalfunde und Reproduktionen von Stein- und Eisenmeteoriten aus aller Welt zu bewundern. Dieses sehenswerte Museum ist der Privatinitiative des Ehepaares Stephan und Gabriele Decker zu verdanken. Ein Highlight bildet der 43,9 Kilogrmam schwere Eisenmeteorit vom Meteoriten-Streufeld Campo del Cielo in Argentinien. Die Wände und Decken der Ausstellung wurden von dem gehörlosen Wandmaler Harry Wittlinger mit Weltraummotiven verschönert.

Literatur
ALEXANDER VON HUMBOLDT-STIFTUNG.
https://www.humboldt-foundation.de/entdecken/alexander-von-humboldt
BECKER, Markus: Forscher halten Kelten-Kometen für Legende. Der Spiegel, 25. August 2010.
https://www.spiegel.de/wissenschaft/natur/chiemgau-einschlag-forscher-halten-kelten-kometen-fuer-legende-a-713646.html
BRANDSTÄTTER, Franz: Meteoriten – Zeitzeugen der Entstehung unseres Sonnensystems. Wien 2012.
BRENNER, Harald / SKALLI, Sami. Planet Wissen: Asteroid.

https://www.planet-wissen.de/natur/weltall/asteroiden/index.html
BR WISSEN: Das Aussterben der Dinosaurier. Asteroideneinschlag im Yucatán war wohl die Ursache, 29. Juni 2021. https://www.br.de/wissen/weltall/astronomie/dinosaurier-asteroid-aussterben-dino-meteorit-100.html
BR WISSEN: Bombardement aus dem All, 4. März 2021. https://www.br.de/wissen/weltall/astronomie/asteroiden-einschlag-krater-meteoriten-100.html
DEUTSCHLANDFUNK: Der Meteorit von Peekskill. https://www.deutschlandfunk.de/der-meteorit-von-peekskill-100.html
DEUTSCHLANDFUNK: Tscheljabinsk-Ereignis unter der Lupe. https://www.deutschlandfunk.de/tscheljabinsk-ereignis-unter-der-lupe-100.html
DIETZ, Robert S.: Sudbury-Struktur als Astrobleme. Chicago 1964.
ENCYCLOPAEDIA BRITANNICA: Robert S. Dietz, US-amerikanischer Geophysiker. https://www.britannica.com/biography/Robert-S-Dietz
ERNSTSON, Kord: Der Chiemgau-Impakt. Ein bayerisches Meteoritenkraterfeld. Teil 2. Chiemgau Impakt e. V. Traunstein 2015.
GEO PARK RIES: Die Entstehung des Rieskraters. https://www.geopark-ries.de/entstehung-rieskrater/
HAHN, Hermann-Michael: Der erste belegte Unfall mit einem Meteoriten. In: Die Welt, 10. November 2019. https://www.welt.de/wissenschaft/weltraum/article5376163/Der-erste-belegte-Unfall-mit-einem-Meteoriten.htmlHERGARTEN, Stefan / KRENKMANN, Thomas: The number of impact craters on Earth: Any

room for further discoveries? In: Earth and Planetary Science Letters 425: S. 187–192, 2015.
https://www.sciencedirect.com/science/article/abs/pii/S0012821X15003659
INNOVATIONSREPORT: 340 Krater fehlen noch.
https://www.innovations-report.de/fachgebiete/geowissenschaften/340-krater-fehlen-noch/
LEVY, David H. / SHOEMAKER, Carolyn S. / SHOEMAKER, Eugene Merle: Wie Shoemaker-Levy 9 auf Jupiter einschlug. In: Spektrum.de.
https://www.spektrum.de/magazin/wie-shoemaker-levy-9-auf-jupiter-einschlug/822605
WIKIPEDIA (Online-Lexikon): Chiemgau-Einschlag.
https://de.wikipedia.org/wiki/Chiemgau-Einschlag
METEORITE-MUSEUM (Oberwesel).
https://www.meteorite-museum.de/index.php/impressionen.html
METEORITICAL BULLETIN DATABASE.
https://www.lpi.usra.edu/meteor/about.php
PODBREGAR, Nadja: Der Tag, an dem die Dinos starben. In: SCINEXX – Das Wissensmagazin, 10. September 2019.
https://www.scinexx.de/news/geowissen/der-tag-an-dem-die-dinos-starben/
RÖCK, Markus. Was geschah in Tunguska? In: National Geographic, 12. Oktober 2021.
https://www.nationalgeographic.de/geschichte-und-kultur/2021/09/was-geschah-in-tunguska
SCHATTENBLICK: MELDUNG/265: Meteoriteneinschläge – 340 Krater fehlen noch (idw).
http://www.schattenblick.de/infopool/natur/geowis/ngme0265.html
WIKIPEDIA (Online-Lexikon): Hoba (Mereorit).

https://de.wikipedia.org/wiki/Hoba_(Meteorit)
WIKIPEDIA (Online-Lexikon): Asteroidengürtel.
https://de.wikipedia.org/wiki/Asteroideng%C3%BCrtel
WIKIPEDIA (Online-Lexikon): Liste der Krater des Erdmondes.
https://de.wikipedia.org/wiki/Liste_der_Krater_des_Erdmondes
WIKIPEDIA (Online-Lexikon): Meteoroid.
https://de.wikipedia.org/wiki/Meteoroid
WIKIPEDIA (Online-Lexikon): Nördlinger Ries.
https://de.wikipedia.org/wiki/N%C3%B6rdlinger_Ries
WIKIPEDIA (Online-Lexikon): Peekskill (Meteorit)
https://de.lwikipedia.org/wiki/Peekskill_(Meteorit)
WIKIPEDIA (Online-Lexikon): Shoemaker-Levy 9.
https://de.wikipedia.org/wiki/Shoemaker-Levy_9
WIKIPEDIA (Online-Lexikon): Sylacauga
https://de.wikipedia.org/wiki/Sylacauga
WWW.DER-MOND.DE: Mare Crisium auf der Mondoberfläche im Detail (Meer der Gefahren).
https://www.der-mond.de/mondkarte/formation/meer/mare-crisium/
WWW.DER-MOND.DE: Mare Imbrium auf der Mondoberfläche im Detail (Regenmeer).
https://www.der-mond.de/mondkarte/formation/meer/mare-imbrium/

Steine, die vom Himmel fallen

Die Eisenzeit, in der man erstmals Werkzeuge, Waffen und Schmuck aus irdischem Erz anfertigte, hat um 1.200 v. Chr. im Kaukasus und in Anatolien begonnen. Im südlichen Mitteleuropa war dies erst um etwa 800 v. Chr. der Fall. Trotzdem haben bis zu 2.300 Jahre früher unterschiedliche Kulturen bereits Objekte aus Eisen geformt. Eine im Dezember 2017 veröffentlichte Untersuchung bewies, dass jene außerordentlich alten Eisen-Gegenstände größtenteils aus Meteoritenmaterial geschaffen wurden.
Ein Team um Albert Jambon von der Universität der Cote d'Azur und der Universität Sorbonne in Paris führte an einer ganzen Reihe von 3.400 bis 5.200 Jahre alten Objekten chemische Analysen und Röntgenfluoreszenz-Untersuchungen durch. Dazu gehörten 5.200 Jahre alte Eisenperlen aus Ägypten, ein 4.500 Jahre alter Eisendolch aus Alaca Höyük in der Türkei, ein 4.300 Jahre alter Schmuckanhänger aus Syrien und eine Axt aus Ugarit in Syrien, die vor rund 3.400 Jahren hergestellt worden war. Zudem untersuchten die Wissenschaftler mehrere Eisenobjekte aus der chinesischen Shang-Dynastie, die man ebenfalls auf etwa 3.400 Jahre datierte.
Die Analysen der erwähnten Untersuchungsobjekte ergaben, dass all diese Gegenstände aus Meteoriten-Eisen hergestellt worden sind. Im „Journal of Archaeological Science" berichteten die Forscher, die charakteristische Zusammensetzung aus Eisen, Nickel und Kobalt habe die Möglichkeit geboten, den außerirdischen Ursprung dieser Materialien zu identifizieren.
Außerirdisches Meteoriten-Eisen ließ sich mit den Methoden der Bronzezeit, die der Eisenzeit vorausging, leicht verarbeiten.

Britischer Archäologe William Matthew Finders Petrie (1853–1942).
Bild: Gemälde von Philip Alexius de László (1869–1937).
Bild: National Portrait Gallery (via Wikimedia Commons),
Lizenz: gemeinfrei (Public domain)

Die Bronzezeit begann in Mesopotamien, Ägypten, auf Kreta, in Troja und Südosteuropa bereits um 2.500 v. Chr., nahm in manchen Teilen Mittteleuropas etwa um 2.300 v. Chr. ihren Anfang und setzte in Nordeuropa erst gegen 1.600 v. Chr. ein. Die Bronzezeit endete mit dem Aufkommen des Eisens, also bei den Hethitern in Kleinasasien schon um 1.300 v. Chr. in Griechenland etwa um 1.200 v. Chr., in Italien und auf dem Balkan um 1.000 v. Chr., in Teilen Mitteleuropas ungefähr um 800 v. Chr. und in Nordeuropa erst um 500 v. Chr.
Im Gegensatz zu außerirdischem Eisen musste irdisches Eisen einen komplizierten Prozess durchlaufen, um die gewünschte Konsistenz zu gewinnen. Diese Schmelztechnik verbreitete sich erst zu Beginn der Eisenzeit. Das spricht nach Ansicht des Teams um Jambon dafür, dass vorher die Eisen-Gegenstände aus der Bronzezeit praktisch ausschließlich aus Meteoritenmaterial gefertigt wurden.
In einem kleinen Gräberfeld aus Prädynastischer Zeit von etwa 3.200 v. Chr. nahe der Siedlung el-Gerzeh in Ägypten, rund 80 Kilometer südlich von Kairo entfernt, entdeckte man stark verrostete röhrenförmige Eisenperlen. Deren 1928 ermittelter hoher Nickelgehalt von 7,5 Prozent legt einen meteoritischen Ursprung nahe. Wenn der Nickelanteil im Metall mehr als 4 Gewichtsprozent beträgt, handelt es sich um Meteor-Eisen und nicht um verhüttetes irdisches Eisen. Die etwa 2 bis 3 Zentimeter langen Eisenperlen von el-Gerzeh hat man durch Hämmern und Aufrollen von kaltem Meteor-Eisen hergestellt. Sie dienten vielleicht zusammen mit durchbohrten Edelsteinen und aufgerollten Goldblechen als Bestandteile einer Halskette. Geborgen wurden die insgesamt 9 Eisenperlen 1911 bei Grabungen der Archäologen Gerald Avery Wainwright (1879–1964), William Matthew Finders Petrie (1853–1942) und Ernest John Henry Mackay (1880–1943).

Englischer Journalist und Autor
Paul Brunton (1898–1981), eigentlich Raphael Hurst.
Bild: Amano1 / CC BY-SA 3.0 (via Wikimedia Commons),
lizensiert unter Creative Commons-Lizenz by-sa-3.0,
https://creativecommons.org/licenses/by-sa/3.0/legalcode

Als weiterer Fund aus Meteor-Eisen gilt ein ca. 4.000 Jahre altes Amulett der 11. Dynastie (Mittleres Reich) von Deir el-Bahari, nördlich von Theben auf der Westseite des Nils gegenüber der Stadt Luxor, in Ägypten. Dieses Schmuckstück in Fischschwanzform hat einen Nickelgehalt von 10 Prozent. Das Amulett wurde 1935 von dem englischen Journalisten und Autor Paul Brunton (1898–1981), eigentlich Raphael Hurst, im Grab der Königin Ashayet geborgen. Ashayet war vielleicht eine nubische Ehefrau von Pharao Mentuhep II.
Unter den etwa 5.400 mehr als 3.300 Jahre alten Kostbarkeiten aus dem 1922 von Howard Carter (1874–1939) entdeckten Grab von Pharao Tutanchamun im Tal der Könige in West-Theben befanden sich drei Gegenstände aus Meteor-Eisen: ein 34 Zentimeter langer Dolch mit reich verziertem Goldgriff und Eisenklinge, ein kleines Amulett in Form eines Horus-Auges, das als Zier eines goldenen Armreifs diente und ein weiteres kleines Amulett in Form einer Miniatur-Kopf-stütze. Diese drei Gegenstände aus Meteor-Eisen zählten zur unmittelbaren Ausstattung von Tutanchamun, 16 kleine Meißelspitzen aus Meteor-Eisen mit Holzschaft dagegen nicht. Der jung gestorbene ägyptische Herrscher regierte etwa von 1.332 bis 1.323 v. Chr. Die Ägypter beherrschten zu dieser Zeit noch nicht die Verarbeitung von irdischem Eisenerz.
Am 11. Februar 2022 berichteten die Wissenschaftler Takafumi Matsui, Ryota Moriwaki, Eissa Zidan und Tomoko Arai in „Meteoritics & Planetary Science" über ihre Ergebnisse einer Untersuchung des Eisendolches von Tutanchamun. Mehrere Arbeitsgruppen, darunter der Archäometriker Florian Ströbele sowie die Metallrestauratoren Christian Eckmann und Katja Broschat vom Römisch-Germanischen Zentralmuseum Mainz, wiesen per Röntgenfluoreszenz-Methode

Relief von Königin Ashayet (auch Ashait oder Ashayit),
der vielleicht aus Nubien stammenden Ehefrau
von Pharao Mentuhotep II, auf ihrem Sarkophag aus Kalkstein.
Foto: Jon Bodsworth (via Wikimedia Commons),
Lizenz: gemeinfrei (Public domain)

nach, dass die drei erwähnten Objekte aus Meteor-Eisen angefertigt worden waren. Das wichtigste Indiz für eine außerirdische Herkunft lieferte der hohe Nickelanteil im Metall. Laut der Analysen von Ströbele steckten in Tutanchamuns Dolch 12,7 bis 13,1 Gewichtsprozent Nickel. Das Team um Matsui und Arai untersuchte auch den mit wertvollen Steinen dekorierten Griff des Dolches aus dem Grab des Pharaos. Chemische Analysen ergaben, dass der Dekor mit einer kalkhaltigen Masse festgeleimt worden ist. Ein solches Klebemittel kam in Ägypten erst ab dem späten 4. Jahrhundert v. Chr., also vor mehr als 2.300 Jahren, in Gebrauch, als griechische Herrscher die Macht am Nil besaßen. In Anatolien und Mesopotamien dagegen nutzte man bereits im 14. Jahrhundert v. Chr. kalkhaltige Klebemittel. Die Arbeitsgruppe vermutete, der rund 3.300 Jahre alte Dolch sei vielleicht als Geschenk eines orien-talischen Herrschers nach Ägypten gelangt. Der Dolch aus dem Grab von Tutanchamun könnte ein Geschenk von Tusratta, dem König von Mitanni, gewesen sein. Dessen Reich erstreckte sich dort, wo jetzt Nordsyrien und der Nordirak liegen. Auf einer beschrifteten Tontafel aus der Residenz Amarna von Pharao Echnaton wird ein Eisendolch mit einer Scheide aus Gold erwähnt. Diesen Dolch soll Tusratta dem Pharao Amenhotep III. geschenkt haben, der vielleicht der Vater von Echnaton war., Sicher ist, dass Tut-anchamun eine Tochter von Echnaton namens Anchesenamun heiratete.

Zu den zum Mundöffnungsritual bestimmten Geräten gehören mehrere Funde, die bereits in den Pyramidentexten und Opferlisten des Alten Reiches in Ägypten aus „Metall vom Himmel" bezeichnet wurden. Bei diesem Ritual wollte man einem Verstorbenen die Wiederbelebung im Grab und im Jenseits ermöglichen und sichern. Für das eigentlich Unmög-

50

*Goldene Totenmaske von Pharao Tutanchamun
im Ägyptischen Museum in Kairo.*
Foto: *MykReeve / CC BY-SA 3.0 (via Wikimedia Commons),
lizensiert unter Creative Commons-Lizenz by-sa-3.0,
https://creativecommons.org/licenses/by-sa/3.0/legalcode*

*34 Zentimeter langer Dolch
mit reich verziertem Goldgriff
und Klinge aus Meteor-Eisen
aus dem Grab
von Pharao Tutanchamun.
Foto: Olaf Tausch / CC BY 3.0
(via Wikimedia Commons),
lizensiert unter
Creative Commons-Lizenz by-3.0,
https://creativecommons.org/licenses/
by/3.0/legalcode*

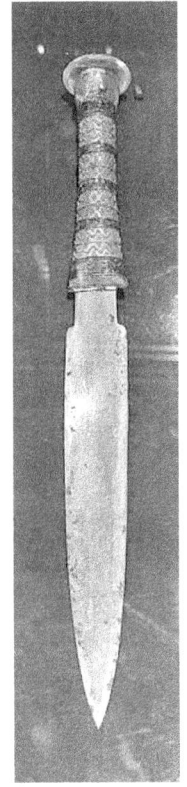

Gemälde „Spaziergang im Garten"
mit Darstellung von Pharao Tutanchamun mit Gehstock
und seiner Gattin Anchesamun
im Ägyptischen Museum in Berlin.
Foto: Andreas Praefcke (via Wikimedia Commons),
Lizenz: gemeinfrei (Public domain)

liche, die Überwindung des Todes, sollten wohl außerordentliche Mittel eingesetzt werden.

1932 veröffentlichte Wainwright seine Publikation „Iron in Egypt". Darin und in weiteren Arbeiten trug er umfangreiches Material zusammen, mit dem er den Symbolgehalt der Verwendung des Meteor-Eisens für Geräte des Mittleren Reiches beschrieb. Für Wainwright war es eine Tatsache, dass im alten Ägypten immer wieder Meteoritenfälle beobachtet und registriert worden seien. Diese Einschläge seien mit auffälligen blitzartigen Lichterscheinungen und nachfolgendem lauten Prasseln, Knallen und Donnern einhergegangen, genauso wie Blitzschläge. Es sei daher nachvollziehbar, wenn Meteoritenfälle mit Blitz und Donner gleichgesetzt wurden.

Wainwright meinte, nachgewiesen zu haben, in ägyptischen Heiligtümern von Theben, Napata und Siwa seien Meteoriten verehrt worden. Jene Meteoriten seien dort als Bestandteile von Altären bzw. als Kultsymbole heilig gewesen. Dieser Ansicht vertrat er allerdings ziemlich allein.

Ein 19 Zentimeter langer Dolch mit Goldgriff und Klinge aus Meteor-Eisen kam im Sommer 1940 bei einer Ausgrabungskampagne in Alaca Höyük in Inneranatolien (heute Türkei), etwa 20 Kilometer von Boghazköi, zum Vorschein. Leiter der Expedition war der türkische Archäologe und Ethnologe Hâmit Zübeyir Kosay (1897–1984). Die Ausgräber entdeckten in Gräbern aus der Frühbronzeit auch einige Eisenfunde. Der kostbare Dolch mit der Fundnummer „Al.K14" soll nach heutiger Auffassung mindestens 4.400 Jahre alt sein. Er lag in „Grab K", das man als Fürstengrab oder Königsgrab bezeichnet. In Keilschriften ist von einem Metall die Rede, das 40mal kostbarer als Silber und 5mal kostbarer als Gold sein soll. Der Dolch aus Meteor-Eisen wird

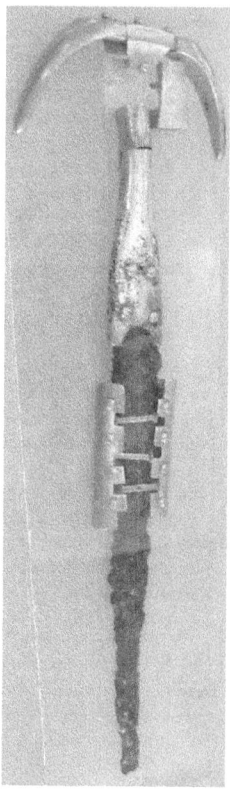

19 Zentimeter langer Dolch mit Goldgriff und Klinge aus Meteor-Eisen aus einem Fürstengrab oder Königsgrab von Alaca Höyük in Inneranatolien (heute Türkei). Foto: Stipich Béla / CC BY-SA 3.0 (via Wikimedia Commons), lizensiert unter Creative Commons-Lizenz by-sa.3.0, https://creativecommons.org/licenses/by-sa/3.0/legalcode

im „Museum of Anatolian Civilisations" in Ankara aufbewahrt. Im 6 x 5,20 Meter großen und bis zu 9 Meter tiefen „Grab K" von Alaca Höyük hatte man einen bedeutenden Mann bestattet. Sein Kopf war nach Westen ausgerichtet. Die Beine hatte man zum Körper hin angezogen (Hockerstellung). Vor dem Schädel lag – wohl abgerutscht – ein goldenes Diadem. Vor dem Leichnam befanden sich Gefäße aus Gold und Silber, ein Keulenkopf aus vergoldetem Kupfer und einer aus Stein mit vergoldetem Stiel. Auf dem Rücken entdeckte man in Taillenhöhe einen Dolch mit Gold ummanteltem Griff, Klinge aus Meteor-Eisen und teilweise mit Gold verzierter Scheide, einen silbernen Dolch sowie ein 61,6 Zentimeter langes bronzenes Schwert. In der Halsgegend lagen ein Goldanhänger, goldene und silberne Gewandnadeln sowie Perlen. Am Kopfende befand sich ein mit Schlangenmotiven verziertes silbernes Gefäß, am Fußende ein kupferner Hammer. Zu den Grabbeigaben gehörten außerdem eine Stierstatuette, zwei goldene Stabhüllen und am östlichen Ende des Grabes zwei Sonnenstandarten. „Grab K" war mit Holzbalken bedeckt, mit gestampftem Lehm verdichtet sowie mit Köpfen und Lang-knochen geopferter Rinder versehen. All das wirkte eines Fürsten oder Königs würdig.
Aus Meteor-Eisen bestehen mehrere Äxte der bronzezeitlichen Shang-Dynastie (18. bis 11. Jahrhundert v. Chr.) in China. Sie gilt als die erste chinesische Dynastie, die zeitgenössische schriftliche Dokumente hinterlassen hat. Die Könige der Shang-Dynastie galten als Repräsentanten Gottes auf der Erde. Somit genossen sie nicht nur die höchste weltliche Macht, sondern auch die höchste geistliche Autorität. Zur Zeit der Shang-Dynastie hat man Kriegsgefangene als Menschenopfer und Zwangsarbeiter rekrutiert. Adlige und Vasallen baten den König um die Erlaubnis für Menschenopfer, die dieser ge-

währte, wenn ein Orakel günstige Bedingungen versprach. Mal wurden 30 Menschen für die eine Gottheit, mal zehn für eine andere geopfert. Starb der König, brachte man sogar mehrere hundert Menschen um.

Mitte März 2019 wurde bei einer Kunstauktion in Düsseldorf ein 21 Zentimeter langer Dolch der Shang-Dynastie mit bronzenem Griff und Klinge aus Meteor-Eisen zum Startpreis von 2.000 Euro angeboten. Dieser Dolch diente angeblich nicht als Waffe, sondern als Prestigeobjekt. Vermutlich gehörte er einem Mitglied der herrschenden Oberschicht und betonte dessen hohen Rang. Eingetieft liegende Partien des Bronzegriffes waren ursprünglich vielleicht mit Malachit- oder Türkisstücken ausgelegt gewesen. Die Rarität aus dem alten China stammte aus einer rheinländischen Privatsammlung und wurde vor 1980 erworben.

Dank geochemischer Analyse hat man bei einem Anhänger aus Umm el-Marra östlich des modernen Aleppo in Syrien erkannt, dass dieses rund 3.400 Jahre alte Schmuckstück aus Meteor-Eisen besteht.

Umm el-Marra ist vielleicht die Stadt Tuba, die in ägyptischen Inschriften erwähnt wird, welche Städte auflisten, die im nordsyrischen Feldzug von Pharao Thutmosis III. (um 1486–1425 v. Chr.) besiegt oder zerstört wurden. Jener Herrscher wird auch Thutmosis der Große genannt. Ausgrabungen der Johns Hopkins University und der University of Amsterdam von 1994 bis 2010 lieferten wichtige Erkenntnisse über die blühende städtische Zivilisation der frühen Bronzezeit von rund 3000 bis 2000 v. Chr.) in Westsyrien. Zehn monumentale Elite-Gräber auf der Akropolis erlauben zusammen mit den Opfern begrabener Equiden und menschlicher Säuglinge einen einzigartigen Einblick in die Ideologien und Totenrituale der damaligen Elite.

Für die verzierte Klinge einer rund 3.400 Jahre alten Axt aus Ugarit in Syrien diente ebenfalls Meteor-Eisen als Rohstoff. Die Axt aus der Bronzezeit von Ugarit hat eine Form wie Äxte der Jüngeren Steinzeit, in der Ackerbau, Viehzucht und Töpferei neu auftraten. Sie wurde 1940 in „The Illustrierte Londonnews" abgebildet. Ugarit war eine seit etwa 2.400 v. Chr. keilschriftlich bezeugte Stadt im Nordwesten des heutigen Syrien und während der Bronzezeit ein wichtiges Handels- und Kulturzentrum.

Aus den in prähistorischer Zeit bei Thule im Nordwesten Grönlands aufprallenden Bruchstücken des Cape-York-Meteoriten fertigten Eskimos (Inuit) seit Jahrhunderten metallene Harpunenspitzen, Messer und Schmuckstücke an. Vom Cape-York-Meteoriten hat man an verschiedenen Fundorten ein Dutzend Bruchstücke entdeckt. Die schwersten davon sind der Ahnighito-Meteorit mit 31 Tonnen und der Agpalik-Meteorit mit 20 Tonnen.

Im Laufe der Menschheitsgeschichte ereigneten sich Vorfälle, in denen Meteoriteneinschläge antike Städte vernichteten. Vor ungefähr 3.600 Jahren bescherte ein in der Luft zerberstender Meteorit der antiken Stadt Tell el-Hammam in Jordanien ein solches trauriges Schicksal. Dieses Naturereignis ist als Middle Ghor Event bekannt. Als Beweise für jenen Vorfall gelten eine etwa 1,50 Meter dicke kohlenstoff- und aschereiche Schicht gespickt mit geschocktem Quarz, geschmolzener Keramik und Lehmziegeln, diamantähnlichem Kohlenstoff, Eisen- und Silizium-reichen Kügelchen, Calciumcarbonat-Kügelchen und verschiedenen geschmolzenen Metallen. Um diese geschockten Mineralien zu erhalten, ist eine Temperatur von mehr als 2.000 Grad Celsius nötig. Tall el-Hammam ist vielleicht nach Tell Abu Hureyra in Syrien die zweitälteste Stadt, die durch eine kosmische Luftdetonation zerstört

Die in der Nähe des Cape-York-Meteoriten Ahnighito lebenden Inuit verwendeten seit Jahrhunderten das Meteor-Eisen für die Herstellung von Werkzeugen und Harpunen.
Foto: Flickr, Internet Archive Book Images (aus Cheester A. Reeds: „Comets, Meteors, and Meteorites" (1933).

31 Tonnen schwerer Cape-York-Meteorit Ahnighito im „American Museum of Natural History" in New York City. Foto: Flickr, Internet Archive Book Images (aus: „General guide to the exhibition halls of the American Museum of Natural History" (1911)

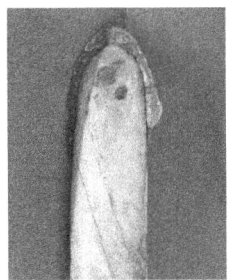

*Lanzenspitze der Eskimo aus Meteor-Eisen vom Cape-York-Meteoriten im Britischen Museum in London.
Foto: geni / CC BY-SA 4.0 (via Wikimedia Commons), lizensiert unter Creative Commons-Lizenz by-sa-4.0, https://creativecommons.org/licenses/by-sa/4.0/legalcode*

Gemälde von Gustave Doré (1832–1883):
„Lot Fles as Sodom and Gomorrha Burn" (1875).
Bild (via Wikimedia Commons),
Lizenz: gemeinfrei (Public domain)

wurde. Ein Forscher-Team um Steven Collins von der Trinity Southwest University, einer Bibelschule in Albuquerque in New Mexico, vermutet, bei Tell el-Hammam könne es sich um das biblische Sodom handeln. Sodom heißt eine mythische Stadt im Alten Testament, die wegen der Sünden ihrer Einwohner zusammen mit Gomorrha durch Gottes Zorn vernichtet wurde. In etlichen Bibelstellen und in der Apostelgeschichte werden vielleicht Meteoriten- oder Feuerball-Fälle erwähnt.

Ein früher Bericht über einen vom Himmel gestürzten Stein liegt aus der Antike vor. Der griechische Schriftsteller Plutarch berichtete über einen schwarzen Stein, der etwa 470 v. Chr. in Phrygien gefallen sein soll. Man verehrte diesen Meteoriten im Namen der Göttin Kybele. Nach Übernahme des Kybele-Kults durch die Römer, die sie als Mater Deum Magna Idea bezeichneten, hat man 204 v. Chr. jenen Meteoriten in einer großen Prozession nach Rom gebracht. Dort verehrte man ihn weitere Jahrhunderte.

Um 465 v. Chr. deutete der griehische Philosoph und Arzt Diogenes von Apollonia den Sturz eines Meteoriten auf der Halbinsel Gallipoli als „Fall eines erloschenen Sterns".

Über Meteoritenfälle aus einem Zeitraum von 2.000 Jahren berichtete der chinesische Historiker Ma Duanlin (1245–1325). Eine Durchsicht früher chinesischer Aufzeichnungen durch die Meteoritenforscher Kevin Yau, Paul Weissmann und Donald Yeomans ergab 1994 insgesamt 337 beobachtete Meteoritenfälle zwischen 700 v. Chr. und 1920. Im 18. Jahrhundert nahmen die Meteoritenberichte ab, von 1840 bis 1880 dagegen merklich zu. Die Aufzeichnungen erwähnen auch menschliche Opfer und strukturelle Schäden durch Meteoriteneinschläge. Die Wahrscheinlichkeit, dass ein Meteorit einen Menschen treffe, sei weitaus größer als frühere Schätzungen.

Felsenbehausung der indianischen Sinagua-Kultur in Arizona.
Foto: Daniel Schwen / CC BY-SA 3.0 (via Wikimedia Commons),
lizensiert unter Creative Commons-Lizenz by-sa-3.0,
https://creativecommons.org/licenses/by-sa/3.0/legalcode

Der Meteorit Nogata, gefallen am 19. Mai 861 n. Chr. nahe der heutigen Stadt Nogata auf der Insel Kyushu in Japan, gilt als frühester beobachteter Meteoriteneinschlag, von dem heute noch Material aufbewahrt wird. Er soll die Nacht zum Tage gemacht und nach einer Explosion durch das Dach des im 7. Jahrhundert erbauten Shinto-Tempels Suga-Jinja gefallen sein. Erschrockene Dorfbewohner fanden einen seltsam schwarzen Stein in einem Loch auf dem Tempelboden. Ein Priester bewahrte den Meteoriten als heiligen Gegenstand in einer Holzschatulle au
In Ruinen der indianischen Sinagua-Kultur (1065–1550) im heutigen US-Bundesstaat Arizona fand man Meteoriten, die als Relikte religiöser Kulte gelten. 1927 entdeckten Plünderer in der Wingfield-Mesa-Ruine bei Camp Verde in einer Steinkiste etliche Bruchstücke des 61 Kilogramm schweren Meteoriten Wingfield. Die Fragmente waren in eine aufwändig hergestellte Decke aus Truthahnfedern gehüllt. 1928 barg ein Plünderer im Dorf Winona bei Flagstaff in einer Steinkiste den 24 Kilogramm schweren Meteoriten Winona. Alle Trümmer des Wingfield- und Winona-Meteoriten sollen von einem Einschlag vor etwa 50.000 Jahren stammen.
Im Mittelalter um 1.400 n. Chr. fiel in Elbogen in Böhmen der erste registrierte Meteorit in Europa, von dem heute noch Material vorhanden ist. 1492 stürzte im Städtchen Ensisheim (Anze) im Elsass, etwa 15 Kilometer nördlich von Mulhouse, ein Steinmeteorit unter großem Getöse vom Himmel. Darüber berichteten zahlreiche Chroniken und Flugblätter.
Vielleicht handelt es sich bei dem Schwarzen Stein in der Kaaba, dem zentralen Heiligtum des Islam in Mekka, um einen Meteoriten. Der rötlich-schwarze, in mehrere kleinere Fragmente zerbrochene Kultstein befindet sich an der östlichen Ecke („Schwarze Ecke") der Kaaba, links von ihrer Tür. Er

ist auf einer Höhe von etwa 1,50 Meter über dem Boden in die Mauer eingelassen. Die Fläche innerhalb der Silbereinfassung beträgt 20 x 15 Zentimeter. Laut islamischer Überlieferung wurde der Schwarze Stein bereits am Anfang der Zeiten von Adam an der Kaaba angebracht.

Literatur
ÄGYPTOLOGIE FORUM: Meteoreisen.
http://www.aegyptologie.com/forum/cgi-bin/YaBB/YaBB.pl?action=lexikond&id=090114204553
BROSCHAT, Katja / ECKMANN, Christian /KOEBERL, Christian / MERTAH, Eid / STRÖBELE, Florian: Himmlisch!: Die Eisenobjekte aus dem Grab des Tutanchamun, Mainz 2018.
BRUNTON, Paul: Peseh-kef amulets. In: Annuales du Service des Antiquites de l'Egypte 35 : S. 8–14, 1935.
DER STANDARD: Rohmaterial für frühe Artefakte aus Eisen kam vom Himmel. Aktuelle Studie kommt zu dem Schluss, dass bronzezeitliche eiserne Objekte aus Meteoritenmaterial geformt wurden, Wien, 12. Dezember 2017.
https://www.derstandard.de/story/2000069831887/rohmaterial-fuer-fruehe-artefakte-aus-eisen-kam-vom-himmel
FILSER, Hubert. Der kosmische Dolch des Pharao. In: Süddeutsche Zeitung, München, 11. Januar 2018.
https://www.sueddeutsche.de/wissen/archaeologie-der-kosmische-dolch-des-pharao-1.3819470
GOTTWALD, Manfred / KENKMANN, Thomas / REIMOLD, Wolf Uwe: Terrestrial Impact Structures. In: The TanDEM-X Atlas 1. Africa, North/Central America, South America, München 2020.

JAMBON, Albert: Bronze Age iron: Meteoritic or not? A chemical strategy. In: Journal of Archaeological Science 88: S. 47–53, Dezember 2017.
https://www.researchgate.net/publication/319909499_Bronze_Age_iron_Meteoritic_or_not_A_chemical_strategy
JSTOR: Ausgrabungen in Mesopotamien und Kleinasien. In: Archiv für Orientforschung 14: S. 376–379, 1941.
http://www.jstor.org/stable/41681320
KELLER, Werner: Ensisheim und sein Meteorit.
https://www.wknet.ch/ensisheim—elsass,-frankreich—und-sein-meteorit.html
MATSUI, Takafumi / MORIWAKI, Ryota / ZIDAN, Eissa / ARAI, Tomoko: The manifacture and orign of the Tutankhamen meteoritic iron dagger. In: Meteoritics & Planetary Science 11: Februar 2022.
OTTO, Eberhard; Das Ägyptische Mundöffnungsritual. In: Ägyptologische Abhandlungen Teil II, Wiesbaden 1960.
PETRIE, William Matthew Flinders / WAINWRIGHT, Gerald Avery / MACKAY, Ernest John Henry: The labyrinth, Gerzeh and Mazgduneh, Kapitel VI., London 1912.
PASTINO, Blake de: Prähistorische Meteoriten-„Schreine" in Arizona könnten miteinander verbunden sein, sagt Archäo-Astronom. In: Western Dig, 26. März 2016.
PROBST, Ernst: Deutschland in der Bronzezeit. Bauern, Bronzegießer und Burgherren zwischen Nordsee nd Alpen, München 1996.
SCHLOTT, Karin: Für den Pharao ein Dolch aus Meteoreisen. In: Spektrum, 24. Februar 2022.
SCINEXX – Das Wissensmagazin: Alte Ägypter schufen Perlen aus Meteoriten-Eisen, 10. August 2013.
https://www.scinexx.de/news/geowissen/alte-aegypter-schufen-perlen-aus-meteoriten-eisen/

YALÇIN, Ünsal / YALÇIN, H. Gönul: Könige, Priester oder Handwerker? Neues über die frühbronzezeitlichen Fürstengräber von Alacahöyük, S. 91–122: In: YALÇIN, Ünsal (Herausgeber): Anatolien – Handwerk – Prestigegüter. Montanhistorische Zeitschrift. Der Anschnitt, Beiheft 39, Veröffentlichung aus dem Deutschen Bergbau-Museum Bochum, Nr. 226, Bochum 2018.
WAINWRIGHT, Gerald A.: Iron in Egypt. S. 159–172, 1932.
WIKIPEDIA (Online-Lexikon): Nogata (Meteorit).
https://de.wikipedia.org/wiki/Nogata_(Meteorit)
WIKIPEDIA (Online-Lexikon): Schwarzer Stein (Mekka).
https://de.wikipedia.org/wiki/Schwarzer_Stein_(Mekka)
WIKIPEDIA (Online-Lexikon): Shang-Dynastie.
WIKIPEDIA (Online-Lexikon): Tell el Hammam.
https://de.wikipedia.org/wiki/Tell_el-Hammam
YAU, Kevin / WEISSMANN, Paul / YEOMANS, Donald: Meteorite falls in China and some related human casualty. In: Meteoritics & Planetary Science 29: S. 753–901, November 1994.
https://adsabs.harvard.edu/full/1994Metic..29..864Y

Meteoritenkrater auf Planeten und Monden

Im Online-Lexikon „Wikipedia" ist eine Liste der „Krater anderer Himmelkörper" veröffentlicht. Dabei handelt es sich um Krater von Meteoriten auf Planeten und Monden in unserem Sonnensystem außerhalb der Erde.
Auf der der Erde zugewandten Seite des Erdmondes kennt man etwa 300.000 Krater mit über 1 Kilometer Durchmesser. Die größeren mit einem Durchmesser bis etwa 100 bzw. 300 Kilometer werden Ringgebirge bzw. Wallebenen genannt. Noch größere ordnet man den Mondbecken zu.
Das Südpol-Aitken-Becken ist mit 2.240 Kilometer Durchmesser das größte Einschlagbecken auf dem Erdmond. Eine der größten Ringstrukturen auf dem Erdmond ist der Krater Hertzsprung mit einem Durchmesser von 536 Kilometern.
Die nördliche Tiefebene auf dem Planeten Mars ist mit 10.000 mal 8.000 Kilometer die größte bekannte Impaktstruktur unseres Sonnensystems.
Hellas Planitia ist mit 2.100 mal 1.600 Kilometer Durchmesser eines der größten Einschlagbecken auf dem Mars und mehr als 8 Kilometer tief.
Caloris Planitia ist mit 1.550 Kilometer Durchmesser das größte Einschlagbecken auf dem Planeten Merkur.
Valhalla ist die größte Impaktstruktur auf dem Jupitermond Kallisto. Sie hat 600 Kilometer Durchmesser und ist von konzentrisch verlaufenden Ringen bis in eine Entfernung von fast 3.000 Kilometern umgeben.
Abisme ist mit 767 Kilometer Durchmesser der größte Krater auf dem Iapetus.

*Das 2.240 Kilometer große Südpol-Aitken-Becken
ist der größte Einschlagkrater auf dem Erdmond.
Es wurde 1970 nach Robert Grant Aitken (1864–1958) benannt.
Foto: NASA, Apollo 17 (via Wikimedia Commons),
Lizenz: gemeinfrei (Public domain)*

*Krater Hertzsprung auf dem Erdmond
mit einem Durchmesser von 536 Kilometern.
Foto: NASA Lunar Reconnaissance Orbiter
(via Wikimedia Commons),
Lizenz: gemeinfrei (Public domain)*

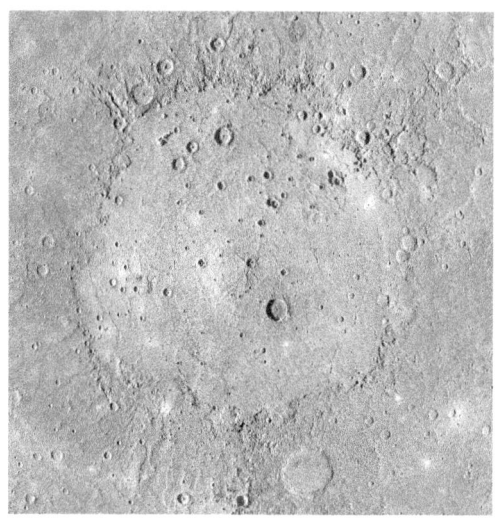

Caloris Planitia ist mit 1.550 Kilometer Durchmesser der größte Einschlagkrater auf dem Planeten Merkur. Foto: NASA (via Wikimedia Commons), Lizenz: gemeinfrei (Public domain)

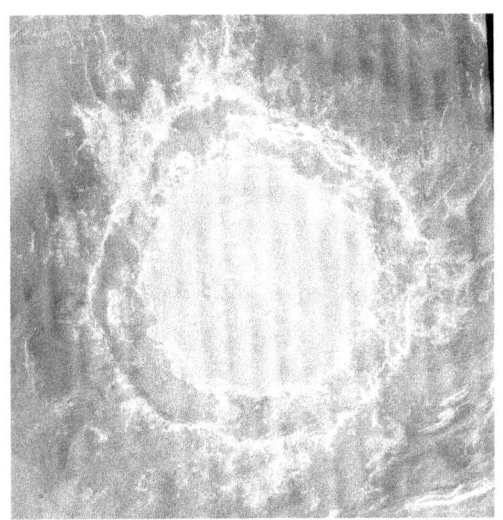

*Mead heißt der größte Meteoritenkrater auf der Venus.
Er hat einen Durchmesser von 270 Kilometer
und wurde nach der amerikanischen Anthropologin
Margret Mead (1901–1978) benannt.
Foto: NASA (Magellan-Mission),
Lizenz: gemeinfrei (Public domain)*

Rheasilvia ist mit 505 Kilometer Durchmesser der größte Krater auf dem Asteroiden Vesta.
Odysseus ist mit 445 Kilometer Durchmesser der größte Krater auf dem Saturnmond Tethys.
Menrva ist mit 392 Kilometer Durchmesser der größte Krater auf dem Saturnmond Titan.
Evander ist mit 350 Kilometer Durchmesser der größte Krater auf dem Saturnmond Dione.
Epigeus ist mit 343 Kilometer Durchmesser der größte Krater auf dem Jupitermond Ganymed.
Gertrude ist mit 326 Kilometer Durchmesser der größte bekannte Krater auf dem Uranusmond Titania.
Kerwan ist mit 280 Kilometer Durchmesser der größte Krater auf dem Zwergplaneten Ceres.
Mead ist mit 270 Kilometer Durchmesser der größte Krater auf dem Planeten Venus.
Wokolo ist mit 208 Kilometer Durchmesser der größte bekannte Krater auf dem Uranusmond Umbriel.
Hamlet ist mit 206 Kilometer Durchmesser der größte bekannte Krater auf dem Uranusmond Oberon.
Pharos ist mit 255 mal 230 Kilometer Durchmesser der größte Krater auf dem Neptunmond Proteus.
Herschel ist mit etwa 130 Kilometer Durchmesser der größte Krater auf dem Saturnmond Mimas. Er ist bis 10 Kilometer tief. Der Einschlag hätte den nur 400 Kilometer großen Mond fast zerstört.
Jason ist mit 101 Kilometer Durchmesser der größte Krater auf dem Saturnmond Phoebe.
Pan ist mit etwa 100 Kilometer Durchmesser der größte Krater auf dem Jupitermond Amalthea.
Lob ist mit 45 Kilometer Durchmesser der größte bekannte Krater auf dem Uranusmond Puck.

Zethus ist mit etwa 40 Kilometer Durchmesser der größte Krater auf dem Jupitermond Thebe.
Himeros ist mit 10 Kilometer Durchmesser der größte Krater auf dem nur 11 mal 34 Kilometer messenden Asteroiden Eros, der wahrscheinlich kein Monolith ist.
Stickney ist mit 9 Kilometer Durchmesser der größte Krater auf dem Marsmond Phobos.
Der Originaltext über Meteoritenkrater auf Planeten und Monden ist bei „Wikipedia" unter der Lizenz „Creative Commons Attributions Share/Alike" verfügbar.

Literatur
WIKIPEDIA (Online-Lexikon): Einschlagkrater.
https://de.wikipedia.org/wiki/Einschlagkrater
WIKIPEDIA (Online-Lexikon) Liste der Krater des Erdmondes.
https://de.wikipedia.org/wiki/Liste_der_Krater_des_Erdmondes
WIKIPEDIA (Online-Lexikon): Liste der Marskrater.
https://de.wikipedia.org/wiki/Liste_der_Marskrater
WIKIPEDIA (Online-Lexikon): Liste der Merkurkrater.
https://de.wikipedia.org/wiki/Liste_der_Merkurkrater
WIKIPEDIA (Online-Lexikon): Liste der Venuskrater.
https://de.wikipedia.org/wiki/Liste_der_Venuskrater

*Französischer Chemiker
Antoine Laurent de Lavosier (1743–1794).
Porträt des französischen Malers Jacques-Louis David (1748–1825).
Original im Metropolitan Museum of Art.
Bild (via Wikimedia Commons),
Lizenz: gemeinfrei (Public domain)*

Geschichte der Meteoritenforschung

Die Anfänge der Meteoritenforschung reichen bis in die zweite Hälfte des 18. Jahrhunderts zurück. Eine wichtige Rolle spielte dabei der am 13. September 1768 bei Lucé in Frankreich vom Himmel gefallene Himmelskörper. Bei Lucé war gegen Abend plötzlich eine schwarze Wolke erschienen. Dann folgte ein Kanonenschlag und unter Lärm, „wie das Brüllen eines Ochsen", fiel ein siebeneinhalb Pfund schwerer Stein auf den Rasen. Als man ihn aufheben wollte, war der Stein so heiß, dass man ihn nicht berühren konnte. Der Stein hatte eine matte schwarze Kruste, darunter erblickte man aschgraue Farbe und zahlreiche metallische Punkte aus Eisen.

Nachdem das ungewöhnliche Ereignis nach Paris gemeldet wurde, sandte die Akademie drei ihrer Mitglieder in die Gegend von Lucé, die an Ort und Stelle die Sache untersuchten. Bereits am 15. April 1769 stellte der französische Chemiker Antoine Laurent de Lavosier (1743–1794) die Ergebnisse der chemischen Analyse einer Probe des Meteoriten von Lucé vor der Académie des Sciences in Paris vor. Bei dieser ersten chemischen Analyse eines Meteoriten wurden 8,5 Prozent Schwefel, 36 Prozent Eisen, und 55,5 Prozent verglasbare Erde nachgewiesen.

1777 veröffentlichten die Chemiker Auguste Denis Fourgeroux de Bondaroy (1732–1789), Louis Claude Cadet de Gassicourt (1731–1799) und der erwähnte Antoine Laurent de Lavosier im „Journal de Physique" die chemische Analyse des Meteoriten Lucé. Das Trio gelangte zu dem Ergebnis, es sei nicht wahr, dass der Stein vom Himmel gefallen sei.

*Englischer Physiker, Astronom und Mathematiker
Isaac Newton (1643–1727).
Porträt des englischen Hofmalers Gottfried Keller (1646–1723).
Bild (via Wikimedia Commons),
Lizenz: gemeinfrei (Public domain)*

Stattdessen habe er unter der Rasenerde gelegen, sei vom Blitz getroffen, an-geschmolzen und herausgeschleudert worden. Damit war die Angelegenheit erledigt. Meteoriten sah man damals als durch Blitzschlag verändertes oder von Vulkanen ausgeworfenes irdisches Material an.
Bis zum Ende des 18. Jahrhunderts wurden Berichte über aus dem Weltall auf die Erde stürzende Steine oder Eisenmassen von Gelehrten oft als Aberglaube abgekanzelt. Man akzeptierte höchstens einen atmosphärischen Ursprung von Meteoriten, was auch als Erklärung von Meteoren und Feuerkugeln üblich war. Behauptungen, Meteoriten seien außerirdischen Ursprungs, ernteten häufig Spott und Polemik. Die Pariser Akademie der Wissenschaften behauptete, es sei ein albernes Märchen, dass jemals Steine vom Himmel gefallen wären.
Ein Grund dafür, dass man nicht an Geschosse aus dem All glaubte, war der auf den griechischen Universalgelehrten Aristoteles (364 v. Chr.–322 v. Chr.) zurückgehende und von dem englischen Physiker, Astronom und Mathematiker Isaac Newton (1643–1727) bekräftigte Glaube, das Sonnensystem sei – abgesehen von größeren Körpern wie Planeten, Monden und Kometen – frei von Materie und allenfalls von einer Äther genannten Substanz erfüllt.
Noch vor der richtigen Erkenntnis, dass Meteoriten außerhalb der Erde entstanden sind, gründete man bereits die ersten Meteoritensammlungen. Als älteste Meteoritensammlung der Welt gilt jene im Naturhistorischen Museum in Wien. Dort wurde mit dem am 26. Mai 1751 gefallenen Eisenmeteoriten Hraschina bei Zagreb aus Kroatien der Grundstein für die Meteoritensammlung gelegt. Der 38 Kilogramm schwere Hauptstein des in zwei Teile gespaltenen Meteoriten gelangte zunächst in die kaiserliche Schatzkammer und 1778 in die

Das Naturhistorische Museum in Wien beherbergt die größte Meteoritensammlung der Erde.
Foto: Bwag / CC BY-SA 4.0 (via Wikimedia Commons), lizensiert unter Creative Commons-Lizenz by-sa-4.0, https://creativecommons.org/licenses/by-sa/4.0/legalcode

kaiserliche Naturaliensammlung in Wien. Mit rund 1.100 Objekten ist die Meteoriten-Schausammlung im Saal 5 des Naturhistorischen Museums in Wien heute die größte der Erde. Der Saal wurde 2012 renoviert und modernisiert. Seit 2018 gibt es dort eine Meteor-Radar-Station, mit der Meteore in Echtzeit beobachtet werden können.
Als Meilenstein in der Akzeptanz von Meteoriten als außerirdische Objekte gilt – laut Online-Lexikon „Wikipedia" – die Veröffentlichung „Ueber den Ursprung der von Pallas gefundenen und anderer ihr ähnlicher Eisenmassen" von 1794. Darin diskutierte der deutsche Physiker und Astronom Ernst Florens Friedrich Chladni (1756–1827) historische Berichte über Meteore und Feuerkugeln. Dabei begründete er, warum viele der damals vorliegenden, sehr unterschiedlichen Erklärungen über den Ursprung jener Phänomene nicht zutreffen können. Außerdem stellte er die Hypothese auf, jene Erscheinungen seien mit Berichten über vom Himmel gefallene Stein- und Eisenmassen verknüpft. Nach Ansicht von Chladni stammten diese Körper aus dem Weltraum. Auslöser für die Arbeit von Chladni waren Diskussionen mit dem deutschen Physiker, Naturforscher und Mathematiker Georg Christoph Lichtenberg (1742–1799), der im November 1791 am Göttinger Himmel mit eigenen Augen einen Feuerball beobachtet hatte. Der von Chladni erwähnte deutsche Naturforscher, Geograph und Entdeckungsreisende Peter Simon Palass (1741–1811) berichtete in seinen Expeditions-Aufzeichnungen von 1771 bis 1776 auch über eine große Masse von „gediegnen Eisen", die 1749 beim sibirischen Dorf Ubeisk südlich Krasnojarsk vom Himmel gefallen sei. Der als „Pallas-Eisen" bezeichnete Meteorit gilt als Prototyp der Pallasite, einer nach Pallas benannten Untergruppe der Stein-Eisen-Meteorite.

*Deutscher Physiker und Astronom
Ernst Florens Friedrich Chladni (1756–1827).
Bild aus Walter Flight (1841–1885):
„A chapter in the history of meteorites" (1887).
Bild (via Wikimedia Commons),
Lizenz: gemeinfrei (Public domain)*

*Deutscher Physiker, Naturforscher und Mathematiker
Georg Christoph Lichtenberg (1742–1799).
Bild: Porträt von Johann Ludwig Strecker (1721–1799).
Bild (via Wikimedia Commons), Lizenz: gemeinfrei (Public domain)*

*Deutscher Naturforscher, Geograph
und Entdeckungsreisender
Peter Simon Palass (1741–1811).
Bild (via Wikimedia Commons),
Lizenz: gemeinfrei (Public domain)*

*An den Meteoritenfall am 13. Dezember 1795
nahe der Wold-Cottage-Farm unweit der Gemeinde Wold Newton
in der englischen Grafschaft Yorkshire erinnert
das 1799 vom Grundstückbesitzer Edward Topham
errichtete Denkmal in Form eines Obelisken.
Der 25 Kilogramm schwere Wold-Cottage-Meteorit
befindet sich seit 1835 im Natural History Museum in London.
Zeichnung: Gerard von Spaendonk (1812).*

Die von Chladni aufgestellten Thesen wurden zunächst von den meisten Gelehrten abgelehnt. Auch in den Folgejahren nahm man von einigen analysierten Meteoriten noch eine irdische Herkunft an. Weitere beobachtete Fälle – wie Wold Cottage nahe der Wold-Cottage-Farm unweit der Gemeinde Wold Newton in England am 13. Dezember 1795 und L'Aigle in Frankreich am 26. April 1803 – sowie Forschungsberichte stützten aber zunehmend die Hypothese von Chladni. Der englische Mineraloge William Thomson (1760–1806) beschrieb 1794 erstmals mineralogisch einen bei Siena in Italien gefallenen Stein. Er wies darauf hin, dass dieser Fund von allen bekannten irdischen Gesteinen verschieden ist. 1799 analysierte der französische Chemiker Joseph Louis Proust (1754–1826) ein aus Madrid stammendes Stück Eisen. Darin fand er 10 Prozent Nickel. Der hohe Nickelgehalt galt bald als typisch für einen Meteoriten.

Der britische Chemiker Edward Charles Howard (1774–1816) sowie der französische Kristallograph und Mineraloge Jacques-Louis de Bournon (1751–1825) untersuchten 1802 die chemische Zusammensetzung von vier Meteoriten. De Bournon erwähnte dabei erstmals in diesen gefundene Silikatkügelchen, die 1869 durch den deutschen Mineralogen Gustav Rose (1798–1873) als Chondren bezeichnet wurden. Howard war der erste Chemiker, der die Hypothese von Chladni akzeptierte, derzufolge die Meteoriten nicht von der Erde stammten, sondern vom Himmel gefallen waren. Auch der Berliner Apotheker Martin Heinrich Klaproth (1743–1817) analysierte den Steinmeteoriten von Siena. Er trug am 27. Januar 1803 seine Ergebnisse vor der Akademie der Wissenschaften in Berlin vor. Außerdem untersuchte er den Steinmeteoriten von Eichstätt (gefallen am 19. Februar 1785) und den Eisenmeteoriten von Agram (heute Zagreb, Kroatien).

Britischer Chemiker
Edward Charles Howard (1774–1816).
Bild: Porträt vor 1816

Berliner Apotheker
Martin Heinrich Klaproth
(1743–1817).
Bild (via Wikimedia
Commons),
Lizenz: gemeinfrei
(Publiic domain)

Deutscher Mineraloge
Gustav Rose
(1798–1873).
Bild (via Wikimedia
Commons),
Lizenz: gemeinfrei
(Public domain)

*Holzschnitt aus dem Mittelalter, der den Fall des
Ensisheimer Meteoriten im Elsass am 7. November 1492 zeigt.
Aus der Nürnberger Chronik von Hartmann Schedel (1493).
Bild: H. Raab / CC BY-SA 4.0 (via Wikimedia Common),
lizensiert unter Creative Commons-Lizenz by-sa-4.0,
https://creativecommons.org/licenses/by-sa/4.0/legalcode*

Klaproth bestätigte die Aussagen von Howard und erweiterte sie. Mit seiner Publikation zögerte er, „weil man damals noch sehr geneigt war, das Faktum selbst für ein Märchen zu halten. Deswegen sei ihm Howard zuvor-gekommen.
Chladni erwähnte 1794 auch Eisenmassen, von denen zuerst der spanische Entdecker Captain Hernan Mejia de Miraval (1531–1596) von einer Expedition ins Landesinnere von Argentinien ein Stück mitbrachte, nämlich auf den sogenannten Meson des Fierro („Tisch aus Eisen"). 1793 begann erneut eine Expedition in das Gran Chaco, eine Region mit Trockenwäldern und Dornbuschsavannen, zu einem Gebiet, das von der indianischen Bevölkerung Campo del Cielo („Feld des Himmels") genannt wurde. Die Einheimischen glaubten, daass das Eisen vom Himmel gefallen sei. Insgesamt barg man bisher aus den Einschlagkratern etwa 100 Tonnen.
Die zweite Analyse eines Steinmeteoriten erfolgte 1800 durch Professor Charles Barthold von der Centralschule des Oberrheins in Colmar. Er hatte eine Probe des „Ensisheimer Donnersteins" untersucht, der am 7. November 1492 mittags auf einem Weizenfeld hinter der Stadtmauer von Ensisheim im Elsass vom Himmel gefallen war. Der Himmelskörper war unter lautem Donnern über den Himmel geflogen und hatte eine Leuchtspur hinter sich her gezogen. Die Explosion war 150 Kilometer weit zu hören gewesen. Barthold stellte Eisen, Schwefel, Magnesia, Tonerde, Kalkerde und Kieselerde als Bestandteile fest. Er sah irrtümlich keinerlei Grund für eine kosmische Herkunft des Steines. Der Meteorit von Ensisheim gilt als der älteste bezeugte Meteoritenfall Europas, von dem heute noch Material vorhanden ist. Ursprünglich wog dieser Meteorit 127 Kilogramm. Im Laufe der Zeit wurden immer wieder Stücke des Meteoriten abgeschlagen, die sich heute in verschiedenen Museen und Sammlungen befinden. Das

*Lateinisch-deutsches Flugblatt von 1492
über den „Donnerstein von Ensisheim".
Bild: Sebastian Brand (1458–1521) (via Wikimedia Commons),
Lizenz: gemeinfrei (Public domain)*

*Das 53,831 Kilogramm schwere Hauptstück
des am 7. November 1492 bei Ensisheim im Elsass
vom Himmel gefallenen Meteoriten
wird heute im Musée de la Régence in Ensisheim aufbewahrt.
Foto: Konrad Andre / CC BY-SA 2.0
(via Wikimedia Commons),
lizensiert unter Creative Commons-Lizenz by-sa-2.0
https://creativecommons.org/licenses/by-sa/2.0/de/legalcode*

*Erfurter Apotheker und Chemiker
Christian Friedrich Stromeyer (1776–1835).
Bild: Archiv für Sippenforschung 1967/1968
(via Wikimedia Commons),
Lizenz: gemeinfrei (Public domain)*

Hauptstück von jetzt noch 53,831 Kilogramm befindet sich im Musée de la Régence im Alten Rathaus von Ensisheim. Am 14. April 1812 nachmittags um 4 Uhr stürzte bei Erxleben zwischen Helmstädt und Magdeburg ein Meteorit auf ein Feld. Der Himmelskörper wurde von in der Nähe tätigen Landarbeitern gefunden. Gleich drei Chemiker analysierten den Meteoriten Exleben. Für Professor Dr. habil. Siegfried Niese ist dies „ein früher Höhepunkt der Untersuchung von Meteoriten". Zwischen 1807 und 1813 gehörte Erxleben zum Elbedepartement des von Napoleon Bonaparte (1769–1821) nach der Besetzung Deutschlands als Vasallenstaat gegründeten Königreiches Westphalen. Als Erster analysierte 1812 der Göttinger Chemiker Friedrich Stromeyer (1776–1835) den Meteoriten Erxleben. Der erwähnte Apotheker und Chemiker Klaproth bezeichnete 1812 das Niederfallen dieses Meteorsteins als das erste im nördlichen Deutschland. Der Meteorit sei bei stiller Luft und heiterem Himmel unter heftigen Schlägen gehört worden. Der Stein sei dicht, hart und schwer zersprengbar. Der Erfurter Apotheker und Chemiker Christian Friedrich Bucholz (1770–1818) analysierte 1813 ebenfalls eine Probe des Meteoriten von Erxleben. Auf 30 Seiten beschrieb er seine Arbeitsschritte mit den erhaltenen Zwischenergebnissen sehr detailliert.

„Die Bezeichnungen für Eisen in vielen alten Sprachen zeigen, dass das Wissen um die direkte Beziehung zwischen Himmel (Meteoriten) und Eisen wohl weltweit verbreitet war". So heißt es im „Ägyptologie Forum" im Internet. Der sumerische Begrif „an-bar" für Eisen bedeutet „Feuer vom Himmel". Das hethitische Wort „ku-an" besaß dieselbe Bedeutung. Das hebräische „parzil" und das verwandte assyrische „barzzillu" heißen zu deutsch „Metall von Gott" oder „Metall vom Himmel". „Angesichts dieses wohl auf angesammelten

überlieferten Beobachtungen beruhenden Wissens oder Ahnens im Alten Orient verwundert es schon, dass es im neuzeitlichen Europa bis etwa 1800 dauerte, ehe akzeptiert wurde, dass Meteoriten wirklich extraterrestrischer Herkunft sind", liest man im „Ägyptologie Forum".
Noch in der ersten Hälfte des 19. Jahrhunderts hielt man die irrtümlich als Vulkane gedeuteten Krater des Erdmondes oder Staubzusammenballungen in der Hochatmosphäre als Herkunftsort der meisten Meteoriten. Später nahm man den Asteroidengürtel **zwischen den Planeten Mars und Jupiter** oder sogar einen interstellaren Ursprung an. Dass fast alle Meteoriten Bruchstücke aus dem Asteroidengürtel sind, wurde um 1940 klar. Photographische Aufnahmen einiger Meteore durch die amerikanischen Astronomen Fred Lawrence Whipple (1906–2004) und Charles Clayton Wylie (1886–1976) deuteten damals auf elliptische Bahnen hin. Bei einem interstellbaren Ursprung wären sogenannte hyperbo-lische Bahnen zu erwarten gewesen. 1959 zeichneten mehrere Kameras die Bahn des Meteoriten Pribram auf und konnte dessen Orbit berechnet werden. Dessen **Punkt der größten Entfernung von der Sonne** (Aphel genannt) lag im Asteroidengürtel. Anfang der 1980er Jahre wies man mit Hilfe neuester kosmochemischer Daten nach, dass etwa jeder tausendste Meteorit vom Erdmond und eine vergleichbare Anzahl sogar vom Mars stammt.
Neben den Proben von Erdmond-Gestein, eingefangenen Partikeln des Sonnenwindes, eines Kometen und interstellaren Staubes repräsentieren Meteoriten das einzige außerirdische Material, das in irdischen Laboren untersucht werden kann. Aus diesem Grund ist die Forschung an Meteoriten sehr wichtig für die Planetologie und kosmochemische Fragestellungen. Zum Beispiel konnte für Calcium-

Aluminium-reiche Einschlüsse in primitiven Steinmeteoriten (Chondriten) mit verschiedenen Datierungsmethoden ein Alter der Erde zwischen 4,667 und 4,671 Milliarden Jahren nachgewiesen werden. Da dies vermutlich die ältesten im Sonnensystem entstandenen Minerale sind, markieren sie den Beginn der Entstehung unseres Planetensystems. In Meteoriten sind viele Mineralien wie beispielsweise Niningerit entdeckt worden, die bisher auf der Erde nicht gefunden wurden. Das Alter der Erde von 4,55 Milliarden Jahren wurde zuerst 1953 von dem Geochemiker Clair Cameron Patterson (1922–1995) mittels Uran-Blei-Datierung am Meteoriten Canyon-Diablo ermittelt.

Beginnend mit der Entdeckung von organischen Verbindungen im kohligen Chondriten Murchison spielen Meteoriten eine zunehmend größere Rolle in der Astrobiologie und der Erforschung des Ursprungs des Lebens. Neben Aminosäuren und polyzyklischen aromatischen Kohlenwasserstoffen, die inzwischen auch in anderen kohligen Chondriten nachgewiesen wurden, wurden in Murchison Fullerene und sogar Diaminosäuren nachgewiesen. Man vermutet, dass Diaminosäuren eine wichtige Rolle in den ersten präbiotischen Reaktionen, aus denen letztlich die RNA und die DNA hervorgingen, gespielt haben. Jene Entdeckung ist somit ein Indiz dafür, dass einige wichtige Bausteine des Lebens durch Meteoriten auf die Erde gelangt sein könnten. Ein noch aufsehenerregenderes Forschungsergebnis war die bis heute kontrovers diskutierte Entdeckung angeblich fossiler Spuren bakteriellen Lebens im Marsmeteoriten ALH 84001.

Literatur
Ägyptologie-Forum: Meteoreisen.
http://www.aegyptologie.com/forum/cgi-bin/YaBB/

YaBB.pl?action=lexikond&id=090114204553
BARTHOLD, Charles: Analyse de la pierre de tonnerre. In: Journal de Physique, de Chimie, d'Historie Naturelle et des Arts, 1800.
BRANDSTÄTTER, Franz / FERRIÈ, Ludovic / KÖBERL Christian: Meteoriten – Zeitzeugen der Entstehung des Sonnensystems / Meteorites – Witnesses of the origin of the solar system. Wien 2012.
BUCHOLZ, Christian Friedrich: Analyse des Aerolithen von Erxleben bei Magdeburg. In: Journal für Chemie und Physik 7: S. 143–174, 1813.
BÜHLER, Rolf W.: Meteorite. Urmaterie aus dem interplanetaren Raum. Basel 1988.
CHEMIE.DE: Antoine Laurent de Lavoisier. https://www.chemie.de/lexikon/Antoine_Laurent_de_Lavoisier.html
CHLADNI, Ernst Florenz Friedrich: Ueber den Ursprung der von Pallas gefundenen und anderer ihr ähnlicher Eisenmassen und über einige damit in Verbindung stehende Naturerscheinungen, 1794.
DANN, Georg Edmund: Klaproth, Martin Heinrich. In: Neue Deutsche Biographie 11: S. 707–709, 1977. https://www.deutsche-biographie.de/sfz57358.html
DEUTSCHE BIOGRAPHIE: Proust, Louis Joseph, Indexeintrag: Deutsche Biographie, https://www.deutsche-biographie.de/pnd100242855.html
FILSER, Hubert: Archäologie. Der kosmische Dolch des Pharao. In: Süddeutsche Zeitung, 11. Januar 2018. https://www.sueddeutsche.de/wissen/archaeologie-der-kosmische-dolch-des-pharao-1.3819470
FOURGERAUX, Auguste Denis/ CADET, Louis Claudet/ LAVOSIER, Antoine Laurent de. In: Journal de Physique 1777.

GÄRTNER, Rainer W.: Pallas, Peter Simon. In: Neue Deutsche Biographie 20: S. 14–16, 2001.
https://www.deutsche-biographie.de/sfz93642.html
GRADY, Monica: Catalogue of Meteorites, Cambridge 2000.
HEIDE, Fritz / WLOTZKA, Frank: Kleine Meteoritenkunde. Berlin 1988.
HOWARD, Edward: Versuche und Bemerkungen über Steine und Metalle, die zu verschiedenen Zeiten auf die Erde gefallen seyn solln, und über gediegne Eisenmassen. In: Gilbert's Annalen der Physik 13, S. 221–227, 1803.
KELCHNER, Ernst: Buchner, Christian Friedrich. In: Neue Deutsche Biographie 3: S. 491–492, 1876.
https://www.deutsche-biographie.de/pnd10158721X.html
MINERALIENATLAS – FOSSILIENATLAS: Bournon de, Jacques Louis.
https://www.mineralienatlas.de/lexikon/index.php/Bournon%20de%2C%20Jacques%20Louis
https://www.mineralienatlas.de/lexikon/index.php/Bournon%20de%2C%20Jacques%20Louis
KLAPROTH, Martin Heinrich: Bestandteile mehrerer Stein- und Metallmassen nach der chemischen Analyse von Obermedizinalrat Klaproth. In: Gilbert's Annalen der Physik 13: S. 337–342, 1803.
MÜLLER, Wolfgang: Klaproth, Martin Heinrich. In: PÖTSCH, Winfried R. / FISCHER, Annelore / MÜLLER, Wolfgang / CASSEBAUM, Heinz: Lexikon bedeutender Chemiker, S. 238–239, Leipzig 1988.
PROSS, Wolfgang / PRIESNER, Claus: Lichtenberg, Georg
Christoph. In: Neue Deutsche Biographie 14: S. 449–464, 1985.

https://www.deutsche-biographie.de/sfz51050.html
NIESE, Siegfried: Der Meteor Erxleben und die frühe Kosmochemie. In. Mitteilungen, Gesellschaft Deutsche Chemiker, Fachgruppe Geschichte der Chemie (Frankfurt/Main), Band 22, S. 53–66, 2012.
https://www.gdch.de/fileadmin/downloads/Netzwerk_und_Strukturen/Fachgruppen/Geschichte_der_Chemie/Mitteilungen_Band_22/2012-22-05.pdf
PRIESNER, Claus: Stromeyer, Friedrich. In: Neue Deutsche Biographie 25: S. 578–579, 2013.
https://www.deutsche-biographie.de/sfz106831.html
SCHIMANK, Hans: Chladni, Ernst Florenz Friedrich. In: Neue Deutsche Biographie 3: S. 205–206, 1957.
https://www.deutsche-biographie.de/sfz8188.html
SCHÜTT, Hans-Werner: Rose, Gustav. In: Neue Deutsche Biographie 22: S. 44–45, 2005.
https://www.deutsche-biographie.de/sfz74651.html
SCHULTZ, Ludolf / SCHLÜTER, Jochen: Meteorite. Darmstadt 2012.
STROMEYER, Friedrich: Analyse des zu Erxleben im Ele-Department am 15. April 1812 herabgefallenen Meteorsteins. In: Gilbert's Annalen der Physik, S. 105–110, 1812.
WHO'S WHO. The People Lexikon: Isaac Newton.
https://whoswho.de/bio/isaac-newton.html
WIDAUER, Nives (Herausgeber): Meteoriten – was von außen auf uns einstürzt. Texte und Bilder im Schnittpunkt von Wissenschaft, Kunst und Literatur. Sulgen/Zürich 2005.
WIKIPEDIA (Online-Lexikon): Charles Wylie (Astronomer).

https://en.wikipedia.org/wiki/Charles_Wylie_(astronomer)
WIKIPEDIA (Online-Lexikon): Clair Cameron Patterson.
https://de.wikipedia.org/wiki/Clair_Cameron_Patterson
WIKIPEDIA (Online-Lexikon): Edward Charles Howard.
https://de.wikipedia.org/wiki/Edward_Charles_Howard
WIKIPEDIA (Online-Lexikon): Fred Whipple.
https://de.wikipedia.org/wiki/Fred_Whipple
WIKIPEDIA (Online-Lexikon): William Thomson (Mineraloge).
https://en.wikipedia.org/wiki/William_Thomson_(mineralogist)

Blick in den vor 49.000 Jahren entstandenen Barringer-Krater zwischen Flagstaff und Winslow im US-Bundesstaat Arizona mit einem Durchmesser von 1,186 Kilometer.
Foto: Grahampurse / CC BY-SA 4.0 (via Wikimedia Commons), lizensiert unter Creative Commons-Lizenz by-sa-4.0,
https://creativecommons.org/licenses/by-sa/4.0/legalcode

Einschlagkrater der Erde

Nachfolgende Liste der Einschlagkrater der Erde ab einem Mindestdurchmesser von fünf Metern basiert teilweise auf dem Online-Lexikon „Wikipedia":
Acraman, Südaustralien, 90 Kilometer Durchmesser, Präkambrium, Ediacarium, 590 Millionen Jahre alt.
Amelia Creek, Australien, Nordterritorium, 20 Kilometer Durchmesser, Präkambrium, 1,64 Milliarden Jahre (Statherium) bis 600 Millionen Jahre (Ediacarium) alt.
Ames, Nordamerika, USA, Oklahoma, 16 Kilometer Durchmesser, nicht auf der Erdoberfläche sichtbar, Ordovizium, 470 Millionen Jahre alt.
Amguid, Afrika, Algerien, 450 Meter Durchmesser, Eiszeitalter, 100.000 Jahre alt.
Aorounga, Afrika, Tschad, 12,6 Kilometer Durchmesser, Karbon, 350 Millionen Jahre alt.
Aouelloul, Afrika, Mauretanien, 390 Meter Durchmesser, Pliozän, 3,1 Millionen Jahre alt.
Araguainha Dome, Südamerika, Brasilien, Mato Grosso, 40 Kilometer Durchmesser, Trias, 244,4 Millionen Jahre alt.
Arkenu 1, Afrika, Lybien, Sahara, 6,8 Kilometer Durchmesser, Kreide, 140 Millionen Jahre alt.
Arkenu 2, Afrika, Lybien, 10,3 Kilometer Durchmesser, Kreide, 140 Millionen Jahre alt.
Avak, Nordamerika, USA, Alaska, 12 Kilometer Durchmesser, nicht auf der Erdoberfläche sichtbar, Kreide, 100 Millionen Jahre alt.
B. P. Structure, Afrika, Libyen, Libysche Wüste, 2,8 Kilometer Durchmesser, Eiszeitalter, 120.000 Jahre alt.

Barringer, Nordamerika, USA, Arizona, 1,186 Kilometer Durchmesser, Eiszeitalter, 49.000 Jahre alt.
Beaverhead, Nordamerika, USA, Montana, 60 Kilometer Durchmesser, Präkambrium, Ediacarium, 600 Millionen Jahre alt.
Bee Bluff, Nordamerika, USA, Texas, 2,39 Kilometer Durchmesser, nicht auf der Erdoberfläche sichtbar, Kreide, 40 Millionen Jahre alt.
Beyemchime-Salaatin, Asien, Russland, Jakutien, 8 Kilometer Durchmesser, Paläozän, 65 Millionen Jahre alt.
Bigach, Asien, Kasachstan, 7 Kilometer Durchmesser, Pliozän, 5 Millionen Jahre alt.
Bilylwka-Krater, Europa, Ukraine, 3,2 Kilometer Durchmesser, nicht auf der Erdoberfläche sichtbar, Jura, 165 Millionen Jahre alt.
Bowtyschka-Krater, Europa, Ukraine, 24 Kilometer Durchmesser, nicht auf der Erdoberfläche sichtbar, Paläozän, 65,17 Millionen Jahre alt. •
Bosumtwi, Afrika, Ghana, 10,5 Kilometer Durchmesser, Eiszeitalter, 1,07 Millionen Jahre alt.
Boxhole, Australien, Nordterritorium, 175 Meter Durchmesser, Eiszeitalter, 54.000 Jahre alt.
Brent, Nordamerika, Kanada, Ontario, 3,79 Kilometer Durchmesser, Devon, 396 Millionen Jahre alt.
Calvin, Nordamerika, USA, Michigan, 8,5 Kilometer Durchmesser, Ordovizium, 450 Millionen Jahre alt.
Campo del Cielo 1 (mehr als 20 weitere Krater), Südamerika, Argentinien, 105 Meter Durchmesser, Holozän, 5.000 Jahre alt.
Carancas, Südamerika, Peru, 14 Meter Durchmesser, am 15. September 2007 entdeckt.
Carswell, Nordamerika, Kanada, Saskatchewan, 39 Kilo-

meter Durchmesser, Kreide, 115 Millionen Jahre alt.
Charlevoix, Nordamerika, Kanada, Québec, 54 Kilometer
Durchmesser, Karbon, 357 Millionen Jahre alt.
Chesapeake Bay, Nordamerika, USA, Virginia, 85 Kilometer Durchmesser, Eozän, 35,5 Millionen Jahre alt.
Chicxulub, Nordamerika, Mexiko, Yucatan, 180 Kilometer Durchmesser, nicht auf der Erdoberfläche sichtbar, 64,98 Millionen Jahre alt.
Clearwater East, Nordamerika, Kanada, Québec, 26 Kilometer Durchmesser, Ordovizium, 460/470 Millionen Jahre alt.
Clearwater West, Nordamerika, Kanada, Québec, 36 Kilometer Durchmesser, Perm, 286 Millionen Jahre alt.
Cloud Creek, Nordamerika, USA, Wyoming, 7 Kilometer Durchmesser, Jura, 190 Millionen Jahre alt.
Colonia, Südamerika, Brasilien, 3,6 Kilometer Durchmesser, Pliozän, 5 Millionen Jahre alt.
Connolly Basin, Australien, Western Australia, 9 Kilometer Durchmesser, Paläozän, 60 Millionen Jahre alt.
Crawford, Austrralien, Südaustralien, 8,5 Kilometer Durchmesser, Eozän, 35 Millionen Jahre alt
Crooked Creek, Nordamerika, USA, Missouri, 7 Kilometer Durchmesser, Karbon, 320 Millionen Jahre alt.
Dalgaranga, Australien, Western Australia, 21 Meter Durchmesser, Eiszeitalter, 27.000 Jahre alt.
Darwin, Australien, Tasmanien, 1 Kilometer Durchmesser, Eiszeitalter, 810.000 Jahre alt.
Decaturville, Nordamerika, USA, Missouri, 6 Kilometer Durchmesser, Karbon, 300 Millionen Jahre alt.
Deep Bay, Nordamerika, Kanada, Saskatchewan, 13 Kilometer Durchmesser, Kreide, 99 Millionen Jahre alt.
Dellen, Europa, Schweden, 19 Kilometer Durchmesser,

Kreide, 89 Millionen Jahre alt.
Des-Plaines-Krater, 8 Kilometer Durchmesser, nicht auf
der Erdoberfläche sichtbar, Perm, 280 Millionen Jahre alt.
Dhala, Asien, Indien, 11 Kilometer Durchmesser, Jura,
170 Millionen Jahre alt.
Dobele, Europa, Lettland, 4,5 Kilometer Durchmesser,
nicht auf der Erdoberfläche sichtbar, Karbon,
300 Millionen Jahre alt.
Eagle Butte, Nordamerika, Kanada, Alberta, 10 Kilometer
Durchmesser, nicht auf der Erdoberfläche sichtbar,
Holozän, 10.000 Jahre alt.
Elbow, Nordamerika, Kanada, Saskatchewan, 8 Kilometer
Durchmesser, nicht auf der Erdoberfläche sichtbar, Devon,
395 Millionen Jahre alt.
Elgygytgyn, Asien, Russland, Fernost, Tschukotka,
18 Kilometer Durchmesser, Pliozän, 3,5 Millionen Jahre alt.
Eltanin, Südpazifik,, Bellingshausen-Sea, 20 Kilometer
Durchmesser, nicht auf der Erdoberfläche sichtbar,
Eiszeitalter, 2,15 Millionen Jahre alt.
Flaxman, Australien, Südaustralien, 10 Kilometer
Durchmesser, Eozän, 35 Millionen Jahre alt.
Flynn Creek, Nordamerika, USA, Tennessee, 3,8 Kilometer
Durchmesser, Devon, 360 Millionen Jahre alt.
Foelsche, Australien, Nordterritorium, 6 Kilometer
Durchmesser, nicht auf der Erdoberfläche sichtbar,
Kambrium, 545 Millionen Jahre alt.
Gardnos, Europa, Norwegen, Viken, 5 Kilometer
Durchmesser, Kambrium, 500 Millionen Jahre alt.
Glasford-Krater, Nordamerika, USA, Illinois, 4 Kilometer
Durchmesser, nicht auf der Erdoberfläche sichtbar, Silur,
430 Millionen Jahre alt-
Glover Bluff, Nordamerika, USA, Wisconsin, 8 Kilometer

Durchmesser, Kambrium, 500 Millionen Jahre alt.
Goat Paddock, Australien, Western Australia,
5,09 Kilometer Durchmesser, Eozän, 50 Millionen Jahre
alt.
Gosses Bluff, Australien, Nordterritorium, 22 Kilometer
Durchmesser, Kreide, 142,5 Millionen Jahre alt.
Gow Lake, Nordamerika, Kanada, Saskatchewan,
5 Kilometer Durchmesser, Trias, 250 Millionen Jahre alt.
Goyder, Australien, Nordterritorium, 3 Kilometer
Durchmesser, Kreide, 136 Millionen Jahre alt.
Granby, Europa, Schweden, 3 Kilometer Durchmesser,
Ordovizium, 470 Millionen Jahre alt.
Gussew, Europa, Russland, Rostow, 3,5 Kilometer
Durchmesser, nicht auf der Erdoberfläche sichtbar, Eozän,
49 Millionen Jahre alt.
Gweni-Fada, Afrika, Tschad, 14.000 Kilometer
Durchmesser, Karbon, 345 Millionen Jahre alt.
Haughton, Nordamerika, Kanada, Nordwest-Territorien,
Devon-Insel, 24 Kilometer Durchmesser, Oligozän,
23,4 Millionen Jahre alt
Haviland, Nordamerika, USA, Kansas, 15 Meter
Durchmesser, Holozän, 1.000 Jahre alt.
Henbury 1 (insgesamt 13 Krater), Australien,
Nordterritorium, 23 Meter Durchmesser, Holozän,
4.200 Jahre alt.
Henbury 7 (Hauptkrater), Australien, Nordterritorium,
180 Meter Durchmesser, Holozän, 4.200 Jahre alt.
Hiawatha-Krater, Nordamerika, Grönland, 31 Kilometer
Durchmesser, nicht auf der Erdoberfläche sichtbar,
Paläozän, 58 Millionen Jahre alt.
Highbury, Afrika, Simbabwe, 20 Kilometer Durchmesser,
nicht auf der Erdoberfläche sichtbar,

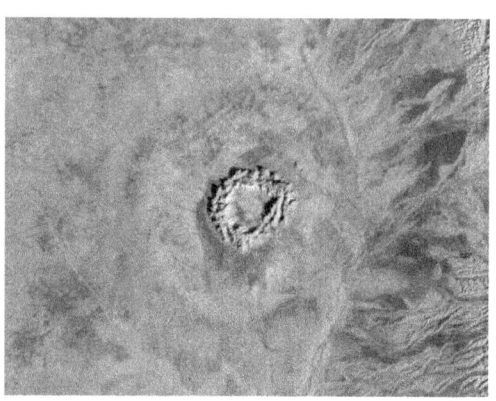

*Meteoritenkrater Gosses Bluff
im Nordterritorium in Australien,
22 Kilometer Durchmesser, 142,5 Millionen Jahre alt.
Foto: NASA/ISS-Expeditions 7 crew member
(via Wikimedia Commons),
Lizenz: gemeinfrei (Public domain)*

Einschlagkrater Gosses Bluff im Nordterritorium in Australien.
Der Gosses-Bluff-Kranter ist nach Henry Gosse,
dem Bruder des Naturforschers William Gosse (1842–1881) benannt,
der 1873 den hellroten Inselberg Ayers Rock (Uluru) entdeckte.
An der Expedition von 1873
nahm auch Henry Gosse teil.
Foto: Albinfo (via Wikimedia Commons),
Lizenz: gemeinfrei (Public domain)

Präkambrium, Stenium, 1,034 Milliarden Jahre alt.
Holleford, Nordamerika, Kanada, Ontario, 2,35 Kilometer
Durchmesser, nicht auf der Erdoberfläche sichtbar,
Präkambrium, Ediacarium, 550 Millionen Jahre alt.
Hummeln, Europa, Schweden, 1,2 Kilometer
Durchmesser, Silur, 443 Millionen Jahre alt.
Ile Rouleau, Nordamerika, Kanada, Québec, 4 Kilometer
Durchmesser, Karbon, 300 Millionen Jahre alt.
Illinzi-Krater, Europa, Ukraine, 4,5 Kilometer
Durchmesser, nicht auf der Erdoberfläche sichtbar, Devon,
395 Millionen Jahre alt.
Ilumetsa, Europa, Estland, 80 Meter Durchmesser,
Holozän, 6.600 Jahre alt.
Iso-Naakkima, Europa, Finnland, 3 Kilometer
Durchmesser, nicht auf der Erdoberfläche sichtbar,
Präkambrium, Ectasium oder Stenium, 1,2 Milliarden Jahre
alt.
Jabal Waqf es Swwan, Asien, Jordanien, 5,5 Kilometer
Durchnesser, Paläozän, 56 Millionen Jahre alt.
Jänisjärvai, Europa, Russland, Karelien, 14 Kilometer
Durchmesser, Präkambrium, Cryogenium, 698 Millionen
Jahre alt.
Kaal-Meteoritenkrater (Hauptkrater, insgesamt neun
Krater), 110 Meter Durchmesser, Holozän, 4.000 Jahre alt.
Kalkkop, Afrika, Südafrika, Ostkap, 640 Meter
Durchmesser, Eiszeitalter, 1.8 Millionen Jahre alt.
Kaluga, Europa, Russland, 15 Kilometer Durchmesser,
nicht auf der Erdoberfläche sichtbar, Devon, 380
Millionen Jahre alt.
Kamensk, Europa Russland, 25 Kilometer Durchmesser,
nicht auf der Erdoberfläche sichtbar, Paläozän,
65 Millionen Jahre alt.

Kamil, Afrika, Ägypten, 45 Meter Durchmesser, Holozän, schätzungsweise 5.000 Jahre alt.
Kara, Asien, Russland, Jamal-Nenez, 65 Kilometer Durchmesser, nicht auf der Erdoberfläche sichtbar, Kreide, 70,3 Millionen Jahre alt.
Kärdla, Europa, Estland, 4 Kilometer Durchmesser, nicht auf der Erdoberfläche sichtbar, Ordovizium, 455 Millionen Jahre alt.
Karikkoselkä, Europa, Finnland, 1,5 Kilometer Durchmesser, Eiszeitalter, 1,88 Millionen Jahre alt.
Karla, Europa, Russland, Tatarstan, 12 Kilometer Durchmesser, Miozän, 10 Millionen Jahre alt.
Kelly West, Australien, Nordterritorium, 10 Kilometer Durchmesser, Präkambrium, Ediacarium, 550 Millionen Jahre alt.
Kentland, Nordamerika, USA, Indiana, 13 Kilometer Durchmesser, Karbon, 300 Millionen Jahre alt.
Keurusselkä, Europa, Finnland, 30 Kilometer Durchmesser, Präkambrium, Orosirium, 1,88 Milliarden Jahre alt
Kgagodi, Afrika, Botswana, 3,5 Kilometer Durchmesser, Jura, 180 Millionen Jahre alt.
Köneürgenç, Asien, Turkmenistan, Tiefland von Turan, 6 Meter Durchmesser, entdeckt am 20. Juni 1998
Kursk, Europa, Russland, 5,5 Kilometer Durchmesser, nicht auf der Erdoberfläche sichtbar, Trias, 250 Millionen Jahre alt.
Lac Couture, Nordamerika, Kanada, Québec. 8 Kilometer Durchmesser, Silur, 430 Millionen Jahre alt.
Lac La Moinerie, Nordamerika, Kanada, Québec, 8 Kilometer Durchmesser, Devon, 400 Millionen Jahre alt.
Lahojsk, Europa, Belarus, 17 Kilometer Durchmesser,

nicht auf der Erdoberfläche sichtbar, Eozän, 40 Millionen
Jahre alt.
Lappajärvi, Europa, Finnland, 23 Kilometer Durchmesser,
Kreide, 77,85 Millionen Jahre alt.
Lawn Hill, Australien, Queensland, 18 Kilometer
Durchmesser, Kambrium, 515 Millionen Jahre alt.
Liverpool, Austrralien, Nordterritorium, 1,6 Kilometer
Durchmesser, Jura, 150 Millionen Jahre alt.
Lockne-Krater, Europa, Schweden, Jämtslands län,
7 Kilometer Durchmesser, Ordovizium, 455 Millionen
Jahre alt.
Logantschua, Asien, Russland, Jakutien, 20 Kilometer
Durchmesser, nicht auf der Erdoberfläche sichtbar,
Oligozän, 25 Millionen Jahre alt.
Lonar, Asien, Indien, Maharashtra, 1,83 Kilometer
Durchmesser, Eiszeitalter, 570.000 Jahre alt.
Luizi, Afrika, Kongo, 17 Kilometer Durchmesser,
Präkambrium, Ediacarium, 570 Millionen Jahre alt.
Lumparn, Europa, Finnland, 9 Kilometer Durchmesser,
nicht auf der Erdoberfläche sichtbar, Präkambrium,
Stenium, 1 Milliarde Jahre alt.
Malingen, Europa, Schweden, Jämtlands län, 1 Kilometer
Durchmesser, Ordovizium, 458 Millionen Jahre alt.
Manicougan, Nordamerika, Kanada, Québec, 100
Kilometer Durchmesser, Trias, 214 Millionen Jahre alt.
Manson, Nordamerika, USA, Iowa, 35 Kilometer
Durchmesser, nicht auf der Erdoberfläche sichtbar, Kreide,
73,8 Millionen Jahre alt.
Maple Creek, Nordamerika, Kanada, Saskatchewan,
6 Kilometer Durchmesser, nicht auf der Erdoberfläche
sichtbar, Kreide, 75 Millionen Jahre alt.
Marquez Dome, Nordamerika, USA, Texas, 12,7 Kilometer
Durchmesser, nicht auf der Erdoberfläche sichtbar, Eozän,

58 Millionen Jahre alt.
Matschau 1 (insgesamt 5 Krater), Asien, Russland, Jakutien,
300 Meter Durchmesser, Holozän, 7.000 Jahre alt.
Matt Wilson, Australien, Nordterritorium, 7,5 Kilometer
Durchmesser, Präkambrium, Calymmium, 1,42 Milliarden
Jahre alt.
Middlesboro, Nordamerika, USA, Kentucky, 6 Kilometer
Durchmesser, Karbon, 300 Millionen Jahre alt.
Mien, Europa, Schweden, Kronobergs län, 9 Kilometer
Durchmesser, Kreide, 121 Millionen Jahre alt.
Misarei (Mizarai), Europa, Litauen, 5 Kilometer
Durchmesser, nicht auf der Erdoberfläche sichtbar,
Präkambrium, Ediacarium, 595 Millionen Jahre alt.
Mischina Gora, Europa, Russland, Pskow, 4,5 Kilometer
Durchmesser, Devon, 360 Millionen Jahre alt.
Mistasin Lake, Nordamerika, Kanada, Labrador,
28 Kilometer Durchmesser, Eozän, 38 Millionen Jahre alt.
Mjolnir, Europa, Norwegen, Barentsee, 40 Kilometer
Durchmesser, nicht auf der Erdoberfläche sichtbar, Kreide,
143 Millionen Jahre alt.
Montagnais, Nordamerika, Kanada, Neuschottland,
Atlantik, 45 Kilometer Durchmesser, nicht auf der
Erdoberfläche sichtbar, Eozän, 50,5 Millionen Jahre alt.
Monturaqui, Südamerika, Chile, Region de Antofagasta,
460 Meter Durchmesser, Eiszeitalter, 1 Million Jahre alt.
Morasko 1 (insgesamt 8 Krater), Europa, Polen, Großpolen,
100 Meter Durchmesser, Holozän, 10.000 Jahre alt.
Morokweng, Afrika, Südafrika, Nordwest, 70 Kilometer
Durchmesser, nicht auf der Erdoberfläche sichtbar, Kreide,
145 Millionen Jahre alt.
Mount Toondina, Australien, Südaustralien, 4 Kilometer
Durchmesser, nicht auf der Erdoberfläche sichtbar, Kreide,

110 Millionen Jahre alt.
Neugrund-Krater, Europa, Estland, Finnischer Meerbusen, 8 Kilometer Durchmesser, Ordovizium, 470 Millionen Jahre alt
Newporte, Nordamerika, USA, North Dakota, 3,2 Kilometer Durchmesser, nicht auf der Erdoberfläche sichtbar, Kambrium, 500 Millionen Jahre alt.
Nicholson Lake, Nordamerika, Kanada, Nordwest-Territorien, 12,5 Kilometer Durchmesser, Devon, 400 Millionen Jahre alt.
Nördlinger Ries, Europa, Deutschland, Bayern, Baden-Württemberg, 24 Kilometer Durchmesser, Miozän, 14,8 Millionen Jahre alt.
Oasis, Afrika. Lybien, Lybische Wüste, 11,5 Kilometer Durchmesser, Kreide, 100 Millionen Jahre alt.
Obolon-Krater, Europa, Ukraine, Poltawa, 15 Kilometer Durchmesser, nicht auf der Erdoberfläche sichtbar, Trias, 215 Millionen Jahre alt
Odessa 1 (insgesamt 5 Krater), Nordamerika, USA, Texas, 168 Meter Durchmesser, Eiszeitalter, 50.000 Jahre alt.
Quarkziz, Afrika, Algerien, 3,5 Kilometer Durchmesser, Kreide, 70 Millionen Jahre alt.
Paasselkä, Europa, Finnland, 10 Kilometer Durchmesser, Präkambrikum, Orosirium, 1,9 Milliarden Jahre alt.
Paterson-Krater, Nordamerika, Grönland, 36,5 Kilometer Durchmesser, nicht auf der Erdoberfläche sichtbar, Ende des Eiszeitalters, schätzungsweise 12.000 Jahre alt.
Piccaninny, Australien, Western Australia, 7 Kilometer Durchmesser, Devon, 360 Millionen Jahre alt.
Pilot Lake, Afrika, Algerien, 5,8 Kilometer Durchmesser, Ordovizium, 445 Millionen Jahre alt.
Pingualuit, Nordamerika, Kanada, Québec, 3,44 Kilometer

Durchmesser, Eiszeitalter, 1,4 Millionen Jahre alt.
Popigai, Asien, Russland Tamyr, 100 Kilometer
Durchmesser, Eozän, 35 Millionen Jahre alt.
Presqu'ile, Lac de la, Nordamerika, Kanada, Québec,
12 Kilometer Durchmesser, Kambrium, 500 Millionen
Jahre alt.
Putschesch-Katunki, Europa Russland, Nischni Nowgorod,
80 Kilometer Durchmesser, nicht auf der Erdoberfläche
sichtbar, Jura, 167 Millionen Jahre alt.
Ragozinka, Asien, Russland, Sverdlowsk, 9 Kilometer
Durchmesser, nicht auf der Erdoberfläche sichtbar, Eozän,
55 Millionen Jahre alt.
Red Wing, Nordamerika, USA, North Dakota, 9 Kilometer
Durchmesser, nicht auf der Erdoberfläche sichtbar, Jura,
200 Millionen Jahre alt.
Riachão-Ring, Südamerika, Brasilien, 4,5 Kilometer
Durchmesser, Trias, 200 Millionen Jahre alt.
Rio Cuarto A (insgesamt 11 Krater), Südamerika,
Argentinien, Cordoba, 4,5 Kilometer Durchmesser,
Eiszeitalter, 100.000 Jahre alt,.
Ritlandkrater, Europa, Norwegen, 2,7 Kilometer
Durchmesser, Kambrium, 520 Millionen Jahre alt.
Rochechouart, Europa, Frankreich, Nouvelle-Aquitaine,
23 Kilometer Durchmesser, Trias, 214 Millionen Jahre alt.
Rock Elm, Nordamerika, USA, Wisconsin, 6 Kilometer
Durchmesser, Kambrium, 510 Millionen Jahre alt.
Roter Kamm, Afrika, Namibia, 2,5 Kilometer
Durchmesser, Pliozän, 3,7 Millionen Jahre alt.
Rotmistriwka-Krater, Europa, Ukraine, 2,7 Kilometer
Durchmesser, Kreide, 140 Millionen Jahre alt.
Rubielos de la Cérida, Europa, Spanien, 40 Kilometer
Durchmesser, Oligozän, 32 Millionen Jahre alt (seit den

1990er Jahren als Einschlagstruktur gedeutet, aber in der Wissenschaft stark umstritten).
Sääksjärvi, Europa, Finnland, 5 Kilometer Durchmesser, Kambrium, 543 Millionen Jahre alt.
Saarijärvi, Europa, Finnland, 1,5 Kilometer Durchmesser, Präkambrium, Ediacarium, 600 Millionen Jahre alt.
Saint Martin, Nordamerika, Kanada, Manitoba, 40 Kilometer Durchmesser, nicht auf der Erdoberfläche sichtbar, Trias, 219,5 Millionen Jahre alt.
Santa Fe, Nordamerika, USA, New Mexiko, 13 Kilometer Durchmesser, nicht auf der Erdoberfläche sichtbar, Präkambrium, Ectasium oder Stenium, 1,2 Milliarden Jahre alt.
Schamanschyng, Asien, Kasachstan, 13,5 Kilometer Durchmesser, Eiszeitalter, 900.000 Jahre alt.
Schijeli, Asien, Kasachstan, 5,5 Kilometer Durchmesser, Eozän, 46 Millionen Jahre alt.
Schunaq, Asien, Kasachstan, 3,1 Kilometer Durchmesser, Miozän, 12. Millionen Jahre alt.
Selenyi Haj, Europa, Ukraine, 3,5 Kilometer Durchmesser, nicht auf der Erdoberfläche sichtbar, Kreide, 80 Millionen Jahre alt.
Serpent-Mound-Krater, Nordamerika, USA, Ohio, 8 Kilometer Durchmesser, Karbon, 320 Millionen Jahre alt.
Serra da Cangalha, Südamerika, Brasilien, 12 Kilometer Durchmesser, Karbon, 300 Millionen Jahre alt.
Shoemaker, Australien, Western Australia, 30 Kilometer Durchmesser, Präkambrium, Statherium, 1,685 Milliarden Jahre alt.
Sierra Madera, Nordamerika, USA, Texas, 13 Kilometer Durchmesser, Kreide, 100 Millionen Jahre alt.Sichote Alin 1 (insgesamt 122 oder 158 Krater), Asien, Russland, Ferner

Osten, Primorje, 27 Meter Durchmesser, am 12. Februar 1947 entdeckt.
Siljan, Europa, Schweden, Dalarnas län, 55 Kilometer Durchmesser, Devon, 368 Millionen Jahre alt.
Slage Islands, Nordamerika, Kanada, Ontario, 30 Kilometer Durchmesser, Karbon, 350 Millionen Jahre alt.
Sobolew, Asien, Russland, Ferner Osten, Primorje, 53 Meter Durchmesser, Holozän, 1.000 Jahre alt.
Söderfjärden, Europa, Finnland, 5,5 Kilometer Durchmesser, Präkambrium, Ediacarium, 550 Millionen Jahre alt.
Spider, Australien, Western Australia, 13 Kilometer Durchmesser, Präkambrium, Edicarium, 570 Millionen Jahre alt.
Steen River, Nordamerika, Kanada, Alberta, 25 Kilometer Durchmesser, nicht auf der Erdoberfläche sichtbar, Kreide, 95 Millionen Jahre alt.
Steinheimer Becken, Europa, Deutschland, Baden-Württemberg, 3,8 Kilometer Durchmesser, Miozän, 14,8 Millionen Jahre alt.
Sterlitamak, Europa, Russland, Baschkortostan, 9 Meter Durchmesser, entdeckt am 17. Mai 1990.
Strangways, Australien, Nordterritorium, 25 Kilometer Durchmesser, Präkambrium, Cryogenium, 646 Millionen Jahre alt.
Suavesi North, Europa, Finnland, 3,5 Kilometer Durchmesser, nicht auf der Erdoberfläche sichtbar, Präkambrium, Stenium, 1 Milliarde Jahre alt.
Suavjärvi, Europa, Russland, Karelien, 16 Kilometer Durchmesser, Präkambrium, Siderium, 2,4 Milliarden Jahre alt.

Sudbury, Nordamerika, Kanada, Ontario, 250 Kilometer Durchmesser, Präkambrium, Orosirium, 1,85 Milliardem Jahre alt.
Talemzane, Afrika, Algerien, 1,75 Kilometer Durchmesser, Pliozän, 3 Millionen Jahre alt.
Tawan char owwo, Asien, Mongolei, Ostgobi, 1,3 Kilometer Durchmesser, Pliozän, 3 Millionen Jahre alt.
Tenoumer, Afikak Mauretanien, 1,9 Kilometer Durchmesser, Eiszeitalter, 20.000 Jahre alt.
Terny-Krater, Europa, Ukraine, 12 Kilometer Durchmesser, nicht auf der Erdoberfläche sichtbar, Perm, 280 Millionen Jahre alt.
Tin Bider, Afrika, Algerien, 6 Kilometer Durchmesser, Kreide, 70 Millionen Jahre alt.
Tookoonooka, Australien, Queensland, 55 Kilometer Durchmesser, nicht auf der Erdoberfläche sichtbar, Kreide, 128 Millionen Jahre alt.
Tschuktscha, Asien, Russland, Sibirien, Tamyr, 6 Kilometer Durchmesser, Kreide, 70 Millionen Jahre alt.
Tswaing, Afrika, Südafrika, 1,13 Kilometer Durchmesser, Eiszeitalter, 220.000 Jahre alt.
Tvären, Europa, Schweden, Södermanlands län, 2 Kilometer Durchmesser, nicht auf der Erdoberfläche sichtbar, Ordovizium, 455 Millionen Jahre alt.
Upheaval Dome, Nordmerika, USA, Utah, 6 Kilometer Durchmesser, Kreide, 65 Millionen Jahre alt.
Vargeão Dome, Südamerika, Brasilien, 12 Kilometer Durchmesser, Kreide, 70 Millionen Jahre alt.
Veevers, Australien, Western Australia, 80 Meter Durchmesser, Eiszeitalter, 1 Million Jahre alt.
Vepriai, Europa, Litauen, 7,5 Kilometer Durchmesser, nicht auf der Erdoberfläche sichtbar, Jura, 165 Millionen

Jahre alt.
Viewfield, Nordamerika, Kanada, Saskatchewan, 2,5 Kilometer Durchmesser, nicht auf der Erdoberfläche sichtbar, Jura, 190 Millionen Jahre alt.
Vista Alegre, Südamerika, Brasilien, Parana, 9.5 Kilometer Durchmesser, Kreide, 65 Millionen Jahre alt.
Vredefort, Afrika, Südafrika, 320 Kilometer Durchmesser, Präkambrium, Orosirium, 2,023 Milliarden Jahre alt.
Wabar 1 (insgesamt 4 Krater), Asien, Saudi-Arabien, 64 Meter Durchmesser, vor 140 Jahren entdeckt.
Wanapitei Lake, Nordamerika, Kanada, Ontario, 7,5 Kilometer Durchmesser, Eozän, 37 Millionen Jahre.
Wells Creek, Nordamerika, USA, Tennessee, 12 Kilometer Durchmesser, Jura, 200 Millionen Jahre alt.
West Hawk Lake, Nordamerika, Kanada, Manitoba, 2,44 Kilometer Durchmesser, Kreide, 100 Millionen Jahre alt.
Wetumpka, Nordamerika, USA, Alabama, 6,5 Kilometer Durchmesser, Kreide, 81,5 Millionen Jahre alt.
Whitecourt, Nordamerika, Kanada, Alberta, 36 Meter Durchmesser, Holozän, 1.100 Jahre alt.
Wolfe Creek, Australien, Western Australia, 892 Meter Durchmesser, Eiszeitalter, 120.000 Jahre alt.
Woodleigh, Australien, Western Australia, 120 Kilometer Durchmesser, nicht auf der Erdoberfläche sichtbar, Devon, 370 Millionen Jahre alt.
Yarrabubba, Australien, Western Australia, 30 Kilometer Durchmesser, Präkambrium, Rhyacium, 2,229 Milliarden Jahre alt.
Xuiyan, Asien, China, Liaoning, 1,8 Kilometer Durchmesser, Eiszeitalter, schätzungsweise 50.000 Jahre alt.

Der Originaltext „Liste der Einschlagkrater der Erde" ist bei „Wikipedia" unter der Lizenz „Creative Commons Attributions Share/Alike" verfügbar.

Gliederung der Erdgeschichte:
Präkambrium, 4,56 Milliarden bis 541 Millionen Jahre,
Kambrium, 541 bis 485,4 Millionen Jahre,
Ordovizium, 485,4 bis 443,4 Millionen Jahre,
Silur, 443,4 bis 419,2 Millionen Jahre,
Devon, 419,2 bis 358,9 Millionen Jahre,
Karbon, 358,9 bis 298,9 Millionen Jahre,
Perm, 298,9 bis 251,9 Millionen Jahre,
Trias, 251,9 bis 201,3 Millionen Jahre,
Jura, 201,3 bis 145 Millionen Jahre,
Kreide, 145 bis 66 Millionen Jahre,
Paläozän, 66 bis 56 Millionen Jahre,
Eozän, 56 bis 33,9 Millionen Jahre,
Oligozän, 33,9 bis 23,03 Millionen Jahre,
Miozän, 23,03 bis 5,33 Millionen Jahre,
Pliozän, 5,33 bis 2,58 Millionen Jahre,
Pleistozän (Eiszeitalter), 2,58 bis 11.700 Jahre.

Literatur
CLASSEN, Johannes: Catalogue of 230 certain, probable, possible, and doubtful
impact structures. In: Meteoritics & Planetary Science 12: S. 61–78, Tucson 1977.
EARTH IMPACDT DATABASE.
http://www.passc.net/EarthImpactDatabase/index.html
EARTH IMPACT DATABASE: Afrika.
http://www.passc.net/EarthImpactDatabase/New%20website_05-2018/Africa.html

EARTH IMPACT DATABASE: Asien & Russland.
http://www.passc.net/EarthImpactDatabase/
New%20website_05-2018/AsiaRussia.html
EARTH IMPACT DATABASE: Australien.
http://www.passc.net/EarthImpactDatabase/
New%20website_05-2018/Australia.html
EARTH IMPACT DATABASE: Europa.
http://www.passc.net/EarthImpactDatabase/
New%20website_05-2018/Europe.html
EARTH IMPACT DATABASE: Nordamerika.
http://www.passc.net/EarthImpactDatabase/
New%20website_05-2018/NorthAmerica.html
EARTH IMPACT DATABASE: Südamerika.
http://www.passc.net/EarthImpactDatabase/
New%20website_05-2018/SouthAmerica.html
ERNSTSON, Kord / ANGUITA, Franzisco / CLAUDIN, Ferran Maria: Shock cratering of conglomeratic quartzite pebbles and the search and identification of an Azuara (Spain) probable companion impact structure. In: Shock wave behavior of solids in nature and experiments, 3rd ESF-Impact Workshop Limoges, abstract book 25, 1994.
ERNSTSON, Kord / SCHÜSSLER, Uli / CLAUDIN, Ferran Maria / ERNSTSON, Till: An impact crater chain in northern Spain. In: Meteorit 9: S. 35–39, 2003.
PROBST, Ernst: Deutschland in der Urzeit. Von der Entstehung des Lebens bis zum Ende der Eiszeit, München 1986.
PROBST, Ernst: Weltall, Erde, Mond und Meteoriten. In: Rekorde der Urzeit, S. 23–27, München 1992.
SCHMIEDER, Martin / BUCHNER, Elmar: Tabelle 1: Zusammenfassung aller zur Zeit in Europa bekannter Impaktstrukturen, modifiziert nach der Earth Impact

Database (2012). In: Impaktereignisse in Europa. In: Zeitschrift der Deutschen Gesellschaft für Geowissenschaften 164 (3): S. 387–416, September 2013.
WIKIPEDIA (Online-Lexikon): Liste der Einschlagkrater der Erde.
https://de.wikipedia.org/wiki/Liste_der_Einschlagkrater_der_Erde

Steinmeteoriten über 1.000 Kilogramm

Fünf auf der Erde geborgene Steinmeteoriten wiegen mehr als 1.000 Kilogramm:
Allende, 8. Februar 1969, Mexiko, schätzungsweise 5.000 Kilogramm
Ghubara, 1954, Oman, 1.750 Kilogramm
Jilin, 8. März 1976, China, Hauptmasse 1.770 Kilogramm
Nordwest Afrika 869 (NWA 869), 1999, Algerien, 2.000 Kilogramm
Tscheljabinsk, 15. Februar 2013, Russland, 1.000 Kilogramm

Eisenmeteoriten über 1.000 Kilogramm

13 auf der Erde gefundene Eisenmeteoriten haben ein Gewicht von mehr als 1.000 Kilogramm:
Aletai, ab 1898 fünf Streufelder entdeckt: Armanty, Ulasitai, Xinjiang, Wuxilike, Akebulake, insgesamt 52.000 Kilogramm,
Bendegó, 18. Jahrhundert, Brasilien, 5.360 Kilogramm,
Campo del Cielo, Argentinien, 100.000 Kilogramm, größtes Teilstück 37.000 Kilogramm,
Canyon-Diablo, 27. März 1886, Barringer-Krater, Arizona, 30.000 Kilogramm,

28,8 Tonnen schwerer Campo-del-Cielo-Meteorit Chaco in Argentinien.
Foto: Flickr, Scheihing Edgardo / CC BY-SA 2.0 (via Wikimedia Commons),
lizensiert unter Creative Commons-Lizenz by-sa-2.0,
https://creativecommons.org/licenses/by/2.0/legalcode

Cape York, Grönland, 58.000 Kilogramm, größtes Teilstück 30.000 Kilogramm,
Cranbourne bei Melbourne, Australien, 8.700 Kilogramm,
Gebel Kamil, 2000 entdeckt, Ägypten, Kamil-Krater, Sahara, 1.600 Kilogramm,
Gibeon, vor 1836, Namibia, 26.000 Kilogramm,
Hoba, vor 1920, Namibia, 50.000 bis 60.000 Kilogramm schwer,
Mbozi, vor 1914, Tansania, 16.000 Kilogramm,
Mundrabilla, Australien, mehrere Millionen Jahre, 24.000 Kilogramm,
Nantan, 1516, China, 9.500 Kilogramm,
Sikhote-Ain, 12. Februar 1947, Russland, 30.000 Kilogramm,
Toluca, vor 1776, Mexiko, 2.500 Kilogramm.

Campo-del-Cielo-Meteorit
Abenteuerlich klingt die Geschichte des Eisenmeteoriten von Campo de Cielo (spanisch: „Feld des Himmels") auf der Grenze zwischen den Provinzen Chaco und Santiago de Estero in Argentinien. Dort hat man Fragmente dieses Meteoriten mit einem Gesamtgewicht von mehr als 100 Tonnen geborgen. Die größeren Bruchstücke befanden sich im und um einen Bereich von 26 bis zu 78 Meter großen Kratern. Teile des Campo-del-Cielo-Meteoriten hat man erstmals 1576 entdeckt. Der damalige spanische Gouverneur Hernan Mexia de Miraval (1531–1593) erfuhr damals von indianischen Überlieferungen, es sei Eisen vom Himmel gefallen. Bei einer vom Gouverneur entsandten Expedition wurden mehrere Meteoritenbruchstücke geborgen. Da man vermutete, einige dieser Bruchstücke enthielten Silber, beauftragte man rund 200 Jahre später eine weitere Expedition. Man schenkte allerdings den Berichten

Bruchstück des Campo-del-Cielo-Meteoriten aus Argentinien.
Foto: Streve Jurveson / CC BY 2.0
(via Wikimedia Commons),
lizensiert unter Creative Commons-Lizenz by-2.0,
https://creativecommons.org/licenses/by/2.0/legalcode

der Indianer über die neuen Funde keinen Glauben, weil man glaubte, das Metall stamme aus einer Erzmine. Ein Marineleutnant fand bei jener Expedition ein großes Fragment, dessen Gewicht er auf 15 bis 18 Tonnen schätzte. Weil die Untersuchung jedoch ergab, es handle sich nur um Eisen, ließ man das große Fragment zurück. Bei späteren Expeditionen fand man das Fragment nicht wieder. Eine Expedition von Don Rubin de Celis stieß 1813 auf ein 15 Tonnen schweres Fragment. Ein 1969 entdecktes 28,8 Tonnen schweres Teil heißt Chaco-Meteorit. 1992 versuchte der amerikanische Mineraliensammler Robert Haag, ein 37 Tonnen schweres Fragment aus Argentinien abzutransportieren. Er hatte den Meteoriten von einem Einheimischen erworben, der sich als Eigentümer ausgab. Argentinische Behörden waren mit dem Handel nicht einverstanden, nahmen den Händler vorübergend fest und der Meteorit blieb im Land. 2016 grub man ein 30,8 Tonnen schweres Fragment des Campo-del-Cielo-Meteoriten aus. Während der Bergungsarbeiten kam es zu Wassereinbrüchen. Weil die Gemeinde Cancedo zu Hilfe eilte, bezeichnete man dieses Fragment als Cancedo-Meteoriten. Der Einschlag des Campo-del-Cielo-Meteoriten soll vor ca. 4.000 bis 6.000 Jahren erfolgt sein. Dies ergab die Datierung von Holz, das in Kraternähe erhalten geblieben war, mit der Radiokohlenstoff-Methode. Der Meteorit kam aus dem Asteroidengürtel zwischen den Planeten Mars und Jupiter.

Hoba-Meteorit
Als einer der größten bekannten Meteoriten der Erde gilt der schätzungsweise 50 bis 60 Tonnen schwere Hoba. Dieser 2,70 Meter lange, 2,70 Meter breite und 0,90 Meter dicke Eisenmeteorit wurde vor 1920 auf dem Gelände der Hoba-Farm in den Otavibergen, etwa 20 Kilometer westlich von

Zu den größten bekannten Meteoriten der Erde zählt der 2,70 Meter lange, 2,70 Meter breite und 0,90 Meter dicke sowie schätzungsweise 50 bis 60 Tonnen schwere Eisenmeteorit Hoba. Er wurde vor 1920 auf dem Gelände der Hoba-Farm in den Otavibergen, etwa 20 Kilometer westlich von Grootfontein in Namibia, entdeckt.
Foto: Flickr, Eugen Zibiso / CC BY 2.0 (via Wikimedia Commons), lizensiert unter Creative Commons-Lizenz by-2.0, https://creativecommons.org/licenses/by/2.0/legalcode

Grootfontein in Namibia, entdeckt. Auf ihn stieß der Farmer Jacobus Hermanus Brits (1881–1961) beim Pflügen mit einem Ochsen. Dabei hörte er ein rätselhaftes metallisch kratzendes Geräusch und legte danach den Meteoriten frei. Hoba war irgendwann zwischen etwa 410 Millionen Jahren im Devon und 190 Millionen Jahren im Jura entstanden und im Eiszeitalter vor ungefähr 80.000 Jahren auf die Erde gestürzt. Der Farmer Hermanus Brits untersuchte den Fund, identifizierte ihn als Meteorit und beschrieb ihn 1920. Im Jahre 1987 schenkte der damalige Besitzer der Hoba-Farm, J. Engelbrecht, dem Rat für Denkmäler das Areal um den Meteoriten herum. Danach wurde das Gelände um Hoba vom Rat für Denkmäler und von der Firma Rossing Uranium Limited gestaltet. Man hob um den Meteoriten das Erdreich aus und legte eine Art Amphitheater an, in dem Hoba im Mittelpunkt steht.

Aletai-Meteorit
Das Streufeld, in dem Bruchstücke des Eisenmeteoriten Aletai im Norden Chinas an der Grenze zur Mongolei zur Erde stürzten, ist rund 425 Kilometer lang und somit eines der längsten der Erde. Bisher sind laut „Meteoritical Bulletin" fünf Streufelder des Aletai-Meteoriten namentlich bekannt: Armanty, Ulasitai, Xinjiang, Wuxlike und Akebulake. Das Gesamtgewicht der dort geborgenen Bruchstücke des Aletai-Meteoriten beträgt mehr als 52 Tonnen. 1898 entdeckte man im Xinjian-Gebirge im Landkreis Quinhe, Präfektur Altay, etwa 20 Kilometer von der Gemeinde Agashio entfernt, das Streufeld Armanty (28,6 Tonnen). 2004 wurde im Aletai-Gebirge in der Präfektur Altay am südlichen Ende des Streufelds ein 430 Kilogramm schwerer Eisenmeteorit namens Ulasitai gefunden. 2005 spürte man das Streufeld Xinjiang

*Amerikanischer Polarforscher
Robert Edwin Peary (1856–1920)
neben dem von ihm 1897 entdeckten Cape-York-Meteoriten
Ahnighito (auch Saviksue).
Foto (via Wikimedia Commons),
Lizenz: gemeinfrei (Public domain)*

mit einer Masse von 35 Kilogramm auf. 2011 stieß ein Bauer in einem Tal der bergigen Gegend der Präfektur Altay am nördlichen Ende des Streufelds auf den 5 Tonnen schweren Eisenmeteoriten Wuxlike. Den Meteoriten umgaben Felsen und er steckte halb im Boden. Man transportierte den Brocken zum Haus des Entdeckers. Ebenfalls 2011 und wieder am nördlichen Ende des Streufelds folgte in einer abgelegenen Bergregion die Entdeckung des 18 Tonnen schweren Akebulake-Meteoriten. Teilweise war dieser Eisenmeteorit von einer Granitplatte bedeckt. Da Beamte der Stadt Aletai befürchteten, der Meteorit könne Schaden erleiden, ließen sie eine Straße bauen und den Akebulake-Meteoriten in das Rathaus bringen. Dieser Eisenmeteorit wies angeblich eine hohe Goldkonzentration auf. Untersuchungen zeigten, dass all diese Funde von einem einzigen Meteoritenfall stammten, der den Namen Aletai bekam.

Cape-York-Meteorit
Die lange Reise des etwa 4,6 Milliarden Jahre alten Cape-York-Meteoriten durch das Weltall ging nach dem Eiszeitalter vor fast 10.000 Jahren zu Ende. Beim Eintritt in die Erdatmosphäre zerbrach der ursprünglich vermutlich 200 Tonnen schwere Eisenmeteorit über der Melville-Bucht und bildete einen der größten bekannten Meteoritenschauer. Das Streufeld war ungefähr 100 Kilometer lang und 15 Kilometer breit. Die Flugrichtung reichte vom Nordwesten (Fundort des Bruchstückes Thule) nach Südosten (Fundort des Bruchstückes Ahnighito). Bisher hat man zwölf Fragmente des Cape-York-Meteoriten mit einem Gesamtgewicht von 58 Tonnen geborgen. Möglicherweise liegen weitere große Teilstücke unter dem Eis oder im Meer. Der Name des Cape-York-Meteoriten (auch Kap-York-Meteorit) erinnert an den Ent-

*Amerikanischer Polarforscher
Robert Edwin Peary (1856–1920).
Foto: Library of Congress, Prints and Photographs Division,
Washington, DC (via Wikimedia Commons),
Lizenz: gemeinfrei (Public domain)*

Dänisch-grönländischer Polarforscher
Knut Rasmussen (1879–1933).
Foto: Library of Congress, Prints and Photographs Division,
Washington, DC (via Wikimedia Commons),
Lizenz: gemeinfrei (Public domain)

*20 Tonnen schwerer Cape-York-Meteorit Agpalik
im Geologischen Museum der Universität Kopenhagen.
Foto: Flickr, Mads Bödker / CC BY 2.0 (via Wikimedia Commons),
lizensiert unter Creative Commons-Lizenz by-2.0,
https://creativecommons.org/licenses/by/2.0/legalcode*

deckungsort Kap York im Verwaltungsbezirk Avanersuaq in Grönland. Das größte Fragment ist bisher der 31 Tonnen schwere Ahnighito. Dieser wurde 1897 von dem amerikanischen Polarforscher Robert Edwin Peary (1856–1920) in Grönland entdeckt und noch im selben Jahr nach New York gebracht. Außer Ahnighito befinden sich im „American Museum of Natural History" in New York zwei weitere Teilstücke des Cape-York-Meteoriten. Nämlich Woman („Die Frau") mit einem Gewicht von 3 Tonnen und Dog („Der Hund") mit 400 einem Gewicht von 400 Kilogramm. 1963 fand der dänische Meteoritenforscher Vagn Fabritius Buchwald auf der Insel Agpalik den 20 Tonnen schweren Meteoriten Agpalik („Der Mann"). Diesen ließ Buchwald 1967 nach Kopenhagen transportieren. Agpalilik wurde als erster der großen Eisenmeteoriten der Erde durchgeschnitten. Seine polierte und geätzte Oberfläche ist im Geologischen Museum der Universität Kopenhagen zu sehen. Weitere kleinere Bruchstücke sind der 1913 von dem Polarforscher Knut Rasmussen (1879–1933) gefundene 3 Tonnen schwere Meteorit Savik I, der 1955 von dem Geologen Mark Meier (1925–2012) gefundene 48 Kilogramm wiegende Meteorit Thule, der 7,8 Kilogramm schwere Meteorit Savik II und der 1984 von dem Jäger Jeremias Petersen im Meer geborgene 250 Kilogramm schwere Meteorit Tunorput. Der nahe eines alten Inuit-Lagers auf der Halbinsel Knud in Kanada entdeckte 1,6 Kilogramm schwere Meteorit Akpohon stammte – nach der chemischen Zusammensetzung zu schließen – ebenfalls vom Cape-York-Meteoriten. Er war von den Inuit mehr als 600 Kilometer weit vom Einschlagort in Grönland bis zum Fundort in Kanada gebracht worden.

Deutscher Bergbau-Ingenieur
Hermann Ehrenberg (1816–1866).
Foto: Aufnahme eines unbekannten Fotografen
(via Wikimedia Commons),
Lizenz: gemeinfrei (Public domain)

Canyon-Diablo-Meteorit
Der amerikanische Mineraloge Albert E. Foote (1846–1895) beschrieb 1891 in der Fachzeitschrift „Nature" erstmals Bruchstücke des Canyon-Diablo-Meteoriten aus Arizona. Drei der größten Fragmente wogen 91,171, 69,853 und 18 144 Kilogramm. Diese Funde waren von einem Erzschürfer aus Arizona etwa 10 Meilen südöstlich der Siedlung Canyon Diablo geborgen worden. Das 18,144 Kilogramm schwere Bruchstück enthielt geringfügig weiße und schwarze Diamanten. Bei einer Nachsuche bargen Foote und fünf Helfer insgesamt 108 kleinere Bruchstücke. Weitere Funde mit 286,678, 229,516, 65,772 und 10,432 Kilogramm kamen später unter Gras und Erde zum Vorschein. Foote deutete all diese Fragmente richtig als Teile eines auf die Erde gestürzten Himmelskörpers. Den markanten 1,2 Kilometer großen Krater in der Fundgegend erkannte er aber nicht als Einschlagort. Ein ursprünglich 45 bis 66 Meter großer Eisenmeteorit hat, wie man erst später feststellte, im Eiszeitalter vor etwa 50.000 Jahren den Barringer-Krater geschlagen. Der dänische Meteoritenforscher Vagn F. Buchwald schätzt die Gesamtzahl der Einzelfragmente des Meteoriten zwischen 50 Gramm und 639 Kilogramm auf mehr als 20.000. Ihr Gesamtgewicht soll rund 30.000 Tonnen betragen. Viele Fragmente des Meteoriten hat man in einem fast kreisförmigen Streufeld mit einem Durchmesser von ungefähr 15 Kilometern, in dessen Zentrum der Krater liegt, geborgen. Bereits 1862 entdeckte der deutsche Bergbau-Ingenieur Hermann Ehrenberg (1816–1866) in der Gegend der heutigen Geisterstadt La Paz in Arizona, einen Eisenmeteoriten. Zunächst bezeichnete man diesen Fund als Ehrenberg-Meteorit. Mehr als ein Jahrhundert später bewiesen Analysen, dass es sich hierbei um ein Fragment des Canyon-Diablo-Meteoriten han-

*Canyon Diablo entstand 1882 als kurzlebige Siedlung
im Zuge des Eisenbahnbaus.
Die Siedlung erreichte fast 2.000 Einwohner,
wurde aber bereits Anfang des 20. Jahrhunderts zur Geisterstadt.
Der Ort ist nach der Schlucht Canyon Diablo
(Teufelsschlucht) benannt.
Foto: Northern Arizona University, Chime Library.
Colorado Plateau Digital Collection
(via Wikimedia Commons),
Lizenz: gemeinfrei (Public domain)*

*Stählerne Eisenbahnbrücke der BNSF Railway
über den Canyon Diablo (Teufelsschlucht)
bei Two Guns in Arizona zwischen Flagstaff und Winslow.
Jene Stelle ist ein beliebter Aussichtspunkt
für Urlauber und Eisenbahnfreunde.
Die Siedlung Canyon Diablo liegt an der Eisenbahnbrücke.
Foto: Flickr, Thad Roan / CC BY-SA 2.0
(via Wikimedia Commons),
lizensiert unter Creative Commons-Lizenz by-sa-2.0,
https://creativecommons.org/licenses/by-sa/2.0/legalcode*

*Sowjetische Sonderbriefmarke von 1957
zum 10. Jahrestag
des Einschlages des Sikhote-Alin-Meteoriten.
am 12. Februar 1947 in Ostsibirien.
Bild: Philp R. „Pib" Burns (via Wikimedia Commonms),
Lizenz: gemeinfrei (Public domain)*

delte, das mehr als 300 Kilometer vom Barringer-Krater entfernt lag. Das bisher größte Einzelfragment des Canyon-Diablo-Meteoriten heißt Holsinger-Meteorit, hat die Maße 90 x 70 x 35 Zentimeter, ein Gewicht von 639 Kilogramm und wurde 1911 gefunden. Es ist im privaten „Meteor Crater & Barringer Space Museum" zu bewundern. 1915 fand man in Ruinen aus dem 11. bis 12. Jahrhundert, etwa 85 Kilometer südwestlich des Barringer-Kraters, Bruchstücke eines Eisen-Meteoriten, den man Camp-Verde-Meteorit oder Wingfield-Meteorit nannte. Dieser Meteorit wurde in den 1960er/1970er Jahren als Bruchstück des Canyon-Diablo-Meteoriten identifiziert. Die Fragmente waren sorgfältig in eine Decke aus Truthahnfedern gewickelt und lagen in einer Steinkiste. Durch Uran-Blei-Datierung an bestimmten Einschlüssen (Troilit) des Canyon-Diablo-Meteoriten gelang es in den 1950er Jahren Friedrich Georg Houtermans (1903–1965) und Clair Cameron Patterson (1922–1995), erstmals das Alter der Erde von 4,55 Milliarden Jahren zu ermitteln.

Sikhote-Alin-Meteorit
Mehr als 8.000 Bruchstücke mit einem Gesamtgewicht von etwa 30 Tonnen zeugen vom Einschlag eines Eisenmeteoriten am 12. Februar 1947 in Ostsibirien. Am Morgen jenes Tages trat der ungefähr 3 bis 4 Meter große sowie 100 bis 200 Tonnen schwere Sikhote-Alin-Meteorit mit 50.000 Stundenkilometern in die Erdatmosphäre ein. Das am Taghimmel hell sichtbare Geschoss aus dem Weltall raste südwärts über das Sichote-Alin-Gebirge, 500 Kilometer nördlich von Wladiwostock, hinweg. Dabei hinterließ es eine stundenlang erkennbare Rauchspur von mehr als 30 Kilometer Länge. Dann zerplatzte der Meteorit mit weithin hörbaren Donnerschlägen. Auf ein 4 Kilometer breites und 12 Kilometer langes

Widmanstätten-Struktur an der angeätzten Oberfläche eines Bruchstückes des Gideon-Meteoriten in Südwestafrika.
Foto: kevinzim / Kevin Walsh / CC BY 2.0
(via Wikimedia Commons),
lizensiert unter Creative Commons-Lizenz by-2.0,
https://creativecommons.org/licenses/by/2.0/legalcode

Streufeld prasselten Tausende von Bruchstücken nieder. Es entstanden mehr als 120 Einschlagkrater. Der größte davon besaß einen Durchmesser von 28 Metern und eine Tiefe von 6 Metern. Das größte Einzelfragment wog 1,75 Tonnen. Einer der mehr als 240 Augenzeugen, die über das spektakuläre Ereignis berichteten, war der rusische Künstler Pjotr Iwanowitsch Medwedew. Er stellte den Einschlag in einem Ölbild dar. Zehn Jahre später war das Gemäldemotiv auf einer Sonderbriefmarke zu sehen.

Gibeon-Meteorit
1836 wurden nahe der Stadt Gibeon am Ostufer des Großen Fischflusses in Südwestafrika erstmals Bruchstücke eines mehr als 4 Milliarden Jahre alten Eisenmeteoriten gefunden. Als Erster beschrieb der britische Offizier Captain James Edward Alexander (1803–1885) diesen Fund. Von zahlreichen anderen Bruchstücken berichtete 1913 der deutsche kaiserliche Geologe Paul Range (1879–1952). Letztere Funde lagen auf 13.000 bis 30.000 Jahre alten Kalahari-Kalken aus dem Eiszeitalter. Erst nach der Entstehung dieser Kalke soll der Einschlag des Gibeon-Meteoriten erfolgt sein. Beim Eintritt des aus dem Asteroidengürtel zwischen den Planeten Mars und Jupiter stammenden Meteoriten in die Erdatmosphäre zerplatzte das Geschoss in mehrere tausend Bruchstücke. Die Fragmente gingen in einem Streufeld von etwa 370 mal 185 Kilometer nieder. Dieses Streufeld gilt als eines der größten der Erde. Das Gesamtgewicht der Meteoriten-Bruchstücke be-trägt mindestens 26 Tonnen.

Mundrabilla-Meteorit
Gleich drei Rekorde stellt der Mundrabilla-Meteorit auf, der vor mehreren Millionen Jahren in Westaustralien einschlug.

*Bruchstück des Mundrabilla-Meteoriten
im Western Australia Musuem in Perth.
Foto: Flickr, Graem Churchard / CC BY 2.0
(via Wikimedia Commons),
lizensiert unter Creative Commons-Lizenz by-2.0,
https://creativecommons.org/licenses/by/2.0/legalcode*

1. gilt dieser Meteorit mit einem Entstehungsalter von 4,57 Milliarden Jahren als ältester Meteorit in Australien. 2. ist er sogar ältester Meteorit der Erde. 3. gebührt einem 9.980 Kilogramm schweren Bruchstück die Ehre, der schwerste Meteorit Australiens zu sein. Der Mundrabilla-Meteorit zerbarst in der Erdatmosphäre in zahlreiche Bruchstücke. Deren Gesamtgewicht beträgt etwa 24 Tonnen. Der Name des Mundrabilla-Meteoriten beruht darauf, dass die Einschläge seiner Trümmer nahe der kleinen Siedlung Mundrabilla Siding (2022: 23 Einwohner) in der Nullarbor-Wüste erfolgten. Man fand Bruchstücke in einem 60 Kilometer langen und 30 Kilometer breiten, West-Ost orientierten Streufeld. Der Meteorit war von Westen gekommen. Die Erstfunde der Bruchstücke waren noch klein. 1911 entdeckte man ein 112 Gramm schweres Fragment (Premier Downs I) und 12 Kilometer weiter westlich ein 116 Gramm schweres Stück (Premier Downs II). 1918 kam ein 99 Gramm schweres Fragment (Premier Downs III) dazu. Um 1962 folgte ein 108 Gramm schweres Bruchstück bei der Loongana Station. 1965 kamen nördlich der Siedlung Mundrabilla Siding weitere Bruchstücke mit 94,1, 45 und 38,8 Gramm dazu. Gewichtiger waren die Funde des Geologen R. Bruce Wilson und seines Assistenten A. M. Cooney im März 1966, etwa 16 Kilometer nördlich der Siedlung Mundrabilla Siding. Dabei handelte es sich um zwei riesige, zusammenpassende Eisenmeteoriten. Sie waren etwa 180 Meter voneinander entfernt und von zahlreichen kleineren Bruchstücken umgeben. Der 9.980 Kilogramm schwere Brocken von 1966 erhielt den Namen „Mundrabilla I". Der zweite imposante Brocken namens „Mundrabilla II" von 1966 wiegt 5.540 Kilogramm. „Mundrabilla I" wird im „Western Australian Museum" in Perth aufbewahrt. „Mundrabilla II" wurde in den 1960ern nach Deutschland transportiert., wo man ihn

*1.000 Kilogramm schweres Bruchstück des Cranbourne-Meteoriten,
1903 nahe Pearcedale bei Melbourne entdeckt,
in der Meteoritensammlung der Smithsonian Institution,
Washington DC.
Foto: Harris & Ewing, Fotograf, Library of Congress,
Prints and Photographs Division, Washington
(via Wikimedia Commons),
Lizenz: gemeinfrei (Public domain)*

im Max-Planck-Institut in Heidelberg zersägte. Für weitere Untersuchungen kam eine Scheibe nach Moskau und eine andere nach London. 1967 bezeichnete man einen anderen Fund mit 66,5 Gramm als „Loongana Station West". 1978 wurden mehr als 100 kleine Meteoriten, 3,4 Kilometer von Tookana Rock Hole entfernt, geborgen. Zwei weitere Fragmente, 840 und 800 Kilogramm schwer, entdeckte man 1979. Sydney Niemeyer datierte 1979 per Argon-Methode das Entstehungsalter des Mundrabilla-Meteoriten auf 4,570 Milliarden Jahre. Dieses sensationelle Ergebnis stellt das bisher höchste Alter eines Meteoriten dar!

Cranbourne-Meteorit
1854 zeigte man bei einer Ausstellung in Melbourne ein – wie sich später herausstellte – aus Meteoriten-Eisen hergestelltes Hufeisen. Dieses war aus dem 1853 nahe Cranbourne (City of Casey), einem Vorwort der australischen Großstadt Melbourne im Bundesland Victoria, entdeckten Meteoriten Cranbourne #1 mit einem Gewicht von 3.550 Kilogramm angefertigt worden. Im selben Jahr hatte man auch den 1.525 Kilogramm schweren Meteoriten Cranbourne #2 gefunden. 1857 kam Cranbourne #3 dazu. 1860 erkannte man, dass alle bis dahin geborgenen Bruchstücke von einem Eisenmeteoriten stammten. Die Fragmente Cranbourne #1 und Cranbourne 2# erregten 1862 große Empörung in Australien, weil sie damals in den Besitz des Natural History Museum in London übergegangen waren. Das Londoner Museum schenkte Cranbourne #2 dem National Museum of Victoria in Melbourne. Bis heute hat man ein Dutzend Teile des Cranbourne-Meteoriten gefunden: 1923 Cranbourne #4 mit 1.270 Kilogramm und Cranbourne #5 mit 356 Kilogramm, 1928 Cranbourne #6 (Packenham) mit 40,5 Kilogramm, 1923

*Der 1902 im Willamette Valley in Oregon
gefundene Willamette-Meteorit beim Transport.
Foto: Aufnahme aus dem frühen 20. Jahrhundert
(via Wikimedia Commons),
Lizenz: gemeinfrei (Public domain)*

Cranbourne #7 mit 153 Kilogramm und Cranbourne #8 mit 23,6 Kilogramm, 1876 Cranbourne #9 (Beaconsfield) mit 74,9 Kilogramm (wurde zerteilt und zerstreut), 1886 Cranbourne #10 (Langwarrin) mit 914 Kilogramm, 1903 Cranbourne #11 (Pearcedale) mit 762 Kilogramm, 1927 Cranburne #12 mit 23 Kilogramm (1982 wiederentdeckt). Kleinere Bruchstücke hat man an andere Museeen verteilt. Der Melbourne-Meteorit dürfte um 1800 nach dem Eintritt in die Erdatmosphäre in mehrere Stücke zerbrochen und niedergegangen sein. Sämtliche Fragmente sind zufällig beim Bau von Eisenbahnen, Straßen oder bei der Feldarbeit entdeckt worden. In einem Park in Cranbourne sind Repliken der Cranbourne-Meteoriten ausgestellt.

Willamette-Meteorit
Eine bewegte Geschichte hat der Willamette-Meteorit hinter sich, der ursprünglich in Kanada oder Montana gelandet ist. Gegen Ende des Eiszeitalters vor etwa 13.000 Jahren trug ihn während der Missola-Fluten ein großer Eisblock als Findling ins Willamette Valley nach Oregon. 1902 erkannte der europäische Siedler Ellis Hughes als Erster, dass es sich bei dem 3 Meter hohen, 2 Meter breiten, 1,30 Meter dicken und schätzungsweise bis zu 15,5 Tonnen schweren Koloss um einen Meteoriten handelt. Damals gehörte die Fundgegend der Oregon Iron and Steel Company. Hughes transportierte den Meteoriten innerhalb eines Vierteljahres heimlich und mühsam rund 1,2 Kilometer weit auf sein Land. Nach einer Klage urteilte der Oberste Gerichtshof von Oregon, der Meteorit gehöre der Company. Für 26.000 US-Dollar erwarb 1905 Sarah Tappan Hoadley (1832–1909), die Ehefrau des reichen Geschäftsmannes William E. Dodge (1832–1903), den Eisen-Nickel-Meteoriten. Die damalige Kaufsumme ent-

Der 1902 in Oregon gefundene Willamette-Meteorit
auf einer Postkarte von Bruck & Sohn in Meißen von 1906.
Bild: Bruck & Sohn Kunstverlag Meißen
(via Wikimedia Commons),
Lizenz: gemeinfrei (Public domain)

sprach 2011 rund 680.000 US-Dollar. Nachdem der Koloss auf der „Lewis and Clark Centennial Exposition" ausgestellt war, schenkte Hoadley den Meteoriten dem American Museum of Natural History in New York City. Dort konnten von 1906 bis heute mehr als 40 Millionen Menschen den schwergewichtigen Fund bewundern. Repliken des Meteoriten befinden sich an mehreren Orten in Oregon. Indianer bezeichnen den Himmelskörper als Tomanowos, betrachten ihn als heilig und fordern immer wieder seine Rückgabe. 2005 wurde eine Vereinbarung erreicht, dass Indianer Zugang zum Meteoriten haben und das Museum diesen so lange wie gewünscht ausstellen kann. Die Angaben über das Gewicht des Willamette-Meteoriten sind widersprüchlich. Es ist von 12,7, 14, 14,15, 15,5 oder 15,6 Tonnen die Rede. Der Willamette-Meteorit soll der größte Meteorit sein, der jemals in den USA gefunden wurde. Er besteht zu 91 Porzent aus Eisen und zu 7,62 Prozent aus Nickel.

*Detailaufnahme des 1902 in Oregon gefundenen
und ab 1906 im American Museum of Natural History
in New York ausgestellten Willamette-Meteoriten von 1917.
Foto: Flickr, Internet Archive Book Images
(via Wikimedia Commons),
Lizenz: gemeinfrei (Public domain)*

Stein-Eisen-Meteoriten über 1.000 Kilogramm

Auf der Erde wurden 2 Stein-Eisen-Meteoriten entdeckt:
Boenham, 1882, Kansas, 2.400 Kilogramm,
Fukong, 2000, China, 1.003 Kilogramm.

Literatur
CASSIDY, William / VILLAR, Luisa M.: Meteorites and Craters of Campo del Cielo, Argentina. In: Science 149: S. 1055–1064, 1965.
DE LAETER, John Robert / CLEVERLY, William Harold: Further finds from the Mundrabilla meteorite shower. In: Meteoritics & Planetary Science 18: S. 29–34, 18. März 1983.
https://adsabs.harvard.edu/full/1983Metic..18...29D
EARTH IMPACT DATABASE: Campo del Cielo.
http://www.passc.net/EarthImpactDatabase/New%20website_05-2018/Campodelcielo.html
FOOTE, Albert E.: A New Locality for meteoric Iron, with a Preliminary Notice of the Discovey of diamonds in the the Iron. In: Nature 45: S. 178–180, 24. Dezember 1891.
https://www.nature.com/articles/045178a0.pdf
NIEMEYER, Sidney: 40Ar-39Ar dating of inclusions from IAB iron meteorites. In: Geochimica Cosmochimica Acta 43: S. 29–34, 18. März 1979.
PASTINO, Blake de: Prähistorische Meteoriten-„Schreine" in Arizona könnten miteinander verbunden sein, sagt Archäo-Astronom. In: Western Digs, 26. März 2016.

http://westerndigs.org/prehistoric-meteorite-shrines-in-arizona-may-be-linked-says-archaeo-astronomer/
WIKIPEDIA (Online-Lexikon): Allende Meteorit.
https://de.wikipedia.org/wiki/Allende_(Meteorit)
WIKIPEDIA (Online-Lexikon): Campo del Cielo.
https://de.wikipedia.org/wiki/Campo_del_Cielo
WIKIPEDIA (Online-Lexikon): Canyon Diablo (Meteorit).
https://de.wikipedia.org/wiki/Canyon_Diablo_(Meteorit)
WIKIPEDIA (Online-Lexikon): Cape York (Meteorit).
https://de.wikipedia.org/wiki/Cape_York_(Meteorit)
WIKIPEDIA (Online-Lexikon): Cranbourne (Meteorit).
https://de.wikipedia.org/wiki/Cranbourne(Meteorit)
WIKIPEDIA (Online-Lexikon): Fukang-Meteorit.
https://en.wikipedia.org/wiki/Fukang_meteorite
WIKIPEDIA (Online-Lexikon): Gibeon.
https://de.wikipedia.org/wiki/Gibeon_(Meteorit)
WIKIPEDIA (Online-Lexikon): Hoba Meteorit.
https://de.wikipedia.org/wiki/Hoba_(Meteorit)
WIKIPEDIA (Online-Lexikon): Liste von Meteoriten.
https://de.wikipedia.org/wiki/Liste_von_Meteoriten
WIKIPEDIA (Online-Lexikon): Mundrabilla (Meteorit).
https://de.wikipedia.org/wiki/Mundrabilla_(Meteorit)
WIKTZKE, Thomas: Eisenmeteorit, IIIE Gruppe.
https://www.strahlen.org/tw/meteorite/meteorite_eisen3.html
WILSON, R. Bruce / COONEY, A. M.: The Mundrabilla Meteorite: a New Discovery in Western Australia. In: Nature 213: S. 274–275, January 1967.
https://www.nature.com/articles/213274a0

Suavjärvi-Krater

Der älteste Meteoritenkrater der Erde

Rekorde halten in der Astronomie manchmal nicht lange. Heute gilt der etwa 16 Kilometer große und rund 2,4 Milliarden Jahre alte Suavjärvi-Krater in Karelien (Russland) als ältester Meteoritenkrater der Erde. Zuvor ist dies der rund 30 Kilometer große und 2,229 Milliarden Jahre alte Yarrabubba-Krater in Australien gewesen. Dessen Vorgänger war der maximal 320 Kilometer lange und 2,023 Milliarden Jahre alte Vredefort-Krater in Südafrika.

Verwirrend an diesen Thronwechseln der irdischen Krater-Senioren wirkt, dass der Suavjärvi-Krater bereits 2019 im „Encyclopedic Atlas of Terrestrial Impact Craters" als älteste bekannte Einschlagsnarbe der Erde bezeichnet wurde. Verkündet haben dies Goro Kamatsu (Pescara), Allessandro Coletta (Rom), Maria Libera Battagliere (Rom) und Maria Virelli (Rom). Das italienische Quartett wies darauf hin, die Brekzie des Suavjärvi-Kraters werde von „basalen Konglomeraten der Jatul-Formation überlagert", deren Alter auf etwa 2,3 Milliarden Jahre geschätzt wird.

In der „Earth Impact Database" und in der „Liste der Einschlagkrater der Erde" des Online-Lexikons „Wikipedia" sind jeweils 2,4 Milliarden Jahre als Entstehungsalter des Suavjärvi-Katers angegeben. Die Datenbank „Earth Impact Database" präsentiert Informationen über bestätigte Strukturen von Meteoriteneinschlägen auf der Erde. Sie startete 1955 am Dominion Observatorium in Ottowa (Kanada) unter Leitung des Astronomen Carlyle S. Beals (1899–1979). Mittlerweilen wird diese Datenbank vom „Planetary and Space

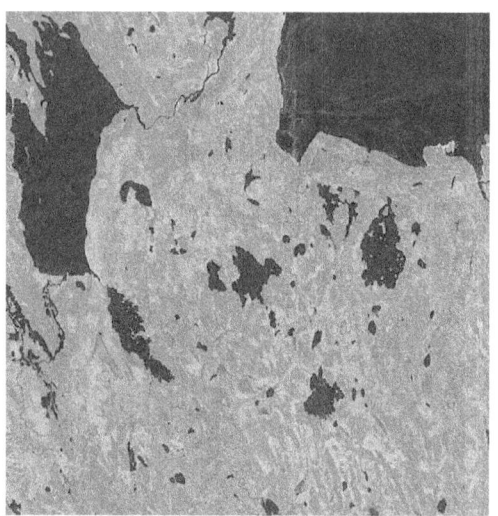

*Einschlagkrater Suavjärvi in Karelien. Der Suavjärvi-See
liegt in der Mitte, umgeben von (im Uhrzeigersinn): Segozero-See
(größter, in der oberen rechten Ecke), Sukozero, Pyul'vyas'yarvi,
Eningilambi und Seletskoye (groß, in der oberen linken Ecke).
Foto: USGS/NASA-Landsat-Programm
(via Wikimedia Commons),
Lizenz: gemeinfrei (Public domain)*

Science Centre" an der University of New Brunswick (Kanada) fortgeführt. Sie enthielt 2020 insgesamt 190 bestätigte Einschlagkrater. Die „Expert Database on Earth Impact Structures" (EDEIS) der „Siberian Division Russian Academy of Sciences" befasst sich auch mit unbestätigten Strukturen.
Seltsamerweise hieß es im Januar 2020, als bereits der Suavjärvi-Krater der Rekordhalter war, der Yarrabubba-Krater in Australien habe den Vredefort-Krater in Südafrika vom Thron als ältester Meteoritenkrater der Erde gestoßen. In Wirklichkeit galt 2020 schon der Suavjärvi-Krater als ältester irdischer Einschlagkrater.
Ein gewisses Durcheinander herrscht auch, wenn es um die größten Meteoritenkrater der Erde geht. Diesbezüglich findet man in der Literatur – je nach Autor/in und Zeitpunkt der Veröffentlichung – widersprüchliche Angaben über die Durchmesser. Hinzu kommt, dass manche gigantische Krater auf der Erde nur hypothetischer Natur sind, die von denen Einen anerkannt und von Anderen angezweifelt werden.
Der Suavjärvi-Krater wurde vor etwa 2,4 Milliarden Jahren in der Periode Siderium (2,5 bis 2,3 Milliarden Jahre) des Präkambrium (4,6 Milliarden bis 541 Millionen Jahre) durch einen Meteoriten geschlagen. Das Präkambrium (Erdfrühzeit oder Vorkambrium) wird in folgende Untereinheiten gegliedert:
Äon: Hadaikum (4,6 bis 4 Milliarden Jahre)
Ära: Eoarchaikum (4 bis 3,6 Milliarden Jahre)
Ära: Paläoarchaikum (3,6 bis 3,2 Millliarden Jahre)
Ära: Mesoarchaikum (3,2 bis 2,8 Milliarden Jahre)
Ära: Neoarchaikum (2,8 bis 2,5 Milliarden Jahre)
Äon: Archaikum (4 bis 2,5 Milliarden Jahre)
Periode: Siderium (2,5 bis 2,3 Milliarden Jahre)

Periode: Rhyacium (2,3 bis 2,05 Milliarden Jahre)
Periode: Orosirium (2,05 bis 1,8 Milliarden Jahre)
Periode Statherium (1,8 bis 1,6 Milliarden Jahre)
Ära: Paläoproterozoikum (2,5 bis 1,6 Milliarden Jahre)
Periode: Calymmium (1,6 bis 1,4 Milliarden Jahre)
Periode: Ectasium (1,4 bis 1,2 Milliarden Jahre)
Periode: Stenium (1,2 Milliarden bis 1 Milliarde Jahre)
Ära: Mesoproterozoikum (1,6 Milliarden bis 1 Milliarde Jahre)
Periode: Tonium (1 Milliarde bis 720 Millionen Jahre)
Periode: Cryogenium (720 bis 635 Millionen Jahre)
Periode: Ediacarium (635 bis 541 Millionen Jahre)
Ära: Neoproterozoikum (1 Milliarde bis 541 Millionen Jahre)
Ära: Proterozoikum (2,5 Milliarden bis 541 Millionen Jahre)
Mit einem Durchmesser von etwa 16 Kilometern handelt es sich beim Suavjärvi-Krater um einen mittelgroßen Einschlagkrater. Wenn man davon ausgeht, dass ein Krater etwa 15- bis 20mal größer als der einschlagende Meteorit ist, könnte der Suavjärvi-Meteorit mindestens 750 Meter groß gewesen sein. Michail S. Mashchak und Michail V. Naumov haben 1966 in „Lunar & Planetary Science" die Suavjäri-Struktur beschrieben. Der Krater befindet sich in der russischen Republik Karelien, etwa 50 Kilometer nördlich der Stadt Medvezhyegorsk. Vom Einschlagkrater blieb nicht viel erhalten. In seiner Mitte erstreckt sich der ca. 3 Kilometer große See Suavjärvi.

Literatur
EARTH IMPACT DATABASE: Suavjärvi.
http://www.passc.net/EarthImpactDatabase/
New%20website_05-2018/Suavjarvi.html
KOMATSU, Goro / COLETTA, Alessandro / BATTAGLIERO, Maria Libera / VIRELLI, Maria:

Suavjärvi, Russland. In: FLAMINI, Enrico / DI
MARTINO, Mario / COLETTA, Alessandro
(Herausgeber): Encyclopedia Atlas of Terrestrial Impact
Craters, S. 205–206, 2019.
Yarrabubba-Krater
MASHCHAK, Michail S. / NAUMOV, Michail V.: Die
Suavjärvi-Struktur. Eine frühe proterozoische
Einschlagstelle auf dem Fennoscandian Shield. In: Mond-
und Planetenwissenschaft 27: S. 825–826, 1996.
WIKIBRIEF: Suavjärvi-Krater
https://de.wikibrief.org/wiki/Suavj%C3%A4rvi_crater

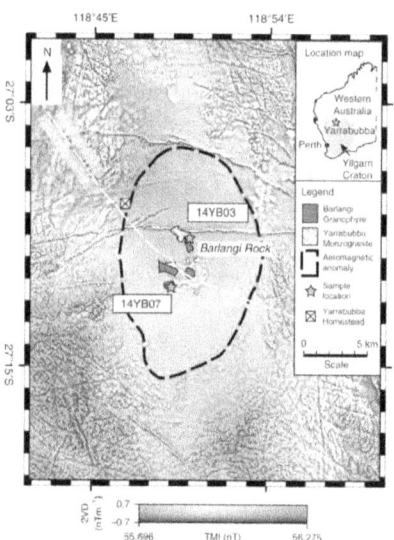

Aeromagnetische Anomalie der Yarrabubba-Einschlagstruktur in Westaustralien.
Bild: Timmons M. Erickson, Christopher L. Kirkland, Nicholas E. Timms, Aaron J. Cavosie & Thomas M. Davison / CC BY 4.0 (via Wikimedia Commons),
lizensiert unter Creative Commons-Lizenz by-4.0,
https://creativecommons.org/licenses/by/4.0/legalcode

Yarrabubba-Krater

Der zweitälteste Meteoritenkrater der Erde

Im Januar 2020 wurde der 2,023 Milliarden Jahre alte Vredefort-Krater in Südafrika vom Thron als ältester Meteoritenkrater der Erde gestoßen. Damals warteten Printmedien mit der Sensation auf, der Yarrabubba-Krater nahe der Schaffarm Yarrabubba in Australien sei bereits vor 2,229 Milliarden Jahren durch den Aufprall eines wahrscheinlich 7 Kilometer großen Himmelskörpers im heutigen Bundesstaat Western Australia geschlagen worden. Dieser Zeitpunkt fällt in die Periode Rhyacium (2,3 bis 2,05 Milliarden Jahre) des Präkambrium. Der Krater habe ursprünglich einen Durchmesser von etwa 70 Kilometern gehabt, sei aber inzwischen vollständig der Erosion zum Opfer gefallen. Das Team um den Geologen Timmons M. Erickson vom „Nasa Johnson Space Center" in Houston veröffentlichte seine aufsehenerregenden Erkenntnisse in der Fachzeitschrift „Nature Communications".

Der Yarrabubba-Krater wurde erst 2003 durch Messungen des Erdmagnetfelds entdeckt. Vom Yarrabubba-Einschlag zeugt heute kein sichtbarer Krater mehr, aber eine magnetische Anomalie in enem elliptischen Bereich von 11 auf 20 Kilometern. Das Team um Timmons Erickson sammelte im ebenen rötlichen Gelände Minerale, die durch den Einschlag aufgeschmolzen wurden und danach wieder kristallisiert waren. Anschließend bestimmten sie, wie viel Uran in den Proben eingeschlossen ist und wieviel davon bereits zu Blei zerfallen ist. Bis auf zehn Millionen Jahre mehr oder weniger konnte so der Einschlag datiert werden.

Der Meteoriteneinschlag von Yarrabubba ereignete sich im Rhyacium vor 2,229 Milliarden Jahren. Das Rhyacium begann vor etwa 2,3 und endete vor rund 2,05 Milliarden Jahren.. Der Einschlag geschah gegen Ende einer erdgeschichtlichen Epoche, die paläoprotozoische Vereisung genannt wird. Als Auslöser dieser vermutlich globalen Eiszeit, während der riesige Gletscher die damaligen Kontinente bedeckten, gelten die ersten Sauerstoff produzierenden Einzeller. Der Redakteur Jan Dönges schrieb auf „Spektrum.de": „Das freigesetzte Gas reicherte sich in der Atmosphäre an und zerstörte dort in Zusammenarbeit mit dem Sonnenlicht das Treibhausgas Methan, das die Erde bis dahin warm gehalten hatte. Für rund 300 Millionen Jahre verwandete sich die Erde in einen riesigen „Schneeball".

Vor 2,229 Milliarden Jahren schlug der Meteorit auf einen mehrere Kilometer dicken Eisschild und schleuste große Mengen Wasserdampf in die Stratosphäre. Laut Schätzungen könnten es bis zu einer halben Billion Tonnen gewesen sein. Wasserdampf verstärkte den Treibhauseffekt, womit der Yarrabubba-Meteorit das Ende der Vereisung eingeleitet haben dürfte.

Möglicherweise wirkte verstärkte vulkanische Aktivität ähnlich und heizte die Erde wieder auf. Weitere Meteoriteneinschläge könnten zur Erwärmung beigetragen haben.

Aus Australien sind zahlreiche große Meteoritenkrater mit einem Durchmesser von oft mehr als 20 Kilometern bekannt:

Acraman, Südaustralien, 90 Kilometer Meter Durchmesser, 590 Millionen Jahre alt,

Amelia Creek, Nordterritorium, 20 Kilometer Durchmesser, 1,64 Milliarden bis 600 Millionen Jahre alt,

Gosses Bluff, Nordterritorium, 22 Kilometer Durchmesser, 142,5 Millionen Jahre alt,

Lawn Hill, Queensland, 18 Kilometer Durchmesser, 515 Millionen Jahre alt,
Shoemaker, Western Australia, 30 Kilometer Durchmesser, 1,685 Milliarden Jahre alt,
Strangways, Nordterritorium, 25 Kilometer Durchmesser, 646 Millionen Jahre alt,
Tookkoonooka, Queensland, 55 Kilometer Durchmesser, 128 Millionen Jahre alt,
Woodleigh, Western Australia, 120 Kilometer Durchmesser, 370 Millionen Jahre alt,
Yarrabubba, Western Australia, 30 Kilometer Durchmesser, 2,229 Milliarden Jahre alt.
Eine beachtliche Zahl von Meteoritenkratern aus Australien erwähnte 2005 der Geologe Peter W. Haines (Pearth) im „Australian Journal of Earth Sciences". Er zählte insgesamt 26 Meteoritenkrater auf. Davon sind 21 größere Krater, nämlich Acraman, Amelia Creek, Connolly Basin (9 Kilometer Durchmesser), Foelsche (6 Kilometer Durchmesser), Glikson (schätzungsweise 19 Kilometer Durchmesser), Goat Paddock (5 Kilometer Durchmesser), Gosses Bluff, Goyder (9 bis 12 Kilometer Durchmesser), Kelly West (8 bis 20 Kilometer Durchmesser), Lawn Hill (18 Kilometer Durchmesser), Liverpool (1,6 Kilometer Durchmesser), Matt Wilson (5,5 Kilometer Durchmesser), Mount Toondina (3 bis 4 Kilometer Durchmesser), Piccaninny (7 Kilometer Durchmesser), Shoemaker, Spider 11 bis 13 Kilometer Durchmesser, Strangways, Tookoonooka, Woodleigh, Yallalie (12 Kilometer Durchmesser) und Yarrabubba.
Bei den 5 kleineren Meteoritenkratern handelt es sich um Boxhole (170 Meter Durchmesser), Dalgaranga (24 Meter Durchmesser), Henbury-Kraterfeld (13 oder 14 Krater mit 6 bis 180 Meter Durchmesser), Veevers (70 Meter Durchmesser)

*Amerikanischer Geologe, Astronom und Impaktforscher
Eugen Merle Shoemaker (1928–1997)
am Stereomikroskop zur Entdeckung von Kleinplaneten.
Foto: United States Geological Survey
(via Wikimedia Commons),
Lizenz: gemeinfrei (Public domain)*

und Wolfe Creek (880 Meter Durchmesser). Wolfe Creek ist der größte Meteoritenkrater in Australien, in dem Bruchstücke von Meteoriten gefunden wurden. Der kleinste Krater auf dem Kraterfeld Henbury mit einem Durchmesser von 6 Metern ist auch der kleinste in Australien. Den im Juli 1975 bei einer geologischen Untersuchung aus der Luft entdeckten Veevers-Krater hat man nach dem australischen Geologen John James Veevers (1930–2018) benannt. Vom Veevers-Meteoriten sind 1984 insgesamt 34 Metallfragmente mit einem Gesamtgewicht von 300 Gramm geborgen worden.

Die Meteoritenkrater Henbury, Boxhole und Veevers wurden gebildet, als bereits Menschen in Australien lebten. Zweifellos hätten Meteoriten-Einschläge starke Zerstörungen in der Gegend der Einschlagstelle angerichtet. Da es einige Erzählungen über die Entstehung der Henbury-Krater gibt, ist es merkwürdig, dass keine Geschichten über Veevers oder Boxhole existieren. Mögliche Erklärungen sind, dass Menschen diese zwei letzteren Gebiete zu dieser Zeit nicht bewohnten, dass noch Geschichten existieren, aber geheim sind und daher einem uneingeweihten Forscher nicht offenbart werden, oder dass Geschichten einmal existierten, aber im Laufe der Zeit in Vergessenheit gerieten.

Shoemaker-Krater

Der Shoemaker-Krater (früher Teague-Ring oder Teague-Dome) in Westaustralien mit einem ursprünglichen Durchmesser von mindestens 40 Kilometern ist nach dem amerikanischen Geologe, Astronomen und Impaktforscher Eugen Merle Shoemaker (1928–1997) benannt. Das Alter der Einschlagstruktur wurde zunächst mit etwa 1,63 Milliarden Jahren angegeben, später mit 1,3 Milliarden bis 568 Millionen Jahren. Als Erster untersuchte der Geologe Haydn Butler den

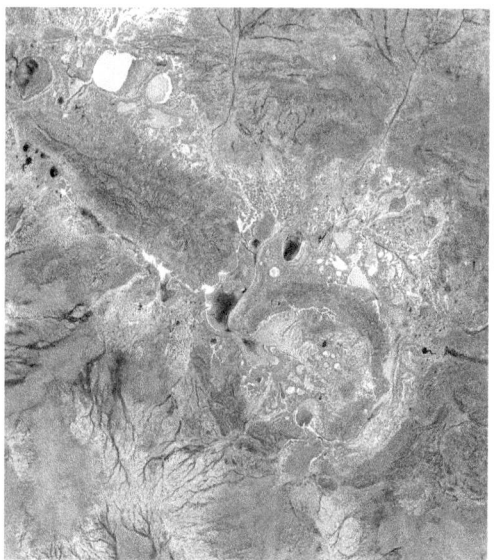

Shoemaker-Einschlagstruktur nahe Wiluna in Westaustralien.
Foto: US-Innenministerium (via Wikimedia Commons),
Lizenz: gemeinfrei (Public domain)

Krater, den er nach dem See Lake Teague und dem Berg Mount Teague als „Teague Ring" bezeichnete. Butler veröffentlichte 1974 eine Hypothese über eine mögliche Einschlagsherkunft der Struktur. Nachfolgende Untersuchungen, bei denen Strahlenkegel und Schockeffekte in Quarzen gefunden wurden, bestätigten diese Vermutung, es handle sich um einen Einschlagkrater. Eine zentrale Erhebung im Krater hat einen Durchmesser von rund 12 Kilometern. An die Erhebung schließt sich eine ringförmige Absenkung an, die heute noch einen Durchmesser von ungefähr 30 Kilometern hat.
Zwischen 1984 und 1995 untersuchten Eugen Merle Shoemaker und seine Frau Carolyne den Krater. Eugene starb am Nachmittag des 18. Juli 1997 bei einem Verkehrsunfall auf der Schotterpiste der Tanamu Road in der Tanamiwüste. Er wich vor einem entgegenkommenden Fahrzeug nach rechts aus, wobei er den in Australien geltenden Linksverkehr missachtete. Sein Pick-up stieß dann mit einem entgegenkommenden Fahrzeug frontal zusammen. Eugene erlag seinen schweren Verletzungen, seine Frau überlebte verletzt, vier weitere Insassen kamen heil davon. Einige Gramm der Asche von Eugene M. Shoemaker wurden 1999 von der Raumsonde „Lunar Prospector" auf dem Mond abgesetzt. Als Behälter diente eine Lippenstiftgroße Kapsel, in die man einen Vers aus William Shakespeares „Romeo und Julia" eingraviert hatte. Shoemaker war der Erste und bisher Einzige, der diese ungewöhnliche Ehre erfuhr. In Würdigung seiner Verdienste um die Impaktforschung wurde der ursprünglich als „Teague Ring" bezeichnete Einschlagkrater unweit von Wilna 1998 in „Shoemaker-Krater" umbenannt. Auch einen Krater des Erdmondes und einen Asteroiden hat man nach Shoemaker bezeichnet.

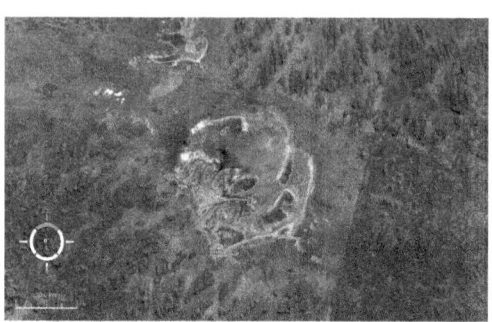

*Satellitenbild (Landsat-Aufnahme)
des Acraman-Kraters in Südaustralien.
Foto: NASA World Wind (via Wikimedia Commons),
Lizenz: gemeinfrei (Public domain)*

Acraman-Krater

Der Acraman-Krater in South Australia mit einem Durchmesser von etwa 90 Kilometern wurde 1986 erstmals von George E. Williams im Wissenschaftsmagazin „Science" als Einschlagkrater identifiziert. Das Acraman-Ereignis könnte einen entscheidenden Einfluss auf die Tierwelt in der Periode Ediacarium (635 bis 541 Millionen Jahre) des Präkambrium bewirkt haben. Vom Acraman-Krater sind seit dem Einschlag des Acraman-Meteoriten vor etwa 590 Millionen Jahren durch Erosion schätzungsweise mehr als zwei Drittel abgetragen worden. Während George E. Williams und Malcolm W. Wallace von einem Durchmesser des Acraman-Kraters von 90 bis zu maximal 150 Kilometer ausgingen, sprachen Eugene Merle Shomaker und seine Frau Carolyn nur von ungefähr 35 bis 40 Kilometern Durchmesser. Auch über das Einschlagsdatum des Acraman-Meteoriten liegen unterschiedliche Angaben vor. Sue L. Baldwin, Ian McDougall und George E. Williams datierten 1991 den Acraman-Krater auf ein Alter von etwa 450 Millionen Jahren. Ein höheres Alter von rund 590 Millionen Jahren ergaben 2003 die Datierungen von Kathleen Grey, Malcolm R. Walter und Clive R. Calver sowie George E. Williams und Malcolm W. Wallace. Der Acraman-Krater befindet sich in rund 1,5 Milliarden Jahre alten Vulkaniten der Berglandschaft Gawler Ranges in South Australia. Auf der Erdoberfläche ist vom Krater heute nur noch der Salzsee Lake Acraman erkennbar. Auswurfmassen des Acraman-Kraters kennt man von der Bunyeroo-Formation im Gebirgszug Flinders Ranges in South Australia sowie in Bohrkernen des Officer-Beckens, dessen Hauptteil in Western Australia liegt und sich bis nach South Australia erstreckt.

*Denkmal für den Geologen und Botaniker
Friedrich Adolph Roemer (1809–1869) in Clausthal-Zellerfeld.
Foto: Nina / CC BY-SA 2.0 (via Wikimedia Commons),
lizensiert unter Creative Commons-Lizenz by-sa-2.0,
https://creativecommons.org/licenses/by-sa/2.0/legalcode*

Woodleigh-Krater
Der Woodleigh-Krater in Western Australia mit einem Durchmesser von etwa 120 Kilometern wurde im Devon vor rund 370 Millionen Jahren durch einen 5 bis 6 Kilometer großen Asteroiden geschlagen. Das Devon (419,2 bis 358,9 Millionen Jahre) ist nach dem Vorkommen von Gesteinen dieser Periode in der südwestenglischen Grafschaft Devonshire bezeichnet. Im Devon ereigneten sich zwei große Artensterben (Kellwasser-Ereignis und Hangenberg-Ereignis), denen schätzungsweise mehr als 50 Prozent aller im Meer lebenden Tiere zum Opfer fielen. Das Kellwasser-Ereignis vor 372 Millionen Jahren ist nach den Kellwasserkalken im Kellwassertal, einem Nebental des Oberharzer Okertals in Niedersachsen, benannt. Dort hatte um 1860 der Geologe und Botaniker Friedrich Adolph Roemer (1809–1869) den geologischen Aufschluss entdeckt, der zu einer bedeutenden Entdeckung der paläontologischen Forschung führte. Das Hangenberg-Ereignis (auch Hangenberg-Krise genannt) vor etwa 359 Millionen Jahren wird nach den Schwarzschiefer-Sedimenten am Hangenberg bei Arnsberg (Nordrhein-Westfalen) im Rheinischen Schiefergebirge bezeichnet. Der Woodleigh-Krater wurde am 15. April 2000 durch ein Team unter Leitung von Arthur J. Mory in den „Earth and Planetary Science Letters" bekannt gemacht. Er ist an der Oberfläche nicht erkennbar, weil er von 100 Meter mächtigen Ablagerungen aus dem Jura und der Kreide bedeckt wird. Laut einer anderen Schätzung beträgt der Durchmesser des Woodleigh-Kraters weniger als 60 Kilometer.

Tookoonooka-Krater
Der Tookoonooka-Krater im Südwesten von Queensland mit einem Durchmesser von etwa 55 Kilometern entstand in der

Kreide vor 128 Millionen Jahren. Der Krater befindet sich in etwa 900 Meter Tiefe unter Ablagerungen des Eromanga-Beckens aus dem Erdmittelalter (Mesozoikum) und ist an der Erdoberfläche nicht sichtbar. Die Entdeckung gelang in den frühen 1980er Jahren durch seismologische Untersuchungen während der Lagerstättenerkundung nach Erdöl. 1989 publizierten die Geologen John D. Gorter (Perth), Victor A. Gostin (Adelaide) und Philip Plummer (Adelaide) ihre Erkenntnisse über die Tookoonooka-Struktur als Meteoritenkrater. Dieses Trio erwähnte in seiner Arbeit von 1989 einen Durchmesser des Tookoonooka-Kraters von 55 Kilometern. Vicor A. Gostin und Ann M. Therriault dagegen sprachen 1997 von einem Durchmesser von 66 Kilometern.

Talundilly-Krater
Eventuell zur gleichen Zeit wie der Tookoonooka-Krater aus der Kreide vor 128 Millionen Jahren ist ebenfalls im Südwesten von Queensland eine vergleichbare Struktur namens Talundilly mit einem Durchmesser von 84 Kilometern entstanden. Es ist noch nicht das letzte Wort gesprochen, ob es sich tatsächlich um Zwillingskrater aus der Kreide handelt. Der Talundilly-Krater ist etwa 300 Kilometer nordöstlich vom Tookoonooka-Krater entfernt und nicht an der Erdoberfläche sichtbar. Der Erdöl-Geologe Ian M. Longley erwähnte 1989 einen Durchmesser des Talundilly-Kraters von etwa 95 Kilometern, John D. Gorter 1998 von nur ungefähr 30 Kilometern.

Literatur
BALDWIN, Sue L. / MCDOUGAL, Ian / WILLIAMS, George E.: K/Ar and $^{40}Ar/^{39}Ar$ analyses of meltrock from die Acraman impact structure, Gawler Ranges, South Australia. In: Australian Journal of Earth Sciences 38: S. 291–298, 1991.

BUTLER, Haydn: The Lake Teague ring structure. Western Australia: an astroblem? In: Search 5, S. 536–537, 1974.
DÖNGES, Jan: Über 2,2 Milliarden Jahre. Ältester bekannter Krater ist halb so alt wie die Erde. Spektrum.de, 21. Januar 2020.
https://www.spektrum.de/news/aeltester-bekannter-krater-ist-halb-so-alt-wie-die-erde/1700058
EARTH IMPACT DATABASE: Acraman.
http://www.passc.net/EarthImpactDatabase/New%20website_05-2018/Acraman.html
EARTH IMPACT DATABASE: Amelia Creek.
http://www.passc.net/EarthImpactDatabase/New%20website_05-2018/Ameliacreek.html
EARTH IMPACT DATABASE: Charlevoix.
http://www.passc.net/EarthImpactDatabase/New%20website_05-2018/Charlevoix.html
EARTH IMPACT DATABASE: Gosses Bluff.
http://www.passc.net/EarthImpactDatabase/New%20website_05-2018/GossesBluff.html
EARTH IMPACT DATABASE: Australien.
http://www.passc.net/EarthImpactDatabase/New%20website_05-2018/Australia.html
EARTH IMPACT DATABASE: Shoemaker (früher Teague).
http://www.passc.net/EarthImpactDatabase/New%20website_05-2018/Shoemaker.html
EARTH IMPACT DATABASE: Strangways.
http://www.passc.net/EarthImpactDatabase/New%20website_05-2018/Strangways.html
EARTH IMPACT DATABASE: Tookoonooka.
http://www.passc.net/EarthImpactDatabase/New%20website_05-2018/Tookoonooka.html
EARTH IMPACT DATABASE: Woodleigh.

http://www.passc.net/EarthImpactDatabase/
New%20website_05-2018/Woodleigh.html
EARTH IMPACT DATABASE: Yarrabubba.
http://www.passc.net/EarthImpactDatabase/
New%20website_05-2018/Yarrabubba.html
ERICKSON, Timmons M. / KIRKLAND, Christopher L. / TIMMS, Nicholas E. / CAVOSIE, Aaron / DAVISON, Thomas M.: Precise radiometric age establishes Yarrabubba, Western Australia, as Earth's oldest recognised meteorite impact structure. Nature Communications 11: S. 300, 2020.
GORTER, John D. / GOSTIN, Victor A. / PLUMMER, Philip: The Tookoonooka Structure: an enigmatic subsurface feature in the Eromanga Basin, its impact origin and implications for petroleum exploration. In: O'NEIL, Bernard J. (Herausgeber): The Cooper and Eromanga Basins, Australia: Proceedings of the Cooper and Eromanga Basins Conference, Adelaide, S. 441–456, 1989.
GOSTIN, Victor A. / THERRIAULT, Ann M.: Tookoonooka, a large buried Early Cretaceous impact structure in the Eromanga Basin of southwestern Queensland, Australia. In: Meteoritics & Planetary Science 32: S. 593–599, 1997.
GREY, Kathleen / WALTER, Malcolm R. / CALVER, Clive R.: Neoproterozoic biotic diversification: Snowball Earth or aftermath of the Acramanimpact? In: Geology 31: S. 469–472, 2003
https://pubs.geoscienceworld.org/gsa/geology/article-abstract/31/5/459/198279/Neoproterozoic-biotic-diversification-Snowball?redirectedFrom=fulltext
HAINES, Peter W.: Impact cratering and distal ejecta: The Australian record. In: Australian Journal of Earth Sciences

52: S. 487–507, September 2005.
https://www.tandfonline.com/doi/abs/10.1080/
08120090500170351
HAINES, Peter W.: Acraman, South Australia. In:
HAINES, Peter W.: Impact cratering and distal ejecta: The
Australian record. Australian Journal of Earth Sciences 52:
S. 486, September 2005.
HAINES, Peter W.: Woodleigh, Western Australia. In:
HAINES, Peter W.: Impact cratering and distal ejecta: The
Australian record. Australian Journal of Earth Sciences 52:
S. 493, September 2005.
LONGLEY, Ian M.: The Talundilly anomaly and its
implications for hydrocarbon exploration
of Eromanga astroblemes. In: O'NEIL, Bernard J.
(Herausgeber): The Cooper and Eromanga Basins,
Australia: Proceedings of the Cooper and Eromanga Basins
Conference, Adelaide, S. 473–490, 1989.
MADIGAN, Cecil Thomas: The Boxhole crater and the
Huckitta meteorite (central Australia). In: Transactions and
Proceedings of the Royal Society of South Australia 6: S.
187–190, 1937.
MADIGAN, Cecil Thomas: The Boxhole meteoritic iron,
central Australia. In: Mineralogical Magazine 25, S. 481–
486, 1940.
MORY, Arthur J. / IASKY, Robert P. / GLIKSON, Andrew
Y. / PIRAJNO, Franco: Woodleigh, Carnarvon Basin,
Western Australia: a new 120 km diameter impact
structure. In: Earth and Planetary Science Letters 117: S.
119–128, 2000.
PIRANJO, Franco / GLIKSON, Andrew Y.: 1998.
Shoemaker impact structure Western Australia (formerly
Teague ring structure). In: Celestial Mechanics and

Dynamical Astronomy 69: S. 25–30, 1998.
https://link.springer.com/chapter/10.1007/978-94-017-1321-4_3
SPIEGEL.DE: Forscher identifizieren ältesten Meteoritenkrater der Welt.
https://www.spiegel.de/wissenschaft/weltall/australien-forscher-identifizieren-aeltesten-meteoritenkrater-der-welt-a-f36276b6-659b-4d53-a378-6beef9dc2e72, 21. Januar 2020.
WIKIPEDIA (Online-Lexikon): Shoemaker.Krater.
https://de.wikipedia.org/wiki/Shoemaker-Krater
WILLIAMS, George E.: The Acraman impact structure, source of ejecta in late Precambrian shales, South Australia. In: Science 223: S. 200–203, 1986.
https://www.science.org/doi/10.1126/science.233.4760.200
WILLIAMS, George E. / WALLACE, Malcolm W.: The Acraman asteroid impact, South Australia: magnitude and implications for the late Vendian enviroment. In: Journal of the Geological Society of London 160: S. 545–554, 2003.
YEATES, Anthony N. / CROWE, R. Warwick A. / TOWNER, Ray Ronald: The Veevers Crater; a possible meteoritic feature. In: BMR Journal of Australian Geology & Geophysics 1: S. 77–78, 1976.
https://d28rz98at9flks.cloudfront.net/80867/Jou1976_v1_n1_p077.pdf

Vredefort-Krater

Der größte Einschlagkrater der Erde

Ein klarer Fall für das „Guiness-Buch der Rekorde" ist der maximal 320 Kilometer große Vredefort-Krater (auch Vredefort-Struktur oder Vredefort Impact Site genannt) in der südafrikanischen Provinz Freistaat. Ihm gebührt die Ehre, der größte sicher identifizierte Einschlagkrater der Erde zu sein. Unsicher sind dagegen der 500 Kilometer große Shiva-Krater an der Westküste Indiens, der fast 500 Kilometer große Wilkesland-Krater in der östlichen Antarktis und der einige hundert Kilometer große Eltanin-Krater im Südpazifik.
Der Vredefort-Krater liegt im Norden der Provinz Freistaat, rund 120 Kilometer südwestlich von Johannesburg und ebenso weit südlich des Witwatersrand-Gebirges. Er breitet sich im Witwatersrand-Becken nahe der kleinen Stadt Vredefort aus, die 2011 nur 1.326 Einwohner hatte.
In der Periode Orosirium (2,05 bis 1,8 Milliarden Jahre) des Präkambrium vor 2,023 Milliarden Jahren raste ein Asteroid mit einem Durchmesser von etwa 10 Kilometern auf die Gegend von Vredefort zu. Anhand von vorgefundenen Zirkonkristallen ermittelte man ein Alter von 2,023 Milliarden Jahren. Der Einschlag von Vredefort, der mit Dantes Inferno verglichen wird, ist neben demjenigen von Sudbury in Kanada vor etwa 1,85 Milliarden Jahren einer der bedeutendsten im Orosirium. Die Geschwindigkeit des Kolosses von Vredefort wird mit 11 Kilometer pro Sekunde (39.600 Stundenkilometer) oder 70 Kilometer in der Sekunde (252.000 Stundenkilometer) angegeben. Durch den Einschlag bohrte sich der Himmelskörper tief in die Erdkruste ein und explodierte. Es

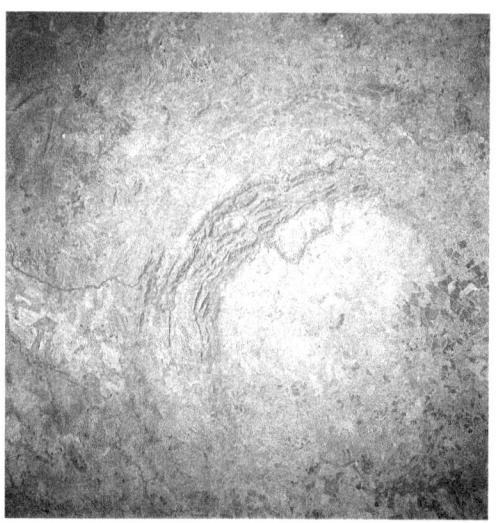

Vredefort-Krater in der Provinz Freistaat (Südafrika).
Foto: *NASA, Júlio Reis (Benutzer: Tintazul)*
(via Wikimedia Commons),
Lizenz: gemeinfrei (Public domain)

entstand ein bis zu 320 Kilometer langer und 180 Kilometer breiter Krater mit drei Ringen. Der gewaltige Einschlag riss ursprünglich ein Loch von etwa 40 Kilometer Tiefe und 100 Kilometer Durchmesser in die Erdkruste. Es entstanden gigantische Staubwolken. Die Landschaft wurde verwüstet. Das Klima, die Lebensbedingungen und das Evolutionsgeschehen auf der ganzen Erde änderten sich.
Die Wände des Kraterloches stürzten bald nach dem Einschlag ein und hinterließen einen etwa 10 Kilometer tiefen Krater. Wegen Erosion und Plattentektonik blieb von den ursprünglich drei Ringen nur noch ein Vredefort-Ring mit etwa 50 Kilometer Durchmesser vorhanden.
Im Zentrum des Vredefort-Kraters liegt der Vredefort Dome. Das ist eine kuppelartige Aufwölbung, von der man zunächst glaubte, sie sei vulkanischen Ursprungs. Jene Ansicht wurde erst Mitte der 1990er Jahre widerlegt. Viele Funde von Impaktgesteinen (Impaktite) und Strahlenkegeln zeugen von der Entstehung der Vredefort-Struktur durch einen Meteoriteneinschlag.
Zum Zeitpunkt des Einschlages vor 2,023 Milliarden Jahren existierten nur Einzeller im Meer. Im Orosirium (2,05–1,8 Milliarden Jahre) als Teil des Paläoproterozoikums entstand durch Cyanobakterien der erste Luftsauerstoff und somit die Ozonschicht, welche die Besiedlung des Festlandes ermöglicht hat.
Im Laufe der Zeit ist der Vredefort-Krater durch Wind, Regen und Frost stark verwittert. Er ist nur noch aus dem Flugzeug oder von der internationalen Raumstation aus zumindest in Teilen erkennbar.
2005 erklärte die UNESCO verschiedene geologische Formationen im Bereich des Vredefort-Katers zum Weltnaturerbe. Nämlich das Kerngebiet des Vredefort Dome, die

Verwerfung mit Stromatolithen, die Brekzie-Fundstelle (chocolate tablet) und den Pseudotachylit-Steinbruch. In der heute nicht mehr ganz zutreffenden Begründung der UNESO hieß es, der Vredefort Krater sei der älteste, größte und am stärksten erodierte komplexe Meteoritenkrater der Welt. Er sei der Ort der stärksten bekannten einzelnen Energiefreisetzung. Es heißt, wenn man das komplette Arsenal an Atomwaffen auf der Erde auf einen Schlag in die Luft sprengen würde, wäre die daraus resultierende Explosion nur ein schwacher Abklatsch dessen, was in Vredefort geschah.

Aus Afrika sind neben kleineren Einschlagkratern mit einem Durchmesser von einige hundert Metern auch etliche Meteoritenkrater mit einem Durchmesser von mehr als 10 Kilometern bekannt:

Aorounga, Tschad, 12,6 Kilometer Durchmesser, 350 Millionen Jahre alt,

Arkenu 2, Lybien (Sahara), 10,3 Kilometer Durchmesser, 140 Millionen Jahre alt,

Bosumtwi, Ghana, 10,5 Kilometer Durchmesser, 1,07 Millionen Jahre alt,

Gweni-Fada, Taschad, 14 Kilometer Durchmesser, 345 Millionen Jahre alt,

Highbury, Simbabwe, 20 Kilometer Durchmesser, 1.,034 Milliarden Jahre alt,

Luizi, Kongo, 17 Kilometer Durchmesser, 570 Millionen Jahre alt.

Morokweng, Südafrika, 70 Kilometer Durchmesser, 145 Millionen Jahre alt,

Oasis, Lybien (Lybische Wüste), 11,5 Kilometer Durchmesser, 100 Millionen Jahre alt.

Morokweng-Krater

Der Morokweng-Krater in der südafrikanischen Provinz Nordwest mit einem Durchmesser von etwa 70 Kilometern ist vor rund 145 Millionen Jahren durch den Einschlag eines 5 bis 10 Kilometer großen Asteroiden entstanden. Den unter der Kalahari-Wüste unweit der Grenze zu Botswana nahe der Stadt Morokweng liegenden Krater hat man 1994 durch gravimetrische Messungen entdeckt. Im Mai 2006 wurde bekannt, bei Bohrungen auf dem Gebiet des Morokweng-Kraters sei in 770 Metern Tiefe ein Bruchstück vom ursprünglichen Asteroiden und zudem weitere winzige Stücke in unterschiedlichen Tiefen gefunden worden.

Kamil-Krater

2009 entdeckte Vincento De Michele vom italienischen Institut für Edelsteinkunde mit „Google Earth" in der Ost-Uweinat-Wüste im südwestlichen Ägypten nahe der Grenze zum Sudan eine ungewöhnliche Gesteinsformation. Diese entpuppte sich als Einschlagkrater mit einem Durchmesser von etwa 45 Metern. Der Einschlag nahe des Berges Djebel Kamil ist vermutlich vor weniger als 5.000 Jahren erfolgt, weil Auswurfmaterial menschliche Spuren überdeckt hat. Der Kamil-Meteorit konnte trotz seiner geringen Masse von geschätzten 5 bis 10 Tonnen die Erdatmosphäre weitgehend unzerstört passieren und ist erst beim Aufschlag auf den Erdboden zerbrochen. Vorher glaubte man, Meteoriten mit einer Masse von weniger als 3.000 Tonnen würden die thermischen und mechanischen Belastungen beim Durchqueren der Erdatmosphäre nicht aushalten und zerbrechen, lange bevor sie den Erdboden erreichen. Bei zwei italienisch-ägyptischen Expeditionen zum Krater im Februar 2009 und Februar 2010 konnten mehr als 1,6 Tonnen meteoritisches

Material gesammelt werden. Der Kamil-Meteorit wurde als Eisenmeteorit identifiziert.

Literatur
EARTH IMPACT DATABASE: Afrika.
http://www.passc.net/EarthImpactDatabase/New%20website_05-2018/Africa.html
EARTH IMPACT DATABASE: Aorounga.
http://www.passc.net/EarthImpactDatabase/New%20website_05-2018/Aorounga.html
EARTH IMPACT DATABASE: Bosumtwi.
http://www.passc.net/EarthImpactDatabase/New%20website_05-2018/Bosumtwi.html
EARTH IMPACT DATABASE: Gweni Fada.
http://www.passc.net/EarthImpactDatabase/New%20website_05-2018/Gwenifada.html
EARTH IMPACT DATABASE: Kamil.
http://www.passc.net/EarthImpactDatabase/New%20website_05-2018/Kamil.html
EARTH IMPACT DATABASE: Luizi.
http://www.passc.net/EarthImpactDatabase/New%20website_05-2018/Luizi.html
EARTH IMPACT DATABASE: Morokweng.
http://www.passc.net/EarthImpactDatabase/New%20website_05-2018/Morokweng.html
EARTH IMPACT DATABASE: Oasis.
http://www.passc.net/EarthImpactDatabase/New%20website_05-2018/Oasis.html
EARTH IKMPACT DATABASE: Roter Kamm.
http://www.passc.net/EarthImpactDatabase/New%20website_05-2018/RoterKamm.html
EARTH IMPACT DATABASE: Vredefort.

http://www.passc.net/EarthImpactDatabase/New%20website_05-2018/Vredefort.html
FOLCO, Luigi / MARTINO, Mario de / BARKOOKY, Ahmed El / D'ORAZIO, Massimo / LETHY, Ahmed / URBINI, Stefano / NICOLOSI, Jacopo / HAFZEH, Mahfooz / CORDIER, Carole / VAN GINNEKEN, Matthias / ZEOLI, Antonio / RADVAN, Ali M. / KHEPY, Sami El / GABRY, Mohamed El / GOMAA, Mahomoud / BARAKAT, Aly A. / SERRA, Roman / SHARKAWI, Mohamed El: The Kamil Crater in Egypt. In: Science 329: S. 804, 2010.
https://www.science.org/doi/10.1126/science.1190990
HARTRAO Hartebeesthoek Radio Astronomy Observatory: Visit Deep Impact – The Vredefort Dome
http://www.hartrao.ac.za/other/vredefort/vredefort.html
LOHMANN, Dieter: Wasserspiele und ein Stein vom Himmel. Ausgrabies-Wasserfälle und Vredefort-Krater. SCINEXX – Das Wissensmagazin.
https://www.scinexx.de/dossierartikel/wasserspiele-und-ein-stein-vom-himmel/
ORIONVK: Die Ära des Proterozoikums – Teil 2: Orosirium und Statherium – Die langweilige Milliarde, der Vredefort-Krater und der Superkontinent Columbia.
https://steemit.com/deutsch/@orionvk/die-aera-des-proterozoikums-teil-2-orosirium-und-statherium-die-langweilige-milliarde-der-vredefort-krater-und-der
REIMOLD, Wolf Uwe / GIBSON, Robert Lawrence: Meteorite Impact. The Danger from Space and South Africa's Mega-Impact, the Vredefort Structure, Heidelberg-Berlin 2010.
WIKIPEDIA (Online-Lexikon): Gebel Kamil.
https:de.wikipedia.org/wiki/Gebel_Kamil

WIKIPEDIA (Online-Lexikon): Proterozoikum.
https://de.wikipedia.org/wiki/Proterozoikum#Untergliederung_des_Proterozoikums
WIKIPEDIA (Online-Lexikon): Vredefort-Krater.
https://de.wikipedia.org/wiki/Vredefort-Krater

Sudbury-Krater

Asteroid oder Komet?

Bis 2014 hieß es in der Literatur übereinstimmend, der Sudbury-Krater in Kanada sei vor etwa 1,85 Milliarden Jahren durch den Einschlag eines rund 10 Kilometer großen Asteroiden entstanden. Der Krater bei der Stadt Greater Sudbury (2016: 161.531 Einwohner) in der kanadischen Provinz Ontario hatte ursprünglich einen Durchmesser von ungefähr 250 Kilometern. Bisher ist er der zweitgrößte sicher bekannte Einschlagkrater der Erde. Durch geologische Prozesse wurde er deformiert und in seine heutige, kleinere und elliptische Form von 60 mal 30 Kilometer gebracht.
Der Sudbury-Krater wird auch Sudbury-Becken oder englisch Sudbury Basin genannt. Im Nordosten grenzt er an den Krater, den der See Wanapitei Lake (auch Wahnapitae) ausfüllt. Dessen Einschlagkrater besitzt einen Durchmesser von 8 Kilometern und ist mit einem Alter von etwa 37 Millionen Jahren (Eozän) wesentlich jünger als der Sudbury-Krater.
Noch im Juni 2022 wurde der Sudbury-Krater im Online-Lexikon „Wikipedia" als Meteoritenkrater bezeichnet. Doch 2014 warteten Joseph A. Petrus von der Laurentian University in Sudbury und sein Team im Fachmagazin „Terra Nova" mit der neuen Erkenntnis auf, der Sudbury-Krater sei vermutlich durch den Einschlag eines Kometen entstanden. Darauf deuteten neue Gesteinsanalysen im Krater hin. Der Himmelskörper, der den Einschlagkrater geschaffen habe, sei etwa 15 Kilometer groß gewesen und doppelt so schnell durch das Weltall und die Atmosphäre gerast wie ein Asteroid.
Durch geologische Prozesse blieb von dem ursprünglich bis

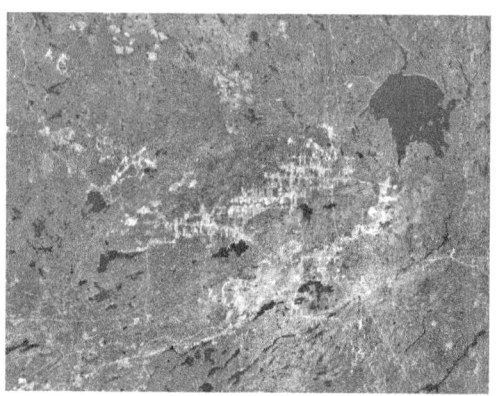

*Satellitenbild (NASA World Wind) der Einschlagskrater
Sudbury und Wanapitei in Ontario, Kanada.
Sudbury ist die große, elliptische Struktur (60 × 30 Kilometer).
Wanapitei ist der mit Seen gefüllte Krater oben rechts.
Sein Durchmesser beträgt 8 Kilometer,
sein Alter 37 Millionen Jahre.
Foto: Benutzer Vesta (via Wikimedia Commons),
Lizenz: gemeinfrei (Public domain)*

zu 250 Kilometer großen Riesenkrater heute nur noch eine etwa 30 mal 60 Kilometer große Senke übrig. Starke Erosionskräfte machten es zudem schwer, festzustellen, was für ein himmlisches Geschoss diesen Krater dereinst geschlagen hat.

Joseph Petrus und sein Team analysierten 69 Gesteinsproben aus dem Sudbury-Krater auf Spurenelemente wie Iridium, Ruthenium, Rhodium, Platin und Gold. Anhand von mikroskopisch kleinen, im Erdgestein eingebetteten Überresten des einschlagenen Himmelskörpers wollten sie Hinweise auf seine wahre Natur finden.

Das überraschende Ergebnis: Vor allem der Gehalt an Iridium erwies sich als zu niedrig, um von einem Asteroiden stammen zu können. Wäre das Geschoss aus dem All ein Asteroid gewesen, hätte er maximal 5 Kilometer groß sein dürfen. Ein so kleiner Bolide hätte aber nicht den Sudbury-Krater erzeugen können, meinen die Forscher um Petrus. Außerdem wäre ein Asteroid nicht komplett verdampft, was aber der Verteilung der Mikrorelikte widerspricht. Der Elementgehalt der beim Einschlag verdampftren und geschmolzenen Relike deutet nach Ansicht der Forscher um Petrus auf einen Kometen hin.

Gängiger Theorie zufolge stammt nur maximal ein Drittel aller Einschläge in der Erdgeschichte von Kometen. Letztere könnten in der Frühzeit unseres Planeten eine wichtige Rolle als Wasserbringer und vielleicht sogar als Lieferanten für Lebensbausteine gespielt haben.

Laut Berechnungen der Forscher um Petrus wäre der Komet, der den Sudbury-Krater schlug, etwa 15 Kilometer groß gewesen. Kometen fliegen mehr als doppelt so schnell wie Asteroiden. Sie verdampfen stärker, was zum beobachteten Bild der Mikrotrümmer passt.

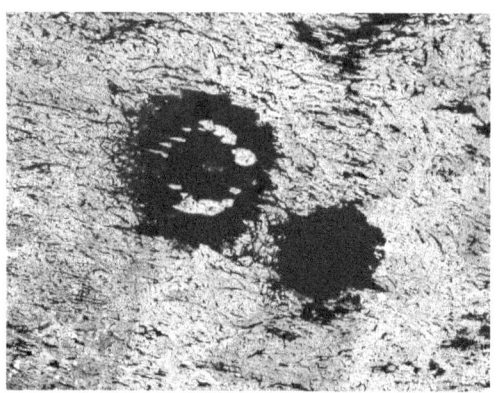

Satellitenbild (NASA World Wind)
des Clearwater-West-Kraters und Clearwater-East-Kraters
in der kanadischen Provinz Québec.
Foto: Benutzer Vesta (via Wikimedia Commons),
Lizenz: gemeinfrei (Public domain)

In Kanada hat man etliche große Meteoritenkrater mit einem Durchmesser von mehr als 20 Kilometern entdeckt:
Carlswell, Saskatchewan, 39 Kilometer Durchmesser, 115 Millionen Jahre alt,
Charlevoix, Québec, 54 Kilometer Durchmesser, 357 Millionen Jahre alt,
Clearwater East, Québec, 26 Kilometer Durchmesser, 460 Millionen Jahre alt,
Clearwater West, Québec, 36 Kilometer Durchmesser, 290 Millionen Jahre alt,
Haugthon, Nordwest-Territorien, Devon-Insel, 24 Kilometer Durchmesser, 23,4 Millionen Jahre alt,
Manicouagan, Québec, 100 Kilometer Durchmesser, 214 Millionen Jahre alt,
Mistastin Lake, Labrador, 38 Kilometer Durchmesser, 38 Millionen Jahre alt,
Montagnais, Neuschottland, Atlantik, 45 Kilometer Durchmesser, 50,5 Millionen Jahre alt,
Schieferinseln, Ontario, 32 Kilometer Durchmesser, 436 Millionen Jahre alt,
Slate Islands, Ontario, 30 Kilometer Durchmesser, 350 Millionen Jahre alt,
Steen River, Alberta. 25 Kilometer Durchmesser, 95 Millionen Jahre alt.

Clearwater-Krater
Der Clearwater-East-Krater in der kanadischen Provinz Québec mit einem Durchmesser von etwa 26 Kilometern ist bereits im Ordovizium vor 460/470 Millionen Jahren durch den Einschlag eines Meteoriten entstanden. Der Begriff Ordovizium erinnert an das Vorkommen von Gesteinen dieser Periode im Gebiet des keltischen Stammes der Ordovizer in Nordwales.

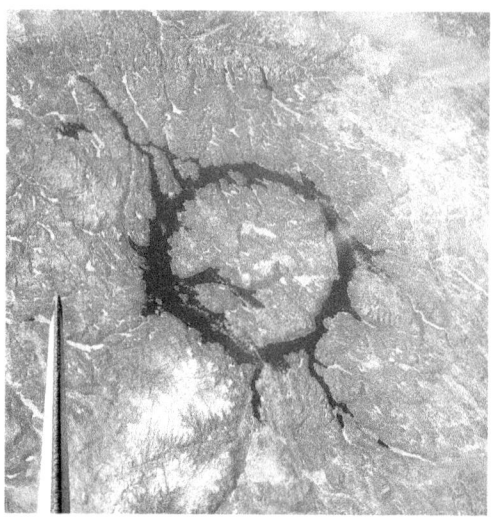

*Der Manicouagan-Krater in der kanadischen Provinz Québec
ist durch einen Meteoriteneinschlag
in der Trias vor 214 Millionen Jahren entstanden
Foto: NASA (via Wikimedia Commons),
Lizenz: gemeinfrei (Publioc domain)*

Merklich später ist der benachbarte Clearwater-West-Krater mit einem Durchmesser von rund 36 Kilometern entstanden. Er wurde erst im Perm vor 286 Millionen Jahren geschlagen. Vorher hatte man die beiden kreisrunden Krater als Doppelkrater fehlgedeutet. Man glaubte, sie seien gleichzeitig vor ungefähr 290 Millionen Jahren durch zwei per Schwerkraft aneinander gebundene Asteroiden oder Asteroidentrümmer geschaffen worden. Martin Schmieder von der University of Western Australia und sein Team datierten anhand von Gesteinsproben beide Krater per Argon-Argon-Datierung neu. Jene Methode basiert auf dem radioaktiven Zerfall von Kalium-40 zu Argon-40 und gestattet Rückschlüsse darauf, wann kaliumhaltige Minerale oder Gesteine großer Hitze ausgesetzt waren oder schmolzen, wie es bei einem Asteroiden-Einschlag der Fall ist. Der Einschlag vor 460/470 Millionen Jahren traf ein Flachmeer in einem küstennahen Gebiet, der Einschlag vor 286 Millionen Jahren hingegen das Festland des Großkontinents Pangäa.

Manicouagan-Krater
Der Manicouagan-Krater in der kanadischen Provinz Québec mit einem Durchmesser von etwa 100 Kilometern bildete sich in der Trias vor 214 Millionen Jahren durch den Einschlag eines mindestens 5 Kilometer großen Asteroiden. Jener Einschlag ist nicht, wie man früher glaubte, für das Massenaussterben an der Trias-Jura-Grenze vor 201 Millionen Jahren verantwortlich. Bei letzterem Ereignis wurden viele der damals im Meer heimischen Tierfamilien ausgelöscht. Auf dem Festland sind – mit Ausnahme der Krokodile – alle anderen nicht zu den Dinosauriern gehörenden Archosaurier vernichtet worden. Über jenes Massenaussterben kursieren mehrere Theorien. Davon gilt eine enorme vulkanische

Aktivität als wahrscheinlichste Ursache. Innerhalb des Einschlagkraters des Manicouagan-Kraters befindet sich der kreisförmige Manicouagan-Stausee.

Charlevoix-Krater
Der Charlevoix-Krater in der kanadischen Provinz Québec mit einem Durchmesser von 54 Kilometern ist im Karbon vor 357 Millionen Jahren durch einen mindestens 2 Kilometer großen und 15 Milliarden Tonnen schweren steinernen Asteroiden geschaffen worden. Das Karbon (lateinisch: carbo = Kohle) heißt zu deutsch „Steinkohlenzeit" Es währte von 298,9 bis 258,9 Millionen Jahren. Vom Charlevoix-Krater sind nur Teile an der Erdoberfläche sichtbar. Der Rest wird vom Sankt-Lorenz-Strom bedeckt. Der 768 Meter hohe Mount des Éboulements im Zentrum des Kraters gilt als Zentralberg. Als Meteoritenkrater erkannt wurde der Charlevoix-Krater 1965, nachdem man viele Strahlenkegel in der Umgebung nachgewiesen hat.

Carlswell-Krater
Der Carlswell-Krater in der kanadischen Provinz Saskatchewan mit einem Durchmesser von 39 Kilometern wurde in der Kreide vor etwa 115 Millionen Jahren von einem vielleicht weniger als 1,5 Kilometer großen Meteoriten geschlagen. Der Krater ist an der Erdoberfläche zu erkennen.

Montagnais-Krater
Der Montagnais-Krater südlich der kanadischen Provinz Nova Scotia mit einem Durchmesser von rund 45 Kilometern und einer Tiefe von 2,7 Kilometern ist im Eozän vor 50,5 Millionen Jahren entstanden. Seine kreisförmige Struktur befindet sich unter dem Meeresspiegel und ist mit 510 Meter mächtigen

Meeres-Ablagerungen bedeckt. Der Montagnais-Krater ist der erste Einschlagkrater, der im Ozean identifiziert wurde.

Saint-Martin-Krater
Der Saint-Martin-Krater in der kanadischen Provinz Manitoba mit einem Durchmesser von etwa 40 Kilometern ist in der Trias vor schätzungsweise 220 Millionen Jahren entstanden. Er befindet sich im nördlichen Teil der ländlichen Verwaltungseinheit Grahamdale nordwestlich des Lake St. Martin. Der Geophysiker David Rowley von der University of Chicago, John Spray von der University of New Brunswick und Simon Kelley von der Open University vermuteten, der Saint-Martin-Krater sei ein Teil eines hypothetischen Mehrfacheinschlags gewesen. Durch diesen seien der Krater Manicouagan im Norden Québecs, der Krater Rochechouart in Frankreich, der Krater Obolon in der Ukraine und den Krater Red Wing in North Dakota entstanden. Jene Krater waren zuvor bekannt und untersucht worden, aber ihre Paläoausrichtung war noch nie zuvor nachgewiesen worden. Rowley erklärte, die Wahrscheinlichkeit, dass diese Krater zufällig so ausgerichtet sein könnten, sei nahezu null.

Literatur
EARTH IMPACT DATABASE: Charlevoix.
http://www.passc.net/EarthImpactDatabase/
New%20website_05-2018/Charlevoix.html
EARTH IMPACT DATABASE: Clearwater Ost.
http://www.passc.net/EarthImpactDatabase/
New%20website_05-2018/ClearwaterEast.html
EARTH IMPACT DATABASE: Clearwater West.
http://www.passc.net/EarthImpactDatabase/
New%20website_05-2018/ClearwaterWest.html

EARTH IMPACT DATABASE: Haughton.
http://www.passc.net/EarthImpactDatabase/
New%20website_05-2018/Haughton.html
EARTH IMPACT DATABASE: Manicouagan.
http://www.passc.net/EarthImpactDatabase/
New%20website_05-2018/Manicouagan.html
EARTH IMPACT DATABASE: Mistastin.
http://www.passc.net/EarthImpactDatabase/
New%20website_05-2018/Mistastin.html
EARTH IMPACT DATABASE: Montagnais.
http://www.passc.net/EarthImpactDatabase/
New%20website_05-2018/Montagnais.html
EARTH IMPACT DATABASE: Steen River.
http://www.passc.net/EarthImpactDatabase/
New%20website_05-2018/SteenRiver.html
EARTH IMPACT DATABASE: Sudbury.
http://www.passc.net/EarthImpactDatabase/
New%20website_05-2018/Sudbury.html
HAINES, Peter W.: Impact cratering and distal ejecta: the Australien record. In: Australian Journal of Earth Sciences 52: S. 481–507, 2005.
https://www.researchgate.net/publication/
236737663_Impact_cratering_and_distal_ejecta_The_Australian_record
O'DALE, Charles: Schieferinseln Impact Struktur.
http://craterexplorer.ca/slate-islands-impact-structure/
O'DALE, Charles: Sudbury Impact Structure. In: Crater Explorer, 16. Mai 2007.
http://craterexplorer.ca/sudbury-impact-structure
PETRUS, Joseph A. / AMES, Doreen E. / KAMBER, Balz S.: On the track of the elusive Sudbury impact: geochemical evidence for a chondrite or comet bolide. In: Terra Nova, 18. Oktober 2014.

https://onlinelibrary.wiley.com/doi/10.1111/ter.12125
PHYSIK FÜR ALLE: Carlswell-Krater.
https://physik.cosmos-indirekt.de/Physik-Schule/
Carswell-Krater
SCHMIEDER, Martin / SCHWARZ, Winfried H. /
TRIELOFF, Mario / TOHVER, Erich / BUCHNER,
Elmar / HOPP, Jens / OLSINSKIK, Gordon R.: Neue 40
Ar/ 39 Ar-Datierung der Clearwater Lake-
Impaktstrukturen (Québec, Kanada). In: Geochimica und
Cosmochimica Acta 148: S. 304–324, 1. Januar 2015.
SCINEXX – Das Wissensmagazin: Kometen-Einschlag
schuf den Sudbury-Krater. Neue Analysen des
Kratergesteins sprechen für einen der seltenen Kometen-
Treffer.
https://www.scinexx.de/news/geowissen/kometen-
einschlag-schuf-den-sudbury-krater/
SCINEXX – Das Wissensmagazin: Clearwater-Krater:
Doch kein Doppel-Einschlag. Kanadische Einschlagkrater
entstanden mit 180 Millionen Jahren Abstand, 28. Oktober
2014.
https://www.scinexx.de/news/geowissen/clearwater-
krater-doch-kein-doppel-einschlag/
SHARPTON, Virgil L. / DRESSLER, Burkhardt O.: The
Slate Islands Impact Structure: Structural Interpretation
and Age Constraints. In: Lunar and Planetary Science 27: S.
1177, 1996.
https://adsabs.harvard.edu/full/1996LPI....27.1177S
SLACK, John F. / KANONE, William F.: Extraterrestrial
demise of banded iron formations 1.85 billion years ago. In:
Geology 37: S. 1011–1014, 2009.
Extraterrestrial demise of banded iron formations 1.85
billion years ago.

WIKIPEDIA (Online-Lexikon): Charlevoix-Krater.
https://de.wikipedia.olrg/wiki/Charlevoix_(Krater)
WIKIPEDIA (Online-Lexikon): Montagnais-Krater.
https://de.wikipedia.orgf/wiki/Montagnais-Krater
WIKIPEDIA (Online-Lexikon): Saint-Martin-Krater.
https://de.wikipedia.org/wiki/Saint-Martin-Krater
WIKIPEDIA (Onlinie-Lexikon): Saint-Martin-Krater.
https://en.wikipedia.org/wiki/Saint_Martin_crater
WIKIPEDIA (Online-Lexikon): Sudbury-Becken.
https://de.wikipedia.org/wiki/Sudbury-Becken

Keurusselkä-Krater

Wie alt ist dieser Meteoritenkrater?

Widersprüchliche Zeitangaben liegen über das Alter des Einschlagkraters Keurusselkä aus Finnland vor. In der Liste der Einschlagkrater des Online-Lexikons „Wikipedia" ist von 1,88 Milliarden Jahren die Rede, was dem Präkambrium (Orosirium) entspricht. Ähnliches liest man in der „Earth Impact Database", nämlich 1,8 Milliarden Jahre. Eine Datierung durch Martin Schmieder und andere Experten ergab 1,15 Milliarden Jahre (Stenium). Im „Wikipedia"-Artikel über den Keurusselkä wird das Alter dieses Meteoritenkraters auf 1,144 Milliarden Jahre geschätzt, was ebenfalls ins Präkambrium (Stenium) fällt. Wie dem auch sei: Der Keurusselkä-Krater gilt als der älteste Einschlagkrater in Europa.

Der Keurusselkä wurde erst 2003 von Amateurgeologen als Meteoritenkrater erkannt. Strahlenkegel und entsprechende Gesteinsformationen, wie sie durch Meteoriteneinschläge entstehen, wurden in einem Umkreis von knapp 6 Kilometern entdeckt. Jenes Gebiet stellt vielleicht nur den Zentralberg dar. Der ursprüngliche Kraterdurchmesser würde dann ungefähr 30 Kilometer betragen.

Die Überreste des Einschlagkraters werden vom See Keurusselkä in den finnischen Landschaften Mittelfinnland und Pirkanmaa bedeckt. Der See befindet sich zwischen den Städten Keuru im Norden und Mänttä im Süden. Westlich schließt sich der See Ukonselkä an. Gemeinsam mit dem Ukonselkä bildet der Keurusselkä ein Seensystem. Die gemeinsame Wasserfläche ist 118,2 Quadratkilometer groß. Die durchschnittliche Wasertiefe erreicht 4,88 Meter, die

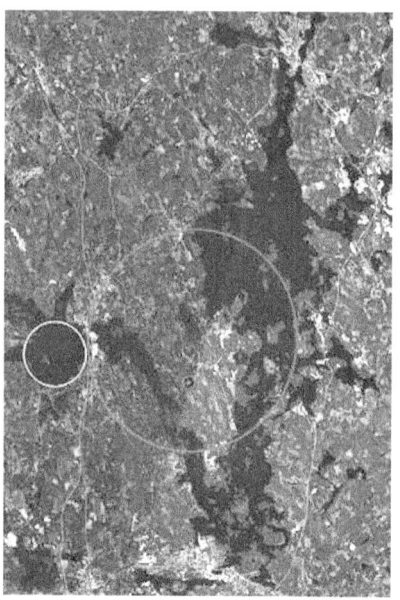

*Satellitenbild (Landsat 7) des Einschlagkraters Keurusselkä
(kleiner weißer Kreis links) in Finnland.
Foto: NASA World Wind (via Wikimedia Commons),
Lizenz: gemeinfrei (Public domain)*

maximale Tiefe 40,99 Meter. Der See Keurusselkä fließt zum südlich gelegenen See Kuorevesi und weiter nach Westen zum Ruovesi und Näsijärvi ab und liegt damit im Einzugsgebiet des Kokemäenjoki.

Durch die Nuklearkatastrophe von Tschernobyl in der Ukraine wurde 1986 die Region um den Keurusselkä stark radioaktiv verseucht. Die im See gefangenen Fische können heute aber gesundheitlich unbedenklich verzehrt werden.

Nur 30 Kilometer vom Mittelpunkt der Einschlagsstruktur des Keurusselkä liegt der Karikkoselkä. Dabei handelt es sich um eine wesentlich kleinere und geologisch jüngere Einschlagstruktur. Ihr Durchmesser beträgt etwa 1.500 Meter, ihr genaues Alter ist unbekannt. Auch der Ukonselkä, ein annähernd kreisförmiger See unmittelbar westlich des Keurusselkä-Kraters, wird als Einschlagstruktur gelistet.

Der durch einen Meteoriteneinschlag
vor 76,2 Millionen Jahren entstandene Lappajärvi-Krater
in Finnland wird vom Lappajärvi-See eingenommen.
Foto: dr.eros / CC BY 3.0 (via Wikimedia Commons),
lizensiert unter Creative Commons-Lizenz by-3.0,
https://creativecommons.org/licenses/by/3.0/legalcode

Lappajärvi-Krater

Neun Meteoritenkrater in Finnland

Martin Schmieder und Elmar Buchner schrieben 2013 in ihrem Aufsatz „Impaktereignisse in Europa": „Mit elf bisher nachgewiesenen Strukturen unterschiedlichen Alters und verschiedener Größe weist Finnland die größte Anzahl von Impaktstrukturen in Europa auf." Nachfolgend eine Liste dieser Krater:
Lappajärvi, Südzentralfinnland, 23 Kilometer Durchmesser, 76,2 Millionen Jahre alt,
Keurusselkä, Südzentralfinnland, 30 Kilometer Durchmesser, 1,15 Milliarden Jahre alt,
Paasselkä-See, Südosten Finnlands, 10 Kilometer Durchmesser, 231 Millionen Jahre alt,
Söderfjärden nahe der Westküste Finnlands, 6 Kilometer Durchmesser, 600 bis 500 Millionen Jahre alt,
Lumpara, Åland-Inseln, 9 Kilometer Durchmesser, Alter unbekannt,
Sääksjärvi, Südosten Finnlands, 6 Kilometer Durchmesser, 500 bis 600 Millionen Jahre alt,
Suavesi-Nord, 4 Kilometer Durchmesser, 86 Millionen Jahre alt,
Suavesi-Süd, 4 Kilometer Durchmesser, 700 Millionen Jahre alt,
Iso-Naakkima, 3 Kilometer Durchmesser, 900 Millionen Jahre (Tonium) bis 1,2 Milliarden Jahre alt,
Saarijärvi, 1,5 Kilometer Durchmesser, älter als 500 bis 200 Millionen Jahre,
Karikkoselkä, 1,5 Kilometer Durchmesser, genaues Alter

unbekannt (es war von der Trias und dem Miozän die Rede).

Lappajärvi-Krater
Am bekanntesten ist der 23 Kilometer große Krater von Lappajärvi in Südzentralfinnland, der vom gleichnamigen See eingenommen wird. Dieser Krater wurde in den 1970er Jahren studiert und 1976 von dem Geologen Martii Lehtinen als erster Impaktkrater in Finnland bestätigt. Der Einschlag des Lappajärvi-Meteoriten ist in der Kreide vor 76,2 Millionen Jahren erfolgt. Gelegentlich wird der Lappajärvi-Krater als das „Nördlinger Ries des Nordens" bezeichnet.

Literatur
EARTH IMPACT DATABASE: Iso-Naakkima.
http://www.passc.net/EarthImpactDatabase/New%20website_05-2018/Isonaakkima.html
EARTH IMPACT DATABASE: Karikkoselkä.
http://www.passc.net/EarthImpactDatabase/New%20website_05-2018/Karikkoselka.html
EARTH IMPACT DATABASE: Keurusselka.
http://www.passc.net/EarthImpactDatabase/New%20website_05-2018/Keurusselka.html
EARTH IMPACT DATABASE: Lappajärvi.
http://www.passc.net/EarthImpactDatabase/New%20website_05-2018/Lappajarvi.html
EARTH IMPACT DATABASE: Lumparn.
http://www.passc.net/EarthImpactDatabase/New%20website_05-2018/Lumparn.html
EARTH IMPACT DATABASE: Passelkä.
http://www.passc.net/EarthImpactDatabase/New%20website_05-2018/Passelkä.html

EARTH IMPACT DATABASE: Saaksjärvi.
http://www.passc.net/EarthImpactDatabase/
New%20website_05-2018/Saaksjarvi.html
EARTH IMPACT DATABASE: Saarijärvi.
http://www.passc.net/EarthImpactDatabase/
New%20website_05-2018/Saarijarvi.html
EARTH IMPACT DATABASE: Söderfjärden.
http://www.passc.net/EarthImpactDatabase/
New%20website_05-2018/Soderfjarden.html
EARTH IMPACT DATABASE: Suavesi Süd.
http://www.passc.net/EarthImpactDatabase/
New%20website_05-2018/suvasvesisouth.html
HIETALA, Satu / MOILANEN, Jarmo: Keurusselkä: Distribution of Shatter Cones. In: Lunar and Planetary Science 38, 2007.
https://www.lpi.usra.edu/meetings/lpsc2007/pdf/1762.pdf
LEHTINEN, Martti: Lake Lappajärvi, a meteorite impact site in Western Finland. In: Geology of Survey Finland Bulletin 282: S. 1–92, Espoo 1976.
LEHTINEN, Martti / PESONEN, Lauri J. / PURANEN, Risto / DEUTSCH, Alexander (1996): Karikkoselkä – a new impact structure in Finland. In: Lunar and Planetary Science 27: S. 739–740, 1996.
https://adsabs.harvard.edu/full/1996LPI....27..739L
PESONEN, Lauri J. / KUIVASAARI, Tapio / LEHTINEN, Martii / ELO, Seppo: Paasselkä – A new Meteorite impact structure in eastern Finland. In: Meteoritics & Planetary Science 34: S. A90– 91, 1999.
https://www.lpi.usra.edu/meetings/metsoc99/pdf/5039.pdf
PESONEN, Lauri J. / LEHTINEN, Martii / TUUKKI, Pekka / ABELS, Andreas: The lake Saarijärvi: A new

meteorite impact structure in northern Finland. In: Lunar and Planet Science 29: S. A121–122, Juli 1998.
https://adsabs.harvard.edu/full/1998M%26PSA..33Q.121P
SVENSSON, Nils-Bertil: Lumparn Bay: A meteorite impact crater in the Åland Archipelago, southwest Finland. In: Meteoritics & Planetary Science 28: S. 445, 1993.
WIKIPEDIA (Online-Lexikon): Keurusselkä.
https://de.wikipedia.org/wiki/Keurusselkä

Krater im Baltikum

In den baltischen Ländern Estland, Lettland und Litauen liegen etliche Meteoritenkrater mit einem Durchmesser von einigen Kilometern mit unterschiedlichem Alter.

Kraterfeld von Kaali
Auf der Insel Saaremaa in Estland wurde bereits im 18. Jahrhundert das Kraterfeld von Kaali entdeckt und erforscht. Jenes Kraterfeld besteht aus 9 kleineren Meteoritenkratern, die in der Jungsteinzeit vor rund 7.600 Jahren entstanden sind. Der Hauptkrater hat einen Durchmesser von 110 Metern und eine Tiefe von rund 22 Metern. Über den Einschlag informiert das Meteoriten- und Kalksteinmuseum in Kaali.

Neugrund-Krater
Der Neugrund-Krater unweit der Insel Osmussaar in Estland mit einem Durchmesser von etwa 8 Kilometern wurde schon im Kambrium vor rund 535 Millionen Jahren durch einen Meteoriten geschlagen. Das Kambrium ist nach dem Vorkommen von Gesteinen dieser Periode in Großbritannien benannt (lateinisch: Cambria = Nordwales). Heute ist der untermeerische Neugrund-Krater nicht an der Erdoberfläche erkennbar. Unweit des Neugrund-Kraters befinden sich 466 Millionen Jahre alte Auswurfmassen eines jüngeren Einschlages.

Kärdla-Krater
Der Kärdla-Krater in Estland mit einem Durchmesser von ewa 4 Kilometern wird mit einem kosmischen Ereignis im Asteroidengürtel **zwischen den Planeten Mars und Jupiter** im

Einer der Krater des Kraterfeldes von Kaali in Estland.
Foto: Panoramio, Keith Ruffles / CC BY 3.0
(via Wikimedia Commons),
lizensiert unter Creative Commons-Lizenz by-3.0,
https://creativecommons.org/licenses/by/3.0/legalcode

Ordovizium vor etwa 470 Millionen Jahren in Verbindung gebracht. Dabei entstand ein untermeerischer Einschlagkrater, dessen Alter 1996 ermittelt wurde. Hinterlassenschaften des Einschlages hat man bei zahlreichen Bohrungen im Nordosten der Insel Hiiumaa entdeckt.

Dobele-Krater
Der Dobele-Krater in Lettland mit einem Durchmesser von rund 4,5 Kilometern wurde im Karbon (Steinkohlen-Zeit) vor ungefähr 300 Millionen Jahren geschaffen. Er ist nicht an der Erdoberfläche sichtbar. Durch Bohrungen hat man einen deutlichen Zentralhügel festgestellt.

Mizarai-Krater
Der Mizarai-Krater (auch Misaraikrater) in Litauen mit einem Durchmesser von rund 5 Kilometern ist vermutlich das Werk eines Meteoriteneinschlages im Kambrium vor etwa 500 Millionen Jahren. Nach anderen Angaben soll er rund 595 Millionen Jahre alt sein. Seine wahre Natur als Einschlagkrater wurde 1988 erkannt.

Vepriai-Krater
Der Vepriai-Krater in Litauen mit einem Durchmesser von etwa 8 Kilometern wurde im Jura vor etwa 165 Millionen Jahren geschlagen. Er gilt als einer der etwas größeren Meteoritenkrater im Baltikum. Jener unterirdische Krater ist vor allem durch Bohrungen bekannt.

Literatur
EARTH IMPACT DATABASE: Dobele.
http://www.passc.net/EarthImpactDatabase/
New%20website_05-2018/Dobele.html

EARTH IMPACT DATABASE: Kaalijärv.
http://www.passc.net/EarthImpactDatabase/
New%20website_05-2018/Kaalijarv.html
EARTH IMPACT DATABASE: Kärdla.
http://www.passc.net/EarthImpactDatabase/
New%20website_05-2018/Kardla.html
EARTH IMPACT DATABASE: Mizarai.
http://www.passc.net/EarthImpactDatabase/
New%20website_05-2018/Mizarai.html
EARTH IMPACT DATABASE: Neugrund.
http://www.passc.net/EarthImpactDatabase/
New%20website_05-2018/Neugrund.html
EARTH IMPACT DATABASE: Paasselkä.
http://www.passc.net/EarthImpactDatabase/
New%20website_05-2018/Paasselka.html
EARTH IMPACT DATABASE: Vepriai.
http://www.passc.net/EarthImpactDatabase/
New%20website_05-2018/Vepriai.html
MASAITIS, Victor L. (1999): Impact structures of northeastern Eurasia: The territories of countries. In: Meteoritics & Planetary Science 34: S. 691–711, Tucson, 1999.
https://onlinelibrary.wiley.com/doi/10.1111/j.1945-5100.1999.tb01381.x
MASAITIS, Victor L. / DANILIN, Alexander Nikolajewitsch / MASHCHAK, Michail S. / RAYKHLIN, A. I. / SELIVANOSKAYA, Tatjana V. / SHADENKOV, Y. E. M.: The Geology of Astroblemes (auf Russisch) 231: Leningrad, Nedra1980.
MOTUZA, Gediminas B. / GAULYUS, R. P.: Über mutmaßliche Astrobleme Lettlands (Zusammenfassung). In: 7. Jahreskonferenz des Ausschusses für Tektonik von

Weißrussland und dem Baltikum, Volnius, S. 91–94, 1978.
PIRRUS, Enn-Aavo A. / TIIRMAA, Reet T.:
Meteoritenkrater von Estland (auf Russisch). 20. All-Union
Meteorite Conference, Tallinn, S. 30–34, 1987.
PLADO, Juri: Meteorite impact craters and possibly impact-related structures in Estonia. In: Meteoritics & Planetary Science 47: S. 1590–1605, 2012.
https://onlinelibrary.wiley.com/doi/full/10.1111/j.1945-5100.2012.01422.x
PUUR, Väino / SUUROJA, Kalle: Ordovician impact crater at Kärdla, Hiiumaa Island, Estonia. In: Tectonophysics 216: S. 143–156, Amsterdam, 1992.
https://www.sciencedirect.com/science/article/abs/pii/004019519290161X
RAUKAS, Anto / STANKOWSKI, Wojciech: On the age of the Kaali craters, Island of Saaremaa, Estonia. In: Baltica 24: S. 37–44, Vilnius 2011.
SCHMIEDER, Martin / BUCHNER, Elmar: Baltische Staaten: Estland, Lettland und Litauen. In: Impaktereignisse in Europa. In: Zeitschrift der Deutschen Gesellschaft für Geowissenschaften 164 (3): S. 10–11, September 2013.
SUUROJA, Kalle / SAADRE, Tõnis: Gneis-Brekzien-Erratien aus dem Nordwesten Estlands als Zeugen einer unbekannten Impaktstruktur (auf Estnisch). In: Bulletin des Geologischen Dienstes von Estland 5(1): S. 26–28, 1995.
SUUROJA, Kalle / SUUROJA, Sten: The Neugrund meteorite crater on the seafloor of the Gulf of Finland, Estonia. In: Baltica 23: S. 47–58, Vilnius 2010.

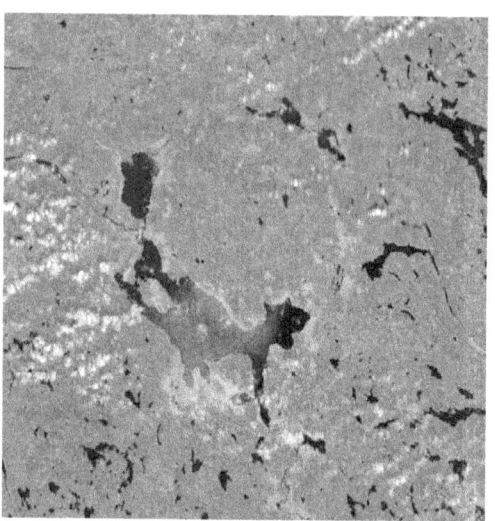

Satellitenbild (Landsat 7) des Siljan-Kraters
in der schwedischen Provinz Dalarna.
Mehrere Seen markieren Überreste des erodierten Kraters,
der vor etwa 370 Millionen Jahren durch einen Meteoriteneinschlag
entstanden ist. Mit einem Durchmesser von 52 Kilometern
ist der Siljan-Krater die größte Impaktstruktur Europas.
Auf dem Bild ist der Siljansee der große See im Süden des Rings.
Foto: Benutzer Vesta, NASA World Wind /
(via Wikimedia Commons), Lizenz: gemeinfrei (Public domain)

Siljan-Krater

Schwedens größter Einschlagkrater

Der Siljan-Krater in der Provinz Dalarna mit einem Durchmesser von 52 Kilometern gilt als der größte Meteoritenkrater in Schweden, neben dem Puchezh-Katunki-Krater im Westen Russlands als einer der beiden größten Einschlagkrater in Europa und als einer der 15 größten Krater der Erde. Er ist im Devon vor 377 Millionen Jahren durch den Aufprall eines mehrere Kilometer großen Meteoriten entstanden. Das Devon (419,2 bis 358,9 Millionen Jahre) ist nach dem Vorkommen der Gesteine dieses Systems in der Grafschaft Devonshire in Südwestengland benannt.
In Schweden bezeichnet man den Siljan-Krater als Siljansringen („Ring von Siljan"). Der ursprüngliche Einschlagkrater ist durch Kräfte der Erosion innerhalb von Jahrmillionen verschwunden und mit jüngeren Ablagerungen, vor allem mit Kalkstein, gefüllt worden. Die Berge an den Rändern wurden nach und nach von Wind und Wasser abgetragen. Auf Luftbildern ist die ringförmige Vertiefung um die zentrale Erhebung des Siljan-Kraters gut erkennbar. In der Vertiefung liegen mehrere Seen: im Süden der Siljan-See, im Westen der Orsa-See sowie im Nordosten der Skattungen-See und der Erz-See.
Der heutige Siljan-See und seine Umgebung entstanden durch wiederholte Vergletscherungen im Eiszeitalter. Die Gletscher schürften das weiche Gestein, das den Krater lange ausgefüllt hatte, stärker aus als das der Umgebung. Deshalb zeichnen der Siljan-See und weitere kleine Seen die Umrisse des erodierten Kraters deutlich nach.

Der Siljan-See ist der siebtgrößte See in Schweden. Er besitzt eine Fläche von rund 290 Quadratkilometern, ist maximal 134 Meter tief und hat ein Wasservolumen von 8 Kubikkilometern.
Das durch den Aufprall des Geschosses aus dem All verformte Gestein aus dem Kambrium, Ordovizium und Silur in diesem Gebiet enthält reichlich Fossilien. Das Silur (443,4 bis 419,2 Millionen Jahre) wurde nach dem keltischen Stamm der Silurer bezeichnet, in deren Verbreitungsgebiet in Großbritannien Gesteine dieser Periode bekannt sind.
Basierend auf Theorien, dass Kohlenwasserstoffe ohne Material von toten Pflanzen und Tieren gebildet werden könnten, glaubte der Astrophysiker Thomas Gold, es gebe möglicherweise in der Region des Siljan-Kraters umfangreiche Öl- und Erdgasvorkommen. Bohrungen Ende der 1980er und Anfang der 1990er Jahre bis in fast 7.000 und 6.500 Meter Tiefe erwiesen sich jedoch als nicht schlüssig. Die Erdgasbohrungen wurden Ende der 2000er Jahre wieder aufgenommen und Mitte 2012 fortgesetzt. 2019 ergab eine Untersuchung von Gasen und Sekundärmineralien, dass die mikrobielle Langzeitmethano-Genese und Methan-Oxidation tief im Fraktursystem des Kraters seit mindestens 80 Millionen Jahren stattgefunden haben.
2019 wurde bekannt, Meteoritenkrater wie der Siljan-Krater könnten Einfallstore für Mikroben in den „Keller der Erde" darstellen. Darauf würden Spuren bakteriellen Lebens in bis zu 620 Meter Tiefe hindeuten. Die beim Einschlag entstandenen Brüche im Gestein könnten den Bakterien den Weg in die tiefe Biosphäre ermöglicht haben. Das erklärten Henrik Drake von der Linnaeus Universität im schwedischen Kalmar und sein Team im Fachmagazin „Nature Communications".

Lange Zeit galten die tiefen Schnichten der Erdkruste als biologisch tot. Mittlerweile ist jedoch klar, dass selbst mehrere Kilometer tief unter dem Meeresgrund und der Landoberfläche noch Quadrillionen von Mikroben leben. Die gesamte Biomasse dieser tiefen Biosphäre könnte die der Menschheit weit übertreffen und ihr Artenreichtum sei vermutlich weit größer als die des gesamten oberirdischen Lebens.

In Schweden ist etwa ein halbes Dutzend Meteoritenkrater bekannt:

Siljan, Dalarna-Region Zentral-Schwedens, 65 Kilometer Durchmesser, Devon, 377 Millionen Jahre alt,

Dellen, 20 Kilometer Durchmesser, Kreide, 140 Millionen Jahre alt,

Granby, Südzentralschweden, 3 Kilometer Durchmesser, Ordovizium,

Mien, Südschweden, 9 Kilometer Durchmesser,

Lockne, 14 Kilometer Durchmesser, Ordovizium, 458 Millionen Jahre alt,

Tvären bei Stockholm, 2 Kilometer Durchmesser, Devon, 400 Millionen Jahre alt.

Dellen-Krater

Der etwa 120 Kilometer vom Siljan-Krater entfernte Dellen-Krater mit einem Durchmesser von rund 20 Kilometern ist durch einen Meteoriteneinschlag in der frühen Kreidezeit vor ca. 140 Millionen Jahren entstanden. Im Krater liegt heute der Doppelsee von Dellen Nord und Dellen Süd. Nils-Bertil Svensson wies 1968 nach, dass der Dellen-Krater durch einen Meteoriten geschlagen wurde. Vorher hatte diese Struktur als Vulkan aus dem Tertiär (66 bis 2,6 Millionen Jahre) gegolten.

Während des Eiszeitalters (2,6 Millionen bis 11.700 Jahre) wurden erhebliche Teile der Auswurfmassen des Dellen-Kraters durch Gletschereis umgelagert und teilweise weit nach Süden transportiert. In der Gegenwart befinden sich Geschiebe der Schmelzgesteine von Dellen unter anderem in Moränenablagerungen der deutschen Ostseeinsel Rügen.

Literatur
DRAKE, Henrik / ROBERTS, Nick M. W. / HEIM, Christine / WHITEHOUSE, Martin J. / SILJESTRÖM, Sandra /KOOIJMAN, Ellen / BROMAN, Curt / IVARSSON, Magnus / ÅSTRÖM, Mats E.: Timing and origin of natural gas accumulation in the Siljan impact structure, Sweden. In: Nature Communications 10, 2019. https://www.nature.com/articles/s41467-019-12728-y
EARTH IMPACT DATABASE. Dellen. http://www.passc.net/EarthImpactDatabase/New%20website_05-2018/Dellen.html
EARTH IMPACT DATABASE: Europa. http://www.passc.net/EarthImpactDatabase/New%20website_05-2018/Europe.html
EARTH IMPACT DATABASE: Lockne. http://www.passc.net/EarthImpactDatabase/New%20website_05-2018/Lockne.html
EARTH IMPACT DATABASE: Mien.. http://www.passc.net/EarthImpactDatabase/New%20website_05-2018/Mien.html
EARTH IMPACT DATABASE: Siljan. http://www.passc.net/EarthImpactDatabase/New%20website_05-2018/Siljan.html
EARTH IMPACT DATABASE: Tvären. http://www.passc.net/EarthImpactDatabase/

New%20website_05-2018/Tvaren.html
GLASBY, Geoffrey B.: Abiogener Ursprung von Kohlenwasserstoffen: Ein historischer Überblick. Resource Geology, 56(21): S. 85–98, 2006.
GOLD, Thomas: Die tiefe, heiße Biosphäre. Verfahren der Nationalen Akademie der Wissenschaften 89(13): S. 6045–6049, 1992.
PODBREGAR, Nadja: Mikroben unter Europas größtem Krater. Indizien für Einschlagkrater als Einfallstor für Besiedlung der tiefen Biosphäre. SCINEXX – Das Wissensmagazin, 21. Oktober 2019.
https://www.scinexx.de/news/biowissen/mikroben-unter-europas-groesstem-krater/
SPIEGEL: Satellitenbild der Woche. Knall in der schwedischen Stille. Hamburg, 26. Juli 2021.
https://newstral.com/de/article/de/1203016574/satellitenbild-der-woche-knall-in-der-schwedischen-stille-satellitenbild-der-woche-knall-in-der-schwedischen-stille
SVENONIUS, Fredrik: Andesit fran Norra Dellen i Helsingland (auf Schwedisch). In: Geologiska Föreningen i Stockholm Förhandlingar 10: S. 262–285, 1888.
SVENSSON, Nils-Bertil, Die Dellen-Seen: Ein wahrscheinlicher Meteoriteneinschlag in Mittelschweden. In: Geologiska Föreningens i Stockholm Förhandlingar 90: S. 314–316, 1968.
SVENSSON, Nils-Bertil: Shatter cones from the Siljan structure, Central Sweden. In: Geologiska Föreningen i Stockholm Förhandlingar 95: S. 139–143, 1973.
WIKIPEDIA (Online-Lexikon): Siljan.
https://de.wikipedia.olrg/wiki/Siljan
WIKIPEDIA (Online-Lexikon): Siljan-Krater.
https://de.frwiki/wiki/Craére_de_Siljan

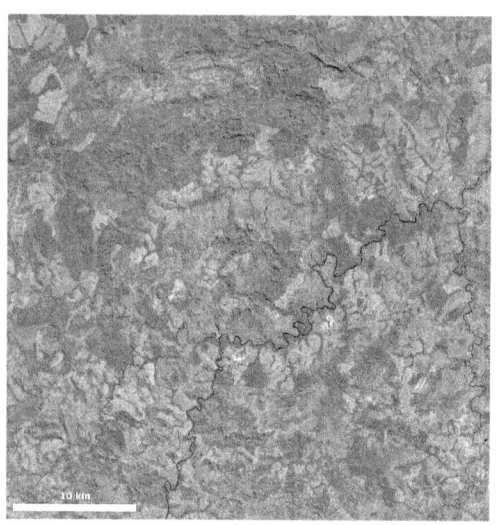

*Satellitenbild (Landsat) des Araguainha-Kraters in Brasilien.
Dieser gilt mit einem Durchmesser von etwa 40 Kilometern
als der größte Meteoritenkrater von Südamerika.
Foto: NASA (via Wikimedia Commons),
Lizenz: gemeinfrei (Public domain)*

Araguainha-Krater

Der größte Einschlagkrater in Südamerika

Mit einem Durchmesser von etwa 40 Kilometern gilt der Araguainha-Krater im Paraná-Becken als der größte Einschlagkrater von Brasilien und Südamerika. Er übertrifft alle anderen Meteoritenkrater in Brasilien, Argentinien und Chile an Größe. Der Krater an der Grenze der Bundesstaaten Mato Grosso und Goias zwischen den Dörfern Araguainha und Ponte Branca wurde vor 254 Millionen Jahren von einem Himmelskörper geschlagen.
Der Einschlag erfolgte etwa zur Zeit des Perm-Trias-Aussterbens in einem flachen Meer. Dieses Ereignis war eines der größten Massensterben in der Erdgeschichte. Beim Aufprall wurden paläozoische Schichten durchschlagen, die zu den Formationen des Paraná-Beckens gehörten. Zudem sind darunterliegende Granitgesteine aus dem Ordovizium freigelegt worden. Ursprünglich soll der Krater 24 Kilometer breit und 2,4 Kilometer tief gewesen sein. Als seine Wände nach innen absanken, verbreiterte sich der Krater auf ungefähr 40 Kilometer.
Der Araguainha-Krater ist mit dem Auto von Goiania oder von Cuiabá aus erreichbar. Die unbefestigte Staatsstraße MT-306 zwischen Pontge Branca und Araguainha sowie der Fluss Araguainha schneiden ssich durch die zentrale Erhebung des Kraters. 1999 waren sich die Anwohner der wissenschaftlichen Bedeutung der Kuppel noch nicht bewusst.
Die Geologen A. A. Northfleet, R. A. Medeiros und H. Mühlmann veröffentlichten 1969 im „Boletim Técnico da Petrobras" den ersten Bericht über den Araguainha-Krater.

Sie erklärten die Kraterstruktur als eine Anhebung der Ablagerungen des Phanerozoikums (Zeitabschnitt des sichtbaren Lebens), die durch eine kreidezeitliche Intrusion (Eindringen von Magma) verursacht wurde.
1971 stellten die Geologen Nelson Custodio da Silveira Filho und C. L. Ribeiro das Vorkommen von Laven, verfestigten Trümmergesteinen (Brekzien) und Tuffen um den zentralen Kern fest und folgerten, Araguainha sei eine vulkanische Struktur. Die Geologen Robert Sinclair Dietz und Bevan M. French berichteten 1973 über das Auftreten von Impaktbrekzien und Schockquarz und erkannten die Struktur als Einschlagkrater.
1992 ermittelten die Geologen Alexander Deutsch, Dieter Bühl und Falko Langenhorst für die Kuppelbildung des Araguainha-Kraters ein Alter von 243 Millionen Jahren. Die Geologen Wolfgang von Engelhardt, Stephan K. Matthäi und Johannes Walzebuck revidierten 1992 das Alter des angehobenen Kern auf 246 Millionen Jahre. Eric Tohver, Cristiano Lana, Peter A. Cawood, Ian Robert Fletcher, Fred Jourdan und Sarah Sherlock datierten 2012 das Alter des Einschlagkraters auf 254,7 Millionen Jahre, was heute noch gilt. Die geschätzte Energie, die durch den Araguainha-Einschlag freigesetzt wurde, reicht nicht aus, um eine direkte Ursache für das globale Massensterben zu sein. Doch die gewaltige kolossale lokale Erdspalte hätte riesige Mengen an Öl und Gas aus dem zertrümmerten Gestein freisetzen können. Die darauf folgende globale Erwärmung könnte das Perm-Trias-Aussterben ausgelöst haben.
Andere Einschlagkrater in Brasilien erreichen nicht die Maße des Araguainha-Kraters:
Colonia-Krater, 3,6 Kilometer Durchmesser, 5 Millionen Jahre alt,

Riachao-Ring, Maranha, 4,5 Kilometer Durchmesser,
200 Millionen Jahre alt,
Serra-da-Cangalha, Tocantins, 22,5 Kilometer
Durchmesser, 300 Millionen Jahre alt,
Vargeao Dome, Santa Catarina, 12 Kilometer
Durchmesser, 1 Million Jahre alt,
Vista Alegre, Paraná, 9,5 Kilometer Durchmesser,
65 Millionen Jahre alt.
Aus Argentinien sind nur relativ kleine Meteoritenkrater
bekannt:
Campo del Cielo (mehr als 20 Krater), Chaco: 20 bis 115
Meter Durchmesser, 5.000 Jahre alt.
Rio Cuarto (11 Krater), Cordoba, 300 bis 4.500 Meter
Durchmesser, 100.000 Jahre alt.
In Chile liegt angeblich nur ein kleiner Meteoritenkrater in
der Región Antofagasta:
Monturaqui, 400 Meter Durchmesser, 1 Million Jahre alt.

Literatur
DIETZ, Robert Sinclair / FRENCH, Bevan M.: Two
Probably Astrobleme in Brazil. In: Nature 244: S. 561–562,
31. August 1973.
https://www.nature.com/articles/244561a0
EARTH IMPACT DATABASE: Araguainha.
http://www.passc.net/EarthImpactDatabase/
New%20website_05-2018/Araguainha.html
EARTH IMPACT DATABASE: Colonia.
http://www.passc.net/EarthImpactDatabase/
New%20website_05-2018/Colonia.html
EARTH IMPACT DATABASE: Südamerika.
http://www.passc.net/EarthImpactDatabase/
New%20website_05-2018/SouthAmerica.html

EARTH IMPACT DATABASE: Vargeao Kuppel.
http://www.passc.net/EarthImpactDatabase/
New%20website_05-2018/Vargeaodome.html
KOPPES, Steve: Memorial to Robert Sinclair Dietz 1914–
1995. In: Geological Society of America Memorials, S. 25–
27, 29. Dezember 1998.
NORTHFLEET, A. A. / MEDEIROS, R. A. /
MÜHLMANN, H.: Reavaliação dos dados geológicos da
Bacia do Paraná. In: Boletim Técnico da Petrobras 12: S.
291–346, 1969.
SILVEIRA FILHO, Nelson Custodio da / RIBEIRO, C. L.:
Informações geológicas preliminares sobre a estrutura
vulcânica de Araguainha, Mato Grosso (relatório interno).
DNPM / Distrito Centro-Les, 1971.
TOHVER, Eric / LANA, Cristiano / CAWOOD, Peter A.
/ FLETCHER, Ian Robert / JOURDAN, Fred /
SHERLOCK, Sarah: Geochronologische Einschränkungen
des Alters eines Permo-Trias-Impaktereignisses: U-Pb- und
40Ar/39Ar-Ergebnisse für die 40 km lange Araguainha-
Struktur in Zentralbrasilien. In: Geochimica und
Cosmochimica Acta 86: S. 214–227, 1. Juni 2012.
WIKIPEDIA (Online-Lexikon): Araguainha-Crater.
https://en.wikipedia.org/wiki/Araguainha_crater

Wilkesland-Krater

Der hypothetische Riesenmeteorit

Unter dem Eis der östlichen Antarktis wird von manchen Wissenschaftlern ein riesiger Meteoritenkrater mit einem Durchmesser von fast 500 Kilometern vermutet. Diesen Krater soll ein maximal 50 Kilometer großer Himmelskörper im Perm vor etwa 250 Millionen Jahren geschlagen haben. Das Perm (298,9 bis 251,9 Millionen Jahre) ist nach dem Vorkommen der Gesteine dieses Systems am Westhang des Ural im ehemaligen russischen Gouvernement Perm abgeleitet.
Die Entdeckungsgeschichte des hypothetischen Riesenkraters begann im Mai/Juni 2006. Damals fand das Team um den amerikanischen Geophysiker Ralph von Frese und seinen Kollegen Laramie Potts mit Hilfe von NASA-Satelliten unter der Eisschicht der Region Wilkesland einen rund 320 Kilometer breiten Pfropfen aus Erdmantelgestein in der Erdkruste. Derartige Pfropfen entstehen, wenn große Objekte aus dem Weltall auf einen Planeten stürzen. Nach dem Aufprall dringt das Mantelmaterial in die darüber liegende Kruste, wo es unter dem Einschlagkrater liegen bleibt. Bei einer weiteren Untersuchung stellten die Wissenschaftler fest, dass der Pfropfen genau in der Mitte eines etwa 480 Kilometer breiten Kraters liegt, der sich mehr als 1,5 Kilometer unter der antarktischen Eiskruste befindet.
Der Wilkesrand-Meteorit, der die große „Sternwunde" in der östlichen Antarktis geschlagen haben soll, war vielleicht vier- bis fünfmal größer als der Chicxulub-Meteorit von Mexiko. Letzter soll für das Aussterben der Dinosaurier vor etwa 66 Millionen Jahren verantwortlich gewesen sein.

Der Aufprall des Wilkesrand-Meteoriten könnte laut Ralph von Frese, Laramie Potts und Kollegen das große Massenaussterben am Ende des Perm zur Folge gehabt haben. Die unvorstellbare Wucht des Einschlages in Wilkesland war für die damalige Erde und ihre Lebewesen verheerend. Hypothetisch war diese Naturkatastrophe mit Schuld am größten Massenaussterben der Erdgeschichte am Ende des Perm. Dabei starben rund 70 Prozent aller Landlebewesen und über 90 Prozent der Meereslebewesen aus. Zudem trug der Einschlag wahrscheinlich zur Bildung eines Grabens im östlichen Indischen Ozean bei und führte letztlich zur Abspaltung Australiens vom Großkontinent Gondwana. Aus die gravierenden Umwälzungen überlebenden Tierarten entwickelten sich die Dinosaurier für die folgenden drei Perioden Trias, Jura und Kreide zu den die Tierwelt beherrschenden Lebewesen.

Im Laufe der Erdgeschichte kam es zu fünf großen Massenaussterben („große Fünf" oder „Big Five" genannt):
Ordovizisches Massenaussterben vor 444 Millionen Jahren,
Kellwasser-Ereignis im Oberdevon vor 372 Millionen Jahren,
Ereignis an der Perm-Trias-Grenze vor 252 Millionen Jahren,
Krisenzeit an der Trias-Jura-Grenze vor 201 Millionen Jahren,
Massenaussterben an der Kreide-Paläogen-Grenze vor 66 Millionen Jahren.

Es sei nicht verschwiegen: Der Wilkesland-Meteorit und Wilkesland-Krater werden (Stand: Juni 2022) in der „Meteoritical Bulletin Database" nicht erwähnt.

Literatur
WIKIPEDIA (Online-Lexikon): Massenaussterben.
https://de.wikipedia.org/wiki/Massenaussterben
WIKPEDIA (Online-Lexikon): Wilkesland-Krater.
https://de.wikipedia.org/wiki/Wilkesland-Krater
WISSENSCHAFT.DE: Spur der Verwüstung.
https://www.wissenschaft.de/astronomie-physik/spur-der-vernichtung/

*Französischer Geologe Nicolas Desmarest (1725–1815).
Bild: Porträt eines unbekannten Künstlers
(via Wikimedia Commons),
Lizenz: gemeinfrei (Public domain)*

Rochechouart-Chassenon-Krater

Der lange verkannte Meteoritenkrater

Rund 200 Jahre lang ist der Rochechouart-Chassenon-Krater im Südwesten von Frankreich fehlgedeutet worden. Seine Impaktgesteine sind seit den 1770er Jahren bekannt. Als Erster beschrieb der französische Geologe Nicolas Desmarest (1725–1815) die Impaktgesteine des Rochechouart-Chassenon-Kraters. Er deutete sie damals noch als „Bändergranit" Bis zur wissenschaftlichen Anerkennung der Einschlagstruktur der Gesteine durch die Arbeit des österreichisch-ungarischen Geologen und Mineralogen François Kraut (1907–1983) von 1969 kursierten unter französischen Geologen verschiedene Erklärungversuche für die Impaktgesteine. Meistens schrieb man ihnen irrtümlich vulkanischen Ursprung explosiver Natur zu. Schon 1966 fielen Kraut in Dünnschliffen Schockquarze auf. Später entdeckte er auch Pseudotachylite und 1969 zusammen mit den amerikanischen Geologen Bevan M. French und Nicholas Short auch Strahlenkegel. Weil Schockquarze und Strahlenkegel nur unter extremen Bedingungen der Stoßwellen-Metamorphose entstehen können, wie sie ausschließlich bei Einschlägen von Meteoriten oder bei nuklearen Explosionen erreicht werden, kam als Erklärung für die rätselhaften verfestigten Trümmergesteine (Brekzien) von Rochechouart nur noch eine außeridische Ursache in Frage.

Der Krater von Rochechouart-Chassenon unweit von Limoges mit einem Durchmesser von rund 20 Kilometern ist gegen

Suevit-Bruchstück des Rochechouart-Chassenon-Meteoriten.
Foto: Peter Bockstaller / CC BY 2.5 (via Wikimedia Commons),
lizensiert unter Creative Commons-Lizenz by-2.5,
https://creativecommons.org/licenses/by/2.5/legalcode

Ende der Trias vor etwas mehr als 200 Millionen Jahren durch einen Asteroiden geschaffen worden, der ins Grundgebirge des westlichen Massif Centrals einschlug. Dieser Zeitpunkt wurde bei Untersuchungen der Universität Heidelberg ermittelt.

Ein Alter von ungefähr 200 Millionen Jahren haben auch der Red-Wing-Krater und der Wells-Creek-Krater in den USA. Vielleicht hat der Meteoriteneinschlag von Rochechouart zum Massensterben am Ende der Triaszeit mit beigetragen. Der Begriff Trias beruht auf der ursprünglichen Dreiteilung dieser Periode in Europa in die Epochen Buntsandstein, Muschelkalk und Keuper.

Der etwa einen Kilometer große und mehrere Milliarden Tonnen schwere Meteorit von Rochechouart hatte eine mehr als tausendfache höhere Energie als das Erdbeben von Valdivia in Chile am 22. Mai 1960 oder das Erdbeben im Indischen Ozean von 2004. Sehr wahrscheinlich hat sich der Meteoriteneinschlag küstennah oder sogar im Meer ereignet. Der Einschlag löste ein verheerendes Erdbeben der Stärke 11 auf der Richter-Skala und einen Tsunami aus, der in weiten Bereichen der Britischen Inseln und in Südfrankreich mehrere Meter mächtige Ablagerungen hinterließ. Möglicherweise steht das globale Massensterben am Ende der Trias mit dem Rochechouart-Ereignis in Verbindung.

Laut Modellrechnungen – wie mit dem „Earth Impact Effects Program" – vernichtete der Meteoriteneinschlag von Rochechouart-Chassenon in weniger als 5 Minuten jegliches Leben in einem Umkreis von etwa 100 Kilometern. Dinosaurier und andere Tiere erlitten noch bis in 300 Kilometer Entfernung schwerste Verbrennungen. Das Grundgebirge wurde bis in 5 Kilometer Tiefe nachhaltig verändert.

Skizze des österreichisch-ungarischen Geologen und Mineralogen François Kraut (1907–1983) von 1969.
Sie zeigt die Strahlenkegel des Rochechouart-Kraters in Frankreich.
Bild: François Kraut (via Wikimedia Commons),
Lizenz: gemeinfrei (Public domain)

Ein Forscherteam hat zuletzt ein genaues Alter von 200 Millionen Jahren für den Rochechouart-Einschlag ermittelt. Das damals in Europa verbreitete Meer hieß Tethys und war ein Vorläufer des heutigen Mittelmeeres. Die Tethys stand in Westeuropa mit dem gerade neu entstandenen Atlantik in Verbindung. Wo sich in der Gegenwart der mehrere tausend Kilometer breite Nordatlantik befindet, war damals der Ozean erst dabei, in schmale Gräben des aufbrechenden Superkontinents Pangäa vorzudringen. Gegen Ende der Trias herrschte intensiver Vulkanismus im zentralen, sich öffnenden Atlantik.

Der Rochechouart-Chassenon-Krater wurde nach der Kleinstadt Rochechouart im Département Haute-Vienne und dem Ort Chassenon im Département Charente benannt. Das eigentliche Zentrum des Kraters liegt aber 4 Kilometer weiter westlich von Rochechouart nahe des Weilers La Judie in der Gemeinde Pressignac (Charente). Wegen seines geologisch hohen Alters blieb von den Strukturen des ursprünglichen Meteoritenkraters – nämlich Wall, Zentralberg oder Zentralring – topographisch nichts mehr erhalten.

Uneinigkeit besteht über die Natur des einschlagenden Himmelskörpers. Es ist von einem Eisenmeteoriten magmatischen Ursprungs, von einem Eisenmeteoriten nichtmagmatischen Ursprungs oder von einem Steinmeteoriten (Chondrit) die Rede. Als ziemlich sicher gilt, dass der Asteroid aus dem Asteroidengürtel **zwischen den Planeten Mars und Jupiter** stammt. Unklar ist, ob es sich um einen einzigen Asteroiden handelte oder um einen zusammengesetzten Himmelskörper.

In der Gegend des Rochechouart-Einschlags sind viele historische Gebäude und Stätten aus lokalen exotischen Kratergesteinen erbaut. Zum Beispiel die Thermen von

Chassenon aus dem ersten Jahrhundert nach Christus sowie Schloss und Kirche von Rochechouart aus dem Mittelalter.

Literatur
DESMAREST, Nicolas: Encyclopédie Méthodique, géographie physique. tome III. H. Agasse, Paris 1809.
EARTH IMPACT DATABASE: Rochechouart.
http://www.passc.net/EarthImpactDatabase/New%20website_05-2018/Rochechouart.html
KRAUT, François: Sur l'origine des clivages du quartz dans les brèches „volcaniques" de la région de Rochechouart. In: Comptes rendus de l'Académie des sciences 264: S. 2609–2612, 1967.
KRAUT, François: Ein neues Impaktvorkommen im Bereich of Rochechouart-Chassenon (Haute Vienne et Charente, Frankreich). In: Geologica Bavarica 61: S. 428–450, München 1969.
KRAUT, François / SHORT, Nicholas / FRENCH, Bevan M.: Preliminary report on a probable meteorite impact structure near Chassenon, France. In: Meteoritics & Planetary Science 4: S. 190, 1969.
KRAUT, François: Sur la présence de cônes de percussion („shatter cones") dans les brèches et roches éruptives de la région de Rochechouart. In: Comptes rendus de l'Académie des sciences 269: S. 1486–1488, Paris 1969.
MAYER-GRENU, Andrea: Meteoriten-Erdbeben und Riesen-Tsunami vor 200 Millionen Jahren. In: idw – Informationsdienst Wissenschaft, 9. Dezember 2010. https://idw-online.de/de/news401148
SCHMIEDER, Martin: A Triassic/Jurassic boundary age for the Rochechouart impact structure (France). In: 72nd

Annual Meteoritical Society Meeting, abstract #5138, 2009.
SCHMIEDER, Martin / BUCHNER, Elmar / SCHWARZ, Winfried H. / TRIELOFF, Mario / LAMBERT, Philippe: A Rhaetian $^{40}Ar/^{39}Ar$ age for the Rochechouart impact structure (France) and implications for the latest Triassic sedimentary record. In: Meteoritics & Planetary Science 45: S. 1225–1242, Malden 2010.

*Bruchstück des Puchezh-Katunki-Meeoriten
im Moskauer Raumfahrtzentrum.
Foto: Guter Jahrgang / CC BY-SA 3.0 (via Wikimedia Commons),
lizensiert unter Creative Commons-Lizenz by-sa-3.0,
https://creativecommons.org/licenses/by-sa/3.0/legalcode*

Puchezh-Katunki-Krater

Der begrabene Meteoritenkrater

Aus dem europäischen Teil von Russland sind bisher 10 Meteoritenkrater bekannt. Der größte davon ist der Puchezh-Katunki-Krater mit einem Durchmesser von etwa 80 Kilometern. Neben dem Siljan-Krater in Mittelschweden gilt er als einer der größten Krater in Europa. Laut der Liste der Einschlagkrater des Online-Lexikons „Wikipedia" ist der Puchezh-Katunki-Krater in der Oblast Nischni Novgorod im Förderkreis Wolga im Jura vor 167 Millionen Jahren entstanden. Im „Wikipedia"-Artikel über den Puchezh-Katunki-Krater dagegen ist von 195,5 Millionen Jahren die Rede, was ebenfalls dem Jura entspricht. Der Jura (201,3 bis 145 Millionen Jahre) ist nach dem Juragebirge in der Schweiz und Süddeutschland benannt, dessen helle Kalksteine im Jura entstanden sind.

Der Puchezh-Katunki-Krater ist nicht auf der Erdoberfläche sichtbar. Sein Durchmesser von etwa 80 Kilometern gilt einschließlich Ringterrasse. Im Gegensatz dazu wurde von Rand zu Rand des Kraters ein Durchmesser von 40 Kilometern gemessen. Die zentrale Kuppel, die Ringmulde und die Ringterrasse der 80 Kilometer breiten Einschlagsstruktur sind fast ganz unter Ablagerungen des Eiszeitalters (Pleistozän) und der Heutzeit (Holozän) begraben. Die einzigen Impaktgesteine (Impaktiten) entdeckte man an den Ufern der Wolga. Außer dem Puchezh-Katunki-Krater liegen im europäischen Teil von Russland folgende Meteoritenkrater (in alphabetischer Reihenfolge):

Bussew, 3 Kilometer Durchmesser, 470 Millionen Jahre alt,

Jänisjärvi, 14 Kilometer Durchmesser, 698 Millionen Jahre alt,
Kaluga, 15 Kilometer Durchmesser, 380 Millionen Jahre alt,
Kamensky, 25 Kilometer Durchmesser, 65 Millionen Jahre alt,
Karla, 12 Kilometer Durchmesser, 10 Millionen Jahre alt,
Kursk, 5,5 Kilometer Durchmesser, 250 Millionen Jahre alt,
Mischina Gora, 4,5 Kilometer Durchmesser, 360 Millionen Jahre alt,
Sterlitamak, 9 Meter Durchmesser, von einem 315 Kilogramm schweren Eisenmeteoriten 1990 geschlagen,
Suavjärvi, 16 Kilometer Durchmesser, 2,4 Milliarden Jahre alt.
Aus dem asiatischen Teil von Russland weiß man von 49 Meteoritenkratern. Größere Ausmaße haben nur:
Beyemchime-Salaatin aus Jakutien, 8 Kilometer Durchmesser, 65 Millionen Jahre alt,
Elgygtgyn aus Tschukota, 18 Kilometer Durchmesser, 3,5 Millionen Jahre alt,
Kara aus Jamal-Nemez, 65 Kilometer Durchmesser, 70,3 Millionen Jahre alt,
Logantscha aus Jakutien, 20 Kilometer Durchmesser, 25 Millionen Jahre alt,
Popigai aus Taimyr, 100 Kilometer Durchmesser, 35 Millionen Jahre alt.
Viele andere Meteoritenkrater sind jedoch merklich und haben nur einem Durchmesser von 5 bis 27 Metern.
Literatur
EARTH IMPACT DATABASE: El'gygytgyn.
http://www.passc.net/EarthImpactDatabase/

New%20website_05-2018/Elgygytgyn.html
EARTH IMPACT DATABASE: Jänisjärfvi.
http://www.passc.net/EarthImpactDatabase/
New%20website_05-2018/Janisjarvi.html
EARTH IMPACT DATABASE: Kaluga.
http://www.passc.net/EarthImpactDatabase/
New%20website_05-2018/Kaluga.html
EARTH IMPACT DATABASE: Kara.
http://www.passc.net/EarthImpactDatabase/
New%20website_05-2018/Kara.html
EARTH IMPACT DATABASE: Logancha.
http://www.passc.net/EarthImpactDatabase/
New%20website_05-2018/Logancha.html
EARTH IMPACT DATABASE: Popigai.
http://www.passc.net/EarthImpactDatabase/
New%20website_05-2018/Popigai.html
EARTH IMPACT DATABASE: Puchezh-Katunki.
http://www.passc.net/EarthImpactDatabase/
New%20website_05-2018/Puchezhkatunki.html
EARTH IMPACT DATABASE: Suavjärvi.
http://www.passc.net/EarthImpactDatabase/
New%20website_05-2018/Suavjarvi.html
FIRSOV, Lev V.: Ein meteoritischer Ursprung des Kraters von Puchezh-Katunki (auf Russisch). In: Geotektonika 2: S. 106–118, 1965.
HOLM-ALWMARK, Sanna / JOURDAN, Fred / FERRIERE, Ludovic / ALWMARK, Carl / KOEBERL, Christian: Aufklärung des Alters der Puchzeh-Katunki-Impaktstruktur (Russland) gegen Veränderung und vererbrtes 40Ar * – Kein Zusammenhang mit Aussterben. In: Geochimica und Cosmochimica Acta 301: S. 116–140, 15. Mai 2021.

WIKIPEDIA (Online-Lexikon): Jura (Geologie).
https://de.wikipedia.org/wiki/Jura_(Geologie)
WIKIPEDIA (Online-Lexikon): Puchezh-Katunki-Krater.
https://en.wikipedia.org/wiki/Puchezh-Katunki_crater

Mjolnir-Krater

Meteoritenkrater auf dem Meeresgrund

Auf dem Boden der Barentsee vor der Küste von Norwegen befindet sich der Mjolnir-Krater mit einem Durchmesser von etwa 40 Kilometern. Er wurde in der frühen Kreidezeit vor 142 Millionen Jahren durch einen schätzungsweise 2 Kilometer großen Himmelskörper in einem flachen Meer geschlagen. Die Kreide (145 bis 66 Milllionen Jahre) ist nach der Schreibkreide der Ostseeinsel Rügen benannt, die in der Kreide gebildet wurde.
Der Mjolnir-Krater gilt als der nördlichste aller europäischen Meteoritenkrater. Mjolnir heißt einer der sagenumwobenen Hammer des nordischen Wettergottes Thor. Mit dem Namen Mjolnir-Krater spielte man auf die Kraft der Waffe von Thor an, die oft als Brechen und Zerschlagen von Steinen beschrieben wird.
Aufgrund geophysikalischer Messungen deutete Steinar T. Gudlaugsson 1993 die „komplexe strukturelle Anomalie" in Ablagerungen aus dem Erdmittelalter als mögliche Einschlagstruktur. 1996 wiesen der norwegische Geologe Henning Dypvik und andere Forscher in Bohrkernen aus der Erdölexploration geschockte Quarzite und eine geochemische Iridium-Anomalie in Impakt-Auswurfmassen nach. Außerdem untersuchten die Wissenschaftler näher die Kraterstruktur. Ein deutlicher, um etwa 250 Meter herausgehobener Zentralhügel mit einem Durchmesser von rund 8 Kilometern wird von einem 4 Kilometer breiten Ringgraben und einer ungefähr 12 Kilometer breiten äußeren Störungszone umgeben.

Nordischer Wettergott Thor mit Hammer Mjolnir.
Bild: aus einer isländischen Handschrift des 18. Jahrhunderts
(via Wikimedia Commons),
Lizenz: gemeinfrei (Public domain)

2006 entdeckte eine Gruppe schwedischer Geologen erstmals Hinweise auf einen gigantischen Tsunami, der in der frühen Kreidezeit vor etwa 145 Millionen Jahren die schwedische Südküste überflutete. Man spekuliert, jener Tsunami könne mit dem Mjolnir-Aufprall zu tun haben.
Außer dem Mjolnir-Krater sind aus Norwegen noch wenige andere Meteoritenkrater bekannt:
Ritland, Süden Norwegens unweit von Stavanger,
2,7 Kilometer Durchmesser, 500 Millionen Jahre alt,
Garnav (Gardnos), 150 Kilometer nordwestlich von Oslo, Gebiet des Hallingdalen, 5 Kilometer Durchmesser,
500 Millionen Jahre alt.

Literatur
DYPVIK, Henning / GUDLAUGSSON, Steinar T. / TSIKALAS, Filippos / ATREP Jr., Moses / FERREL Jr., Ray E. / KRINSLEY, David H. / MÖRK, Atle / FALEIDE, Jan Inge / NAGY, Jenö: Mjølnir structure: An impact crater in the Barents Sea. In: Geology 24: S. 779–782, Boulder 1996.
https://pubs.geoscienceworld.org/gsa/geology/article-abstract/24/9/779/198219/Mjolnir-structure-An-impact-crater-in-the-Barents
DYPVIK, Henning / SMELROR, Morten / SANDBAKKEN, Pal T. / SALVIGSEN, O. / KALLESON, Elin: Traces of the marine Mjolnir impact event. In: Palaeography Palaeoclimatology Paleoecology 241: S. 621–636, Amsterdam/New York 2006.
https://www.sciencedirect.com/science/article/abs/pii/S0031018206002999
DYPVIK, Henning / TSIKALAS, Filippos / SMELROR, Morten (Herausgeber): The Mjølnir Impact Event and its

Consequences. Springer, Berlin, Heidelberg 2011.
EARTH IMPACT DATABASE: Gardnos.
http://www.passc.net/EarthImpactDatabase/
New%20website_05-2018/Gardnos.html
EARTH IMPACT DATABASE: Mjölnir.
http://www.passc.net/EarthImpactDatabase/
New%20website_05-2018/Mjolnir.html
EARTH IMPACT DATABASE: Ritland.
http://www.passc.net/EarthImpactDatabase/
New%20website_05-2018/Ritland.html
GUDLAUGSSON, Steinar Thor: Large impact crater in the Barents Sea. In: Geology 21: S. 291–294, Boulder 1993.
https://pubs.geoscienceworld.org/gsa/geology/article-abstract/21/4/291/205827/Large-impact-crater-in-the-Barents-Sea
TSIKALAS, Filippos / GUDLAUGSSON, Steinar Thor / FALEIDE, Jan Inge: The anatomy of a buried complex impact structure: The Mjølnir Structure, Barents Sea. In: Journal of Geophysical Research B12: S. 30469–30483, Washington 1998.
https://agupubs.onlinelibrary.wiley.com/doi/abs/10.1029/97JB03389
WIKIPEDIA (Online-Lexikon): Mjolnir-Krater.
https://de.wikibrief.org/wiki/Mjolnir_crater

Chicxulub-Krater

Der mutmaßliche Dinosaurier-Killer

Der Chicxulub-Krater mit einem Durchmesser von etwa 180 Kilometern entstand vor 66 Millionen Jahren durch den Einschlag eines schätzungsweise 10 bis 15 Kilometer großen Himmelskörpers im Südosten von Mexiko. Diese Naturkatastrophe ereignete sich am Übergang von der Kreidezeit zum Paläogen (bis 2000 Tertiär genannt). Die Kreide-Paläogen-Grenze markiert den Beginn eines der fünf größten Massenaussterben der Erdgeschichte, das vor allem die Ära der Dinosaurier beendete. Durch den Einschlag eines oder mehrerer Asteroiden, gekoppelt mit stark erhöhten vulkanischen Aktivitäten, ereignete sich ein gravierender Wechsel in der Tier- und Pflanzenwelt.
Der nach dem Ort Chicxulub Pueblo benannte Chicxulub-Krater im Norden der Halbinsel Yucatán ist heute ganz von Ablagerungen bedeckt und topographisch nur durch einen Ring aus Karsthöhlen (Cenotes) erkennbar. Vermutlich hätte man den Krater nie entdeckt, wenn nicht 1980 überall auf der Erde in 66 Millionen Jahre alten Schichten Auswurfmaterial von ihm aufgefallen wäre, das auf einen verheerenden Einschlag hindeutete. Die geographische Verteilung der Schichtdecken wies nach Yucatán.
In den 1940er Jahren stellten Geophysiker der staatlichen mexikanischen Erdölgesellschaft PEMEX während einer flugzeuggestützten Sondierung im Gebiet von Mérida eine ungewöhnliche gravitative und magnetische Anomalie fest. Weil man hoffte, auf eine Erdöllagersätte zu stoßen, führte man in den 1950er Jahren mehrere Bohrungen durch. Dabei

*Aufschluss im Trinidad Lake State Park in Colorado.
Die gestrichelte Linie verläuft entlang
der Kreide-Paläogen-Grenze.
Foto: User: Nationalparks / CC BY-SA 2.5
(via Wikimedia Commons),
lizensiert unter Creative Commons-Lizenz by-sa-2.5,
https://creativecommons.org/licenses/by-sa/2.5/legalcode*

fand man zwar kein Erdöl, aber für die Yucatán-Plattform untypische, Adesit-ähnliche Gesteine. 1975 deutete der Geologe López Ramos die Untergrundstruktur als Vulkan, der in die Ablagerungsgesteine der Kreidezeit eingedrungen sei. 1981 äußerten die Geophysiker Glen Penfield und Antonio Camargo auf einem geophysikalischen Kongress erstmals die Vermutung, es könnte sich hierbei um einen Meteoritenkrater handeln.
In den späten 1970er Jahren untersuchte ein Forschungsteam der Universität Berkeley um den Physiker Luis Walter Alvarez (1911–1988) und dessen Sohn, den Geologen Walter Alvarez, die Magneto-Stratigraphie von Meeresablagerungen der Oberkreidezeit und des Paläogen nahe des mittelitalienischen Ortes Gubbio in Umbrien. Dort entdeckten die Forscher in der Kreide-Paläogen-Grenzschicht einen ungewöhnlich hohen Anteil des auf der Erde sehr seltenen und zumeist aus vulkanischen Quellen stammenden Edelmetalls Iridium. Die auffälllige Iridium-Konzentration innerhalb des schmalen Zeitfensters der Kreide-Paläogen-Grenze schloss vulkanische Einflüsse nahezu aus und führte zur Annahme eines großen Meteoriteneinschlages, der zu einem globalen Artensterben geführt hatte. Die als revolutionär empfundene Hypothese von Vater und Sohn Alvarez wurde im Juni 1980 im Fachjournal „Science" veröffentlicht. Sie stieß in den Geowissenschaften auf ein starkes Echo. In der Folgezeit suchte man zehn Jahre lang erfolglos nach dem irgendwo auf der Erde vermuteten Einschlagkrater. 1991 identifizierte man den Einschlagkrater, nachdem man herausgefunden hatte, dass die Ablagerungen an der Kreide-Paläogen-Grenze im Gebiet des heutigen Golfs von Mexiko am häufigsten waren und nachdem die Aufzeichnungen der mexikanischen Erd-ölgesellschaft einer umfassenden Analyse unterzogen waren. Kurioserweise

*Amerikanischer Physiker Luis Walter Alvarez (1911–1988).
Foto: Los Alamos National Laboratory,
Los-Alamos-Dienstausweis von Alvarez
während des Zweiten Weltkrieges
(via Wikimedia Commons),
Lizenz: gemeinfrei (Public domain)*

hatte die Probe des Yucatán-Andesits, an welcher der Nachweis des Einschlages und die erste Altersdatierung des Krates gelangen, jahrelang als Briefbe-schwerer eines Geologen der Erdölgesellschaft PEMEX gedient.

Gegenwärtig geht man meistens davon aus, dass vor 66 Millionen Jahren ein 14 Kilometer großer Asteroid mit einer Geschwindigkeit von etwa 72.000 Stundenkilometern in einem steilen Winkel in ein tropisches Flachmeer einschlug. Die Explosionskraft soll mindestens 200 Millionen Hiroshima-Bomben von 1945 entsprochen haben. Das Geschoss aus dem All detonierte und verdampfte nahezu ganz. Die Wucht der Explosion war vermutlich auf dem gesamten Erdball zu hören. Der einschlagende Asteroid schleuderte einige tausend Kubikkilometer Carbonat- und Evaporitgestein über weite Strecken als glühenden Auswurf (Ejekta) bis in die Stratosphäre. Die meisten Teile des Trümmerhagels fielen auf die Erdoberfläche zurück, ein kleiner Teil wurde aus dem Gravitationsfeld der Erde geschleudert. Weitere Folgen waren Mega-Tsunamis, eine überschallschnelle Druck- und Hitzewelle sowie Erdbeben der Stärke 11 oder 12.

Innerhalb weniger Tage verteilte sich in der gesamten Atmosphäre eine große Menge an Ruß- und Staubpartikeln, die das Sonnenlicht monatelang absorbierten sowie einen globalen Kälteeinbruch bewirkten. Mehrere Jahre lang soll die globale Durchschnittstemperatur unter den Gefrierpunkt gesunken sein.

In einer unbekannten Zeitspanne starben die Dinosaurier, die in den Ozeanen heimische Megafauna, die Ammoniten und die meisten Vogelarten aus. Nach einer wahrscheinlich mehrere Jahrzehnte dauernden Kälteperiode folgte eine rasche Erwärmung mit einer Dauer von ungefähr 50.000 Jahren. Die Impaktkatastrophe führte auch dazu, dass in manchen Regio-

*Dekkan-Trapp bei Matheran östlich von Mumbai in Indien.
Der Dekkan-Trapp gehört zu den größten
durch Vulkanismus geprägten Regionen der Erde.
Er besteht aus einer treppenartigen Formation (Trapp)
aus Flutbasalt und erstreckt sich heute über eine Fläche
von mehr als 500.000 Quadratkilometern.
Foto: Nicholas (Nichalp) / CC BY-SA 2.5
(via Wikimedia Commons),
https://creativecommons.org/licenses/by-sa/2.5/legalcode*

nen fast 60 Prozent aller Pflanzenarten ausstarben. Weltweit breiteten sich Pilze, Moose und Flechten aus und später auch Farngewächse.

Etwa zur gleichen Zeit, als der Chicxulub-Asteroid in Mexiko einschlug, brach in der Region Dekkan im westlichen Indien ein riesiger Vulkankomplex aus. Bei dieser Naturkatastrophe traten mehr als 200.000 Kubikkilometer Lava aus und Unmengen klimaverändernder Gase stiegen in den Himmel auf. Der Dekkan-Trapp gehört zu den größten durch Vulkanismus geprägten Regionen der Erde. Er besteht aus einer treppenartigen Formation (Trapp) aus Flutbasalt und erstreckt sich heute über eine Fläche von mehr als 500.000 Quadratkilometern.

Während sich die meisten Wissenschaftler darin einig sind, dass der Chicxulub-Asteroid der Auslöser des Massensterbens vor 66 Millionen Jahren war, fragen sich andere Forscher/innen seit Langem, ob das gigantische Vulkangebiet des Dekkan-Trapp zu den verheerenden Folgen für das irdische Leben beitrug oder diese sogar allein verursachte.

Einige Wissenschaftler spekulieren, das Aussterben der Dinosaurier habe mit einer neuen Pflanzenwelt zu tun. Denn in der mittleren Kreidezeit entstanden viele neue Blütenpflanzen. Die pflanzenfressenden Dinos hätten sich nicht schnell und gut genug an das neue Nahrungsangebot und die neu entstandene Umwelt anpassen können, weswegen sie starben. Dadurch hätten auch die fleischfressenden Dinosaurier nicht ausreichend Nahrung gefunden.

Nach einer anderen Theorie habe sich durch die Verschiebung der Kontinente das Klima erheblich gewandelt und schließlich den Massentod der Dinosaurier herbeigeführt. Durch das Auseinanderdriften der Landmassen sei der Meeresspiegel weiter angestiegen. Das Klima wurde deutlich kühler und feuchter. Kontinentalplatten schoben sich zum Teil übereinander und das Land begann sich zu falten, es entstanden große Gebirge. Dem damit verbundenen merklichen Klimawandel hätten sich die Dinosaurier wahrscheinlich nicht schnell genug anpassen können.

Literatur
ALVAREZ, Luis W. / ALVAREZ, Walter / ASARO, Frank / MICHEL, Helen V.: Extraterrestrial cause for the Cretaceous-Tertiary extinction. In: Science 208: S. 1095–1108, 1980.
https://www.science.org/doi/pdf/10.1126/science.208.4448.1095
ALVAREZ, Walter: T. rex and the crater of Doom. Princeton, New Jersey 1997.
BEATTY, J. Kelly: Killer-Krater in Yucatan? In: Sky & Telescope 82: S. 38–40, 1991.
CHAO, Edward C. T.: Vergleich der Einschlagsereignisse an der Kreidezeit-Tertiär-Grenze und des 0,77-Ma-australasiatischen Tektitereignisses: Relevanz für das Massensterben. In: US Geological Survey Bulletin 2050, 1993.
EARTH, IMPACT DATABASE: Chicxulub.
http://www.passc.net/EarthImpactDatabase/New%20website_05-2018/Chicxulub.html
FOCUS: Asteroideneinschlag ließ Dinosaurier aussterben. München, 16. November 2013.
https://www.focus.de/wissen/aussterben-der-dinosaurier-das-ende-kam-vermutlich-im-fruehling_id_58196326.html
GRIBBIM, John: Wurde den Dinosauriern in Yucatán ein tödlicher Schlag versetzt? In: New Scientist, S. 25, 1990.
HORGAN, John: Caribbean Killer: Hat ein Einschlag vor

Mexiko die Dinosaurier getötet? In: Scientific American, S. 22–23, 1991.

HSÜ, Kenneth J.: Die letzten Jahre der Dinosaurier, Basel 1990.

KOEBERL, Christian: Massensterben und Impaktereignisse in der Erdgeschichte: Ein kurzer Überblick. In: Jahrbuch der Geologischen Bundesanstalt (Österreich), Band 147, Heft 1+2, Festschrift zum 65. Geburtstag von HR Univ.-Prof. Dr. Hans Peter Schönlaub, Direktor der Geologischen Bundesanstalt.
https://www.zobodat.at/pdf/DENISIA_0020_0097-0114.pdf

PODBREGAR, Nadja: Massenaussterben. Katastrophale „Unfälle" der Evolution? In: SCINEXX – Das Wissensmagazin, 20. Februar 2002.
https://www.scinexx.de/dossier/massenaussterben/

PROBST, Ernst / WINDOLF, Raymund: Die Dinosaurier der Oberkreide und ihr Aussterben. In: Dinosaurier in Deutschland, München 1993.

VAAS, Rüdiger: Der Tod kam aus dem All. Meteoriteneinschläge, Erdbahnkreuzer und der Untergang der Dinosaurier, Stuttgart 1995.

WIKIPEDIA (Online-Lexikon): Dekkan-Trapp.
https://de.wikipedia.org/wiki/Dekkan-Trapp

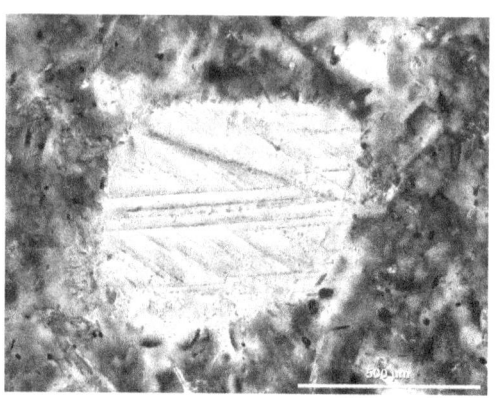

*Beim Einschlag des Bowtyschka-Meteoriten
vor 65,17 Millionen Jahren entstandenes Schmelzgestein
aus dem Bowtyschka-Krater in der Ukraine.
Foto: Dr. Martin Schmieder, Houston / CC BY-SA 3.0 DE
(via Wikimedia Commons),
lizensiert unter Creative Commons-Lizenz by-sa-3.0-de,
https://creativecommons.org/licenses/by-sa/3.0/de/legalcode*

Bowtyschka-Krater

Der größte Einschlagkrater der Ukraine

Aus der Ukraine kennt man mehrere Meteoritenkrater unterschiedlicher Größe. Nämlich den Bowtyschka-Krater (24 Kilometer Durchmesser), den Illinzi-Krater (4,5 Kilometer Durchmesser), Obolon-Krater (15 Kilometer Durchmesser), Rotmistriwka-Krater (2,5 Kilometer Durchmesser), den Terny-Krater (12 Kilometer Durchmesser) und den Bilyliwkan-Krater (3,2 Kilometer Durchmesser).

Als größter bekannter ukrainischer Einschlagkrater gilt der nach dem Dorf Bowtyschka benannte Bowtyschka-Krater (auch Boltysh-Krater). Er ist wie der Chicxulub-Krater in Mexiko an der Kreide-Paläogen-Grenze durch einen Meteoriten geschlagen worden. In der Liste der Einschlagkrater im Online-Lexikon „Wikipedia" wird das Alter des Bowtyschka-Kraters mit 65,17 Millionen Jahren angegeben und das des Chicxulub-Kraters mit 64,98 Millionen Jahren. Oft ist von 66 Millionen Jahren die Rede.

In frühen Ablagerungen des Kratersee von Bowtyschka wies man Auswurfmassen des Chicxulub-Kraters nach. Deshalb vermutet man, der Bowtyschka-Krater sei einige Jahrtausende älter als der Chicxulub-Einschlag, dem das Aussterben der Dinosaurier zugeschrieben wird.

Der Bowtyschka-Krater ist mit einem Durchmesser von 24 Kilometern und einer Fläche von rund 350 Quadratkilometern ungefähr so groß wie der im Miozän vor 14.8 Millionen Jahren entstandene Einschlagkrater Nördlinger Ries in Süddeutschland. Etwa 550 Meter über dem Kraterboden des Bowtyschka-Kraters erhebt sich der Zentralberg mit 6

Kilometern Durchmesser. Ihn bedecken 500 Meter mächtige jüngere Ablagerungen. Der Zentralberg wurde in den 1960er Jahren bei einer Ölschiefer-Exploration entdeckt.

Literatur
EARTH IMPACT DATABASE: Boltysh.
http://www.passc.net/EarthImpactDatabase/New%20website_05-2018/Boltysh.html
MASAITIS, Victor L. / DANILIN, Alexander Nikolajewitsch / KARPOV, G. M. / RAIKHLIN, Anatoly I.: Die Astrobleme von Karla, Obolon und Rotmistrovka im europäischen Teil der UdSSR (auf Russisch). In: Doklady ANSSSR 230: S. 174–177, 1976.
SCHMIEDER, Martin / BUCHNER, Elmar: Impaktereignisse in Europa. In: Zeitschrift der Deutschen Gesellschaft für Geowissenschaften 164(3): S. 387–416, September 2013.
https://www.researchgate.net/publication/261671885_Impaktereignisse_in_Europa_-_Impact_events_in_Europe
WIKIPEDIA (Online-Lexikon): Bowtyschka-Krater.
https://de.wikipedia.org/wiki/Bowtyschka-Krater
YURK, Yuri Yuriovich / YEREMENKO, G. K. / POLKANOV, Yuri Aleksandrovic: The Boltysh depression – a fossil meteorite crater. In: International Geology Review 18: S. 196–202, London 1976.
https://www.tandfonline.com/doi/abs/10.1080/00206817609471189

Hiawatha-Krater

Der Meteoritenkrater unter dem Eis

An einem ungewöhnlichen Ort liegt der Hiawatha-Krater in Nordwest-Grönland. Er befindet sich unter der bis zu einem Kilometer dicken Eisdecke des Hiawatha-Gletschers nahe dem Inglefield-Land. Der kreisförmige Krater wurde 2015 entdeckt und 2018 vermessen. Mit einem Durchmesser von 31 Kilometern gehört er – laut dem Hamburger Nachrichten-Magazin „Der Spiegel" – weltweit zu den 25 größten Einschlagkratern. Wann der Einschlag eines Meteoriten mit einem Durchmesser zwischen etwa 1 Kilometer bis zu 2 Kilometern erfolgt ist, weiß man nicht genau.
Auf den Hiawatha-Krater wurde man 2015 durch Radar-Messungen von Satelliten und vor Ort aufmerksam. Die Radar-Geräte konnten aus der Luft das Eis durchmessen. Dabei spürte man eine etwa 320 Meter tiefe Senke auf, die einst von einem Asteroiden geschlagen wurde.
Weil der Krater unter dem mächtigen Eis unerreichbar ist, lagen zunächst keine aussagekräftigen Proben vor. Erste Anhaltspunkte sprachen 2018 dafür, dass sich der Einschlag erst gegen Ende des Eiszeitalters vor rund 13.000 Jahren ereignet haben könnte. Damit hätte er der Auslöser der Kältephase in der Jüngeren Dryas (12.730 bis 11.700 Jahre) sein können.
2020 kam ein Team um den dänischen Geologen Adam Garde zur Erkenntnis, die Zellstrukturen des verkohlten Holzes, das im Sickerwasser aus dem Krater unter dem Eis geborgen wurde, enthielten einen unerwarteten Hinweis auf das Alter des Einschlags. Unter dem Mikroskop sahen er und Jette Dahl-

Moller, dass einige der Rindenzellen voller großer, kugelförmiger Hohlräume waren und sich stark ausgedehnt hatten, also ob das fetthaltige Material in diesen Zellen durch extreme und schnelle Erhitzung vedampft wäre. Nach weiteren Analysen waren die Forscher sicher, dass die Verkohlung des Holzes vom Aufprall eines Meteoriten und nicht von natürlichen Waldbränden stannte. Die Zellstrukturen stammten von Nadelbäumen wie Kiefer, Fichte und vielleicht Lärche. Heute wachsen in den nördlichsten Teilen von Grönland bei etwa 80 Grad nördlicher Breite keine Nadelbäume mehr. Jedoch seien Reste von dünnen Nadelwäldern aus zwei wärmeren Perioden vor 2,4 und 3 Millionen Jahren bekannt. Der Meteoriteneinschlag habe folglich zu oder nach dieser Zeit stattgefunden.

Die Entdecker des Kraters fanden später einen anderen Weg zu einer Altersdatierung. Sie unternahmen mehrere Feldexpeditionen, um Proben aus der Umgebung zu sammeln, die mit dem Hiawatha-Einschlag verknüpft sein könnten. Unter diesen Proben waren von Schmelzwasser unter dem Gletscher hervorgeschwemmte Sandkörner, deren Quarzkörner Anzeichen einer schockbedingten Deformation aufweisen. Zudem entdeckten die Forscher einige größere Gesteinsstückchen, die offenbar durch die Einschlaghitze geschmolzen und dann wieder erstarrt waren. Diese Funde ermöglichten es dem Team, die Quarzkörnchen auf Basis einer Argon-Isotopen-Datierung und die in den Gesteinsbrocken enthaltenen Zirkonkristalle einer Uran-Blei-Datierung zu unterziehen. Dabei stellte sich überraschenderweise heraus, dass der Hiawatha-Krater deutlich älter als bisher angenommen ist. Unabhängig voneinander ergaben beide Datierungsmethoden ein mutmaßliches Alter von knapp 58 Millionen Jahren. Damit traf der Asteroid die Erde in

Grönland etwa 8 Millionen Jahre nach dem merklich größeren Boliden, der vor 66 Millionen Jahren auf der mexikanischen Halbinsel Yucatán einschlug und weltweit die Dinosaurier auslöschte.

Die Neudatierung von 2022 bedeutete, dass sich der Einschlag vor der Vergletscherung von Grönland ereignete. Im Paläozän vor rund 58 Millionen Jahren herrschte noch ein gemäßigtes Klima lange vor der Vergletscherung Grönlands. Im damaligen Regenwald existierte eine reiche Tierwelt mit Säugetieren, die nach dem Aussterben der Dinosaurier die beherrschenden Landtiere waren. Der Asteroid schlug nicht auf einen dicken Eispanzer, sondern direkt in den Erdboden ein. Dabei wurde eine Energie freigesetzt, die mehreren Millionen Tonnen Hiroshima-Atombomben entsprach. Die Druckwelle dürfte die meisten Bäume gefällt haben. Eine Folge des Einschlags waren Erdbeben in der Region. Noch mehrere Hundert Kilometer entfernt sind durch die Hitzewelle Waldbrände entstanden.

Paterson-Krater
Etwa 180 Kilometer südöstlich vom Hiawatha-Krater entfernt entdeckten NASA-Forscher später einen zweiten großen Einschlagkrater unter dem Grönland-Eis. Der rundliche Paterson-Krater hat einen Durchmesser von 36 Kilometern und eine Tiefe von rund 160 Metern. Er ist nach dme britische3n Glaziologen Stan Parerson (1924–2012) Der Glaziologe und Geophysiker Joseph (Joe) McGregor vom „Goddard Space Flight Center" der NASA und sein Team erklärten, es sei extrem selten, neue große Einschlagkrater auf der Erde zu entdecken, erst recht, falls sie unter Eis liegen. Bisher ging man davon aus, dass das Eis alle geologischen Spuren vergangener Einschläge längst abgetragen und glattgeschliffen hat. Der Paterson-Krater scheint stärker erodiert zu

sein als der Hiawatha-Krater. Außerdem liegt er unter deutlich älterem Eis. Deshalb könnte der Paterson-Krater älter als der Hiawatha-Krater sein.

Literatur
DER SPIEGEL: Von Meteorit erzeugter Hiawatha-Krater ist 58 Millionen Jahre alt. Hamburg, 10. März 2022.
https://www.spiegel.de/wissenschaft/natur/groenland-von-meteorit-erzeugter-hiawatha-krater-ist-58-millionen-statt-13-000-jahre-alt-a-c09f1982-f277-473a-9b12-cef9a244745d
GARDE, Adam A. / SONDERGAARD, Anne Sofie / GUVAD, Carsten / DAHL-MOLLER, Jette / NEHRKE, Gernot / SANEI, Hamed / WEIKUSAT, Christian / FUNDER, Svend / KJAER, Kurt H. / LARSEN, Nicolaj / LARSEN, Nicolaj Krog: Pleistocene organic matter modified by the Hiawatha impact, Nordwest Greenland. In: Geology 48(9): S. 867–871, 2020.
https://www.semanticscholar.org/paper/Pleistocene-organic-matter-modified-by-the-Hiawatha-Garde-S%C3%B8ndergaard/4ecd26ac822f2102309d5e095fb854b1d5a0cc2a
KJAER, Kurt H. / LARSEN, Nicolaj K. / BINDER, Tobias / BJORK, Anders A. / EISEN, Olaf / FAHNESTOCK, Mark A. / FUNDER, Svend / GARDE, Adam A. / HAACK, Henning / HEHN, Veit / HOLUMARK-NIELSEN, Michael / KJELDSEN, Kristian K. / KHAN, Shfaqat A. / MACHGUTH, Horst / MCDONALD, Iain / MORLIGHEM, Mathieu / MOUGINOT, Jérémie / PADEN, John D. / WAIGT, Tod E. / WEIKUSAT, Christian / WILLERSLEV, Eske / MACREGOR, Joseph A.: A large impact crater beneath

Hiawatha Glacier in northwest Greenland. In: Science Advances 4: 14. November 2018.
MACGREGOR, Joseph A. / BOTTKE JUNIOR, William F. / FAHNESTOCK, Mark A. / HARBECK, Jeremy P. / KJAER, Kurt H. / PADEN. John D. / STILMAN, David E. / STUDINGER, Michael: Ein möglicher zweiter großer subglazialer Einschlagkrater in Nordwestgrönland. In: Geophysical Research Letters, 11. Februar 2019.
PODBREGAR, Nadja: Ein zweiter Krater unter dem Grönlandeis. Forscher entdecken älteren „Zwilling" des Hiawatha-Kraters in Nordwest-Grönland. In: SCINEXX – Das Wissensmagazin, 12. Februar 2019.
https://www.scinexx.de/news/geowissen/ein-zweiter-krater-unter-dem-groenlandeis/
PODBREGAR, Nadja: Grönland-Krater ist älter als gedacht. Riesiger Hiawatha-Einschlagkrater unter dem Eis entstand schon vor 58 Millionen Jahren. In: SCINEXX – Das Wissensmagazin, 10. März 2022.
https://www.scinexx.de/news/geowissen/groenland-hiawatha-krater-ist-aelter-als-gedacht/
SCINEXX – Das Wissensmagazin: Meeoritenkrater auf Grönland entdeckt. Krater unter dem Eis deutet auf gewaltigen Einschlag hin. 15. November 2018.
https://www.scinexx.de/news/geowissen/meteoritenkrater-auf-groenland-entdeckt/
STONE-IDEAS.COM: Der kürzlich entdeckte Einschlagkrater in Grönland unter dem Hiawatha-Gletscher ist jünger als 3 Millionen Jahre und damit die jüngste derartige Struktur auf der Erde.
https://www.stone-ideas.com/de/78381/hiawatha-crater-meteorite/
WIKIPEDIA (Online-Lexikon): Hiawatha-Gletscher.

https://de.wikipedia.org/wiki/Hiawatha-Gletscher
ZEIT ONLINE: 31 Kilometer breit: Krater zeigt: Ein riesiger Meteorit traf einst Grönland. Hamburg, 14. November 2018.
https://www.zeit.de/news/2018-11/14/krater-zeigt-ein-riesiger-meteorit-traf-einst-groenland-181114-99-804471

Silverpit-Krater

Ein Meteoritenkrater vor Englands Küste?

Umstritten ist, ob sich in der Nordsee nahe der Ostküste von Großbritannien der 2,4 Kilometer große Silverpit-Krater befindet. Er soll irgendwann zwischen etwa 65 und 55 Millionen Jahren durch einen schätzungsweise 120 Meter großen und 2 Milliarden Tonnen schweren Asteroiden geschlagen worden sein. Wenn das zuträfe, hatte dieses Ereignis im Paläozän (66 bis 56 Millionen Jahre) stattgefunden. Der fragliche Meteoritenkrater wurde 2001 bei einer Analyse seismischer Daten entdeckt. Die Geologen Simon A. Stewart (BP) und Philipp J. Allen (Production Geoscience Ltd.) deuteten die rätselhafte Struktur als Einschlagkrater. 2002 veröffentlichten sie ihre Erkenntnisse in der Fachzeitschrift „Nature". Der vermeintliche Meteoritenkrater soll sich unter bis zu 1,5 Kilometer mächtigen Ablagerungen befinden. Das fragliche Gebiet soll sich zum Zeitpunkt der Kraterbildung etwa 50 bis 300 Meter unter der Wasseroberfläche befunden haben.

Um den Krater sollen sich konzentrische Kreise bis in eine Entfernung von rund 10 Kilometern ausbreiten. Ähnliche Ringe kennt man beim Valhalla-Krater aus dem vom Eis überzogenen Jupitermond Kallisto und eingen Kratern in der Eiskruste des Jupitermondes Europa. Das Für und Wider über die wahre Natur des Silverpit-Kraters könnte dicke Bücher füllen.

Der Silberpit-Krater gilt als eine der Strukturen, die nicht allgemein als Einschlagkrater anerkannt sind. Dazu gehören:

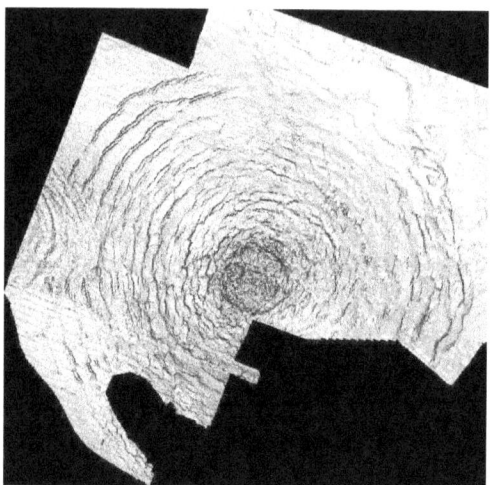

Um den 2,4 Kilometer großen Silverpit-Krater in der Nordsee
vor der Ostküste von Großbritannien
sollen sich konzentrische Kreise bis in eine Entfernung
von rund 10 Kilometern ausbreiten.
Foto: Phil Allen (Production Geoscience Ltd.)
und Simon Stewart (BP) / CC BY-SA 3.0
(via Wikimedia Commons),
lizensiert unter Creative Commons-Lizenz by-a-3.0,
https://creativecommons.org/licenses/by-sa/3.0/legalcode

257

*Satellitenbild (Voyager 1) vom Valhalla-Krater
auf dem Jupitermond Kallisto aus dem Jahre 1979.
Beim 600 Kilometer großen Valhalla-Krater
auf dem vom Eis überzogenen Jupitermond Kallisto
sind ähnliche Ringe sichtbar
wie beim Silverpit-Krater in der Nordsee
nahe der Ostküste von Großbritannien.
Foto: NASA (via Wikimedia Commons),
Lizenz: gemeinfrei (Public domain)*

Azuara (Spanien), Bedout (Australien), Chiemgau (Bayern), Kebica (Sahara, Grenze zwischen Libyen und Ägypten), Pantasma (Nicaragua), Rubielos de la Cérida (Spanien),Saint Jean (Kanada), Silverpit (Großbritannien), Télé (Kongo), Vélingara (Senegal), Wilkesland (Antaktis), Wipfelsfurt im Donautal (Deutschland).

Literatur
SMITH, Kevin: North Sea Silverpit Crater Impact structure or pull-apart basin? In: Journal of the Geological Society 161(4): S. 593–602, Juli 2004.
https://www.researchgate.net/publication/240674729_The_North_Sea_Silverpit_Crater_Impact_structure_or_pull-apart_basin
STEWART, Simon A. / ALLEN, Philipp J.: A 20-km-diameter multi ringed impact structure in he North sea. In: Nature 418, S. 520–523, August 2002.
https://www.nature.com/articles/nature00914
UNDERHILL, John R.: Earth science: an alternative orign for the „Silberpit crater". In: Nature 428: S. 280, März 2004.
WIKIPEDIA (Online-Lexikon) : Silverpit-Krater.
https://de.wikipedia.org/wiki/Silverpit-Krater

Logoisk-Krater

Ein mittelgroßer Krater in Weißrussland

Aus Weißrussland (Belarus) ist ein mittelgroßer Meteoritenkrater mit einem Durchmesser von etwa 15 Kilometern bekannt. Dabei handelt es sich um den relativ gut erhaltenen Logoisk-Krater nahe der Stadt Lahojsk. Den Nachweis, dass dieser ein Einschlagkrater ist, erbrachten 1979 Nikolai Vasil'evich Veretennikov, G. I. Ilkevich und Aleksandr Semenocvich S. Makhnach. Die Wissenschaftler/innen Sarah C. Sherlock, Simon P. Kelley, L. Glazovkaya und Ingrid Ukstins Peate haben 2009 rund 30 Millionen Jahre als Einschlagalter ermittelt. Dies entspricht dem Oligozän (33,9 bis 23,03 Millionen Jahre). Heute werden 42,3 Millionen Jahre als Einschlagalter genannt, was bereits ins Eozän (52 bis 33,9 Millionen Jahre) fällt. Die Namen der Epochen Paläozän, Eozän, Oligozän, Miozän und Pliozän beziehen sich meist auf den prozentualen Anteil der heute noch lebenden Weichtiere (Mollusken). Das Eozän (griechisch: eos = Morgenröte) wird als „Zeitalter der Morgenröte" bezeichnet, weil in dieser Epoche die modernen Weichtiere am Beginn ihrer Entwicklung standen. Im Oligozän (griechisch: oligos = wenig) entsprachen erst wenige Weichtiere den heutigen Formen. Der Logoisk-Krater ist nicht an der Erdoberfläche sichtbar. Auf ihm lasten See-Ablagerungen aus dem Oligozän und Miozän (23,03 bis 5,33 Millionen Jahre. In zahlreichen Bohrkernen wies man das Schmelzglas Suevit nach, das jenem aus dem im Miozuän vor 14,8 Millionen Jahren entstandenen Meteoritenkrater Nördlinger Ries in Süddeutschland sehr ähnelt.Literatur

EARTH IMPACT DATABASE: Logoisk.
http://www.passc.net/EarthImpactDatabase/
New%20website_05-2018/Logoisk.html
MASAITIS, Victor L. : The Logoysk Astrobleme, 1984.
SHERLOCK, Sara C. / KELLEY, Simon P. /
GLAZOVKAYA, L.: A New Age for the Logoisk Impact
Structure, Belarus and Implications for the Late Eocene
Comet Shower. In: First International Conference on
Impact Cratering in the Solar System, 2006.
VERETENNIKOV, Nikolai Vasil?evich / ILKEVICH, G.
I. / MAKHNACH, Aleksandr Semenovich: Die
unterirdische Depression von Logoisk – ein alter
Meteoritenkrater (auf Russisch). In: Doklady Academii
Nauk USSR 23: S. 156–160, 1979.
WIKIBRIEF: Logoisk Krater.
https://de.wikibrief.org/wiki/Logoisk_crater

Chesapeake-Bay-Krater

Der größte Meteoritenkrater der USA

Der Chesapeake-Bay-Krater in Virginia gilt als der größte bekannte Meteoritenkrater der USA. Er besitzt einen Durchmesser von etwa 85 Kilometern und eine Tiefe von rund 1,3 Kilometern. Entstanden ist er im späten Eozän vor 36,5 Millionen Jahren durch den Einschlag eines Himmelskörpers. Das Zentrum des Kraters befindet sich unweit der Südspitze der Delmarva-Halbinsel, welche die Chesapeake-Bay vom Atlantik trennt.

Das Eozän (52 bis 33,9 Millionen Jahre) wird als „Zeitalter der Morgenröte" bezeichnet. Es ist nach der griechischen Göttin der Morgenröte namens Eos benannt. In meinem Buch „Deutschland in der Urzeit" (1986) habe ich das Eozän noch als Epoche bezeichnet. Heute verwendet man im Online-Lexikon „Wikipedia" die kompliziert klingende Formulierung: „Das Eozän ist in der Erdgeschichte eine chronostrati-graphische Serie (= Zeitintervall) innerhalb des Paläogens." An an-derer Stelle heißt es, das Paläogen sei das unterste chronostratigraphische System und die älteste geochronologische Periode des Känozooikums. Paläogen und Neogen seien früher zum System des Tertiärs zusammengefasst worden. Die Bezeichnung „Tertiär" werde allerdings mittlerweile von der „International Commission on Stratigraphy" nicht mehr verwendet. Paläogen und Neogen würden inzwischen im hierarchischen Rang von Systemen verwendet. An solchen Formulierungen dürften nur Wissenschaftler ihre Freude haben.

Im Eozän standen die modernen Weichtiere am Beginn ihrer Entwicklung. Faszinierende Einblicke in die Tierwelt des

Bilder auf den Seiten 262 und 263:
Exotische Tierwelt aus dem Eozän vor 48 Millionen Jahren.
Bild: Gemälde von Fritz Wendler (1941–1995) für das Buch
„Deutschland in der Urzeit" (1986) von Ernst Probst

Eozän vor etwa 48 Millionen Jahren erlauben die Fossilien aus der Grube Messel bei Darmstadt in Südhessen. Sie stammen von Spinnen, Insekten (Riesenameisen), Fischen, Amphibien (Fröschen), Reptilien (Riesenschlangen, Krokodilen, Schildkröten), Vögeln (riesigen Laufvögeln) und Säugetieren (Fledermäuse, Beutelratten, Ameisenbären, Insektenfressern, raubtierhaften Ur-Huftieren, Halbaffen, Schuppentieren, Nagetieren, Vorfahren der Paarhufer, reh- und fuchsgroßen Urpferdchen und Tapiren).

Den Chesapeake-Krater hat man erst Anfang der 1990er Jahre als Meteoritenkrater erkannt. Seine Entdeckung wurde erschwert, weil der Krater heute ganz unter jüngeren Schichten begraben und an der Erdoberfläche nicht sichtbar ist. Impaktschmelzen, die man früher in Bohrungen feststellte, verkannte man meist als vulkanisches Gestein.

Der Chesapeake-Krater ist eine von vier Einschlagstrukturen auf der Erde, von denen Tektite (Glasmeteorite) bekannt sind. Tektite sind rundliche, knopf-, birnen- oder sanduhrförmige Gebilde aus flaschengrünem, bräunlichem oder fast schwarzem meist durchscheinendem Glas. Deren Oberfläche ist meist mit eigenartigen Rinnen, Grübchen und Wülsten bedeckt. Diese wegen ihrer Herkunft als Bediasite (nach einem Dorf in Texas) oder Georgiait (nach dem US-Bundesstaat Georgia) benannten Tektite sind seit Jahrzehnten in der Wissenschaft bekannt. Erst mit der Entdeckung des Chesapeake-Kraters konne die Frage ihrer Herkunft eindeutig beantwortet werden. Der Einschlag des Meteoriten, der den Chesapeake-Krater schuf, zerrüttete in der Umgebung der Chesapeake-Bucht intensiv dort anstehende Gesteine. Über die bis heute existierenden Störungsbahnen dringt Meerwasser in dasGrundwasser ein. Dies stellt gegenwärtig eines der stärksten

Probleme für die Trink- und Brauchwasser-Versorgung der Region dar.

322 Kilometer nordöstlich des Chesapeake-Kraters liegt vor der Küste von Atlantic City in New Jersey ein weiterer Meteoritenkrater. Vielleicht wurde dieser Krater durch dasselbe Ereignis im späten Eozän geschaffen. Jener Krater ist Teil einer geologischen Formation, die Toms-Canyon-Krater heißt, etwa 20 bis 22 Kilometer breit ist und ungefähr 80 bis 100 Meter unter der Meeresoberfläche liegt.

Unter den zahlreichen Einschlagkratern in den USA befinden sich etliche Meteoritenkrater mit einem Durchmesser von mehr als 10 Kilometern:

Ames, Oklahoma, 16 Kilometer Durchmesser, 470 Millionen Jahre alt,

Avak, Alaska, 12 Kilometer Durchmesser, 100 Millionen Jahre alt,

Beaverhead, Montana, 60 Kilometer Durchmesser, 600 Millionen Jahre alt,

Kentland, Indiana, 13 Kilometer Durchmesser, 300 Millionen Jahre alt,

Manson, Iowa, 35 Kilometer Durchmesser, 73,8 Millionen Jahre alt,

Marquez Dome, Texas, 12,7 Kilometer Durchmesser, 58 Millionen Jahre alt,

Santa Fe, New Mexico,m 13 Kilometer Durchmesser, 1,2 Milliarden Jahre alt,

Wells Creek, Tennessee, 12 Kilometer Durchmesser, 200 Millionen Jahre alt.

Viele andere Meteoritenkrater in den USA sind kleiner als 10 Kilometer.

Beaverhead-Krater
Der Beaverhead-Krater mit einem Durchmesser von etwa 60 Kilometern im Zentrum von Ohio und im Westen von Montana ist vor schätzungsweise 600 Millionen Jahren durch den Einschlag eines Himmelskörpers entstanden. Sein Name beruht auf Beaverhead County in Montana, wo man 1990 die ersten Beweise für einen Einschlag entdeckte. Außer dem am Rand zu findenden Strahlenkegeln ist an der Erdoberfläche vom Kraters nichts mehr erkennbar

Literatur
EARTH IMPACT DATABASE: Ames.
http://www.passc.net/EarthImpactDatabase/New%20website_05-2018/Ames.html
EARTH IMPACT DATABASE: Avak.
http://www.passc.net/EarthImpactDatabase/New%20website_05-2018/Avak.html
EARTH IMPACT DATABASE: Beaverhead.
http://www.passc.net/EarthImpactDatabase/New%20website_05-2018/Beaverhead.html
EARTH IMPACT DATABASE: Chesapeake Bay.
http://www.passc.net/EarthImpactDatabase/New%20website_05-2018/ChesapeakeBay.html
EARTH IMPACT DATABASE: Kentland.
http://www.passc.net/EarthImpactDatabase/New%20website_05-2018/Kentland.html
EARTH IMPACT DATABASE: Manson.
http://www.passc.net/EarthImpactDatabase/New%20website_05-2018/Manson.html
EARTH IMPACT DATABASE: Marquez.
http://www.passc.net/EarthImpactDatabase/

New%20website_05-2018/Marquez.html
EARTH IMPACT DATABASE: Nordamerika.
http://www.passc.net/EarthImpactDatabase/
New%20website_05-2018/NorthAmerica.html
EARTH IMPACT DATABASE: Santa Fe.
http://www.passc.net/EarthImpactDatabase/
New%20website_05-2018/SantaFe.html
EARTH IMPACT DATABASE: Wells Creek.
http://www.passc.net/EarthImpactDatabase/
New%20website_05-2018/WellsCreek.html
GOHN, Gregory S. / KOEBERL, Christian / MILLER, Kenneth G. / REIMOLD, Wolf Uwe: Chesapeake Bay Impact Structure Deep Drilling Project Completes Coring. In: Scientific Drilling 3: S. 34–37, September 2006.
https://www.univie.ac.at/geochemistry/koeberl/chesapeake_bay
WIKIPEDIA (Online-Lexikon): Beaverhead-Krater.
https://de.wikipedia.org/wiki/Beaverhead
WIKIPEDIA (Online-Lexikon): Chesapeake-Bay-Krater.
https://de.wikipedia.org/wiki/Chesapeake-Bay-Krater

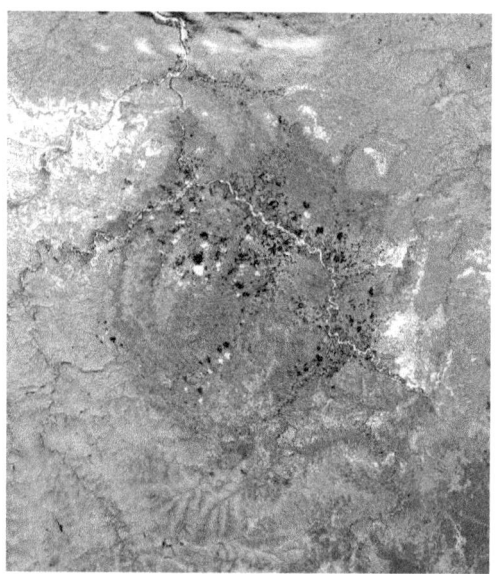

*Satellitenbild (Landsat) des Popigai-Kraters
im nördlichen Sibirien.
Foto: NASA (via Wikimedia Commons),
Lizenz: gemeinfrei (Public domain)*

Popigai-Krater

Der größte Meteoritenkrater in Europa

Mit einem Durchmesser von etwa 100 Kilometern ist der im späten Eozän vor ungefähr 35 Millionen Jahren geschaffene Popigai-Krater im nördlichen Sibirien in doppelter Hinsicht ein Rekordhalter. Er gilt als größter Einschlagkrater im asiatischen Teil von Russland und in ganz Russland. Kein Krater im europäischen Teil von Russland ist größer als er. Zusammen mit dem vor 214 Millionen Jahren entstandenen Manicougan-Krater (ebenfalls 100 Kilometer Durchmesser) in der kanadischen Provinz Québec ist er der fünftgrößte Meteoritenkrater auf der Erde.
Größer als der Popigai-Krater sind:
der Vredefort-Krater (maximal 320 Kilometer Durchmesser, 2,023 Milliardem Jahre alt) in Südafrika,
der Sudbury-Krater (250 Kilometer Durchmesser,
1,85 Milliarden Jahre alt) in Kanada, Ontario,
der Chicxulub-Krater (180 Kilometer Durchmesser,
64.980 Jahre alt) in Mexiko, Yukatan,
der Woodleigh-Krateer (120 Kilometer Durchmesser,
370 Millionen Jahre alt).
Der Popigai-Krater wurde nach dem gleichnamigen Fluss Popigai bezeichnet. Dieses Gewässer durchfließt ihn von Südosten nach seinem Weg zum Mündungsfluss Chatanga.
Die Beschaffenheit des Asteroiden, der den Popigai-Krater geschlagen hat, ist unklar. Entweder ist es ein Steinmeteorit (Chondrit) mit einem Durchmesser von 8 Kilometern oder ein Steinmeteorit mit einem Durchmesser von 5 Kilometern. Eine Sonderstellung unter den Meteoritenkratern nimmt der

Popigai-Krater wegen seines Vorkommens außergewöhnlicher Diamanten ein. Dass Diamanten durch den Einschlag eines Himmelskörpers entstehen können, ist seit den frühen 1960er Jahren bekannt. Damals wurden erstmals Diamanten in Stoßwellen-Experimenten aus Graphit synthetisiert. Wenig später erkannte man, dass zumindest ein Teil der bereits seit dem vorigen Jahrhundert bekannten Diamanten in Meteoriten offenbar bei heftigen Kollisionen im Sonnensystem entstanden ist. Anfang der 1970er Jahre fand ein sowjetisches Geologenteam erstmals irdische Impaktdiamanten, erst in einer Seifenlagerstätte, danach auch im Gebiet des Popigai-Kraters, der im Anschluss als Einschlagkrater identifiziert wurde. In der Folgezeit wiesen russische Wissenschaftler in vielen Kratern auf dem Gebiet der ehemaligen UdSSR, aber auch im Nördlinger Ries in Süddeutschland Impaktdiamanten nach. Diese treten in den Farbvarietäten farblos, weiß, gelb, grau und schwarz auf. Solche Diamanten sind nicht schleifwürdig, haben aber im Vergleich zu normalen Diamanten eine etwas größere Härte. Für industrielle Zwecke (Bohr-, Schleif- und Poliermittel) ist diese Eigenschaft von großem Interesse.

Zwischen 1970 und 1986 wurde im Popigai-Krater ein ausgedehntes geologisches Untersuchungsprogramm durchgeführt, das Geländeaufnahmen, etwa 500 Bohrungen und die Überlassung von vielen Tonnen Gestein an Forschungseinrichtungen im europäischen Teil der UdSSR umfasste. Die extremen klimatischen und geographischen Gegebenheiten im nordwestlichen Sibirien, wo Frost bis minus 50 Grad Celsius auftritt, stellten eine außerordentliche Herausforderung dar. Die Untersuchungen zeigten, dass der Popigai-Krater mit einem Diamantengehalt von bis zu 5 Karat pro Tonne Gestein eine riesiges, kommerziell jedoch nicht sinnvoll nutzbares Diamantenvorkommen ist.

Kara-Krater
Der Kara-Krater auf dem Festland der Halbinsel Yugorski im russischen Bundesland Nenetsi entstand in der Kreide vor 70,3 Millionen Jahren. Ursprünglich besaß er einen Durchmesser von schätzungsweise 120 Kilometern. Damit wäre er – laut Online-Lexikon „Wiki-pedia" – der viertgrößte Meteoritenkrater der Erde gewesen. Wegen der Kräfte der Erosion hat der Krater heute nur noch einen Durchnesser von rund 65 Kilometern. Der unter dem Meer liegende Ust-Kara-Krater ist vermutlich ein Teil des Kara-Kraters. Früher glaubten Geologen, es handle sich bei diesen beiden Kratern um zwei separate Krater, die beim doppelten Einschlag eines großen Himmelskörpers entstanden sind.

Literatur
DEUTSCH, Alexander / LANGENHORST, Falko / MASAITIS, Victor L.: Eine Schatzkammer in Sibirien. In: Deutsche Forschungsgemeinschaft (Herausgeber): forschung. Spezial, S. 67–71, 2005.
EARTH IMPACT DATABASE: Asien & Russland. http://www.passc.net/EarthImpactDatabase/New%20website_05-2018/AsiaRussia.html
EARTH IMPACT DATABASE: Kara. http://www.passc.net/EarthImpactDatabase/New%20website_05-2018/Kara.html
EARTH IMPACT DATABASE: Popigai. http://www.passc.net/EarthImpactDatabase/New%20website_05-2018/Popigai.html
MASAITIS, Victor L. (1973): Geologische Konsequenzen der Einschläge kraterbildender Meteorite (auf Russisch), 18 S., Leningrad 1973.
MASAITIS, Victor L.: Astroblemes in der UdSSR. In:

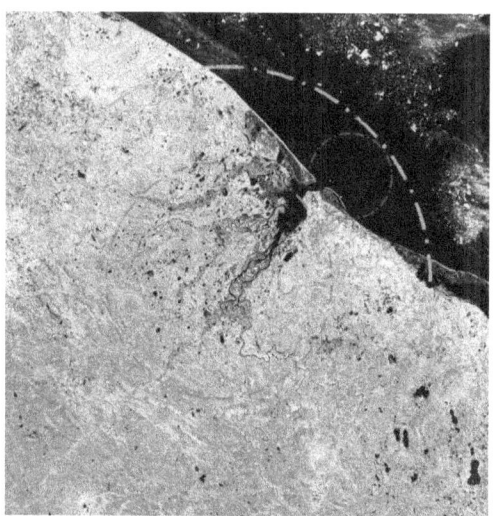

Satellitenbild (Landsat 7) des Kara-Kraters
auf dem Festland der Halbinsel Yugorski
im russischen Bundesland Nenetsi.
Der Krater entstand in der Kreide vor 70,3 Millionen Jahren.
Foto: NASA (via Wikimedia Commons),
Lizenz: gemeinfrei (Public domain)

International Geology Review 18: S. 1249–1258, 1975.
MASHCHAK, Mikhail S. (1991): Geologic setting in Kara and Ust-Kara at the time of formation of the impact craters. In: International Geology Review 33: S. 423–432, London 1991.
WIKIPEDIA (Online-Lexikon): Kara-Krater.
https://de.frwiki.wiki/wiki/Cratère_de_Kara
WIKIPEDIA (Online-Lexikon): Popigai-Krater.
https://de.wikipedia.org/wiki/Popigai-Krater

*Satellitenbild (Landsat 7) des Nördlinger Rieses
von Südwesten her gesehen.
Innerhalb des Kraters liegt die Stadt Nördlingen.
Foto: User Vesta (via Wikimedia Commons),
Lizenz: gemeinfrei (Public domain)*

Nördlinger Ries

Ein Meteoritenkrater in Süddeutschland

Eine Katastrophe unvorstellbaren Ausmaßes ereignete sich im Miozän vor 14,8 Millionen Jahren in der Gegend zwischen Würzburg und München in Bayern. Mit dem Begriff Miozän (23,03 bis 5,33 Millionen Jahre), griechisch: meion = weniger, kainos = neu, wird ausgedrückt, dass in dieser Epoche auch noch relativ wenige moderne Weichtiere existierten.
Das Inferno begann damit, dass ein 1,5 Kilometer großer Meteorit mit einer Geschwindigkeit zwischen 54.000 und 180.000 Stundenkilometern einschlug. Süddeutschland ist damals von einer verheerenden Explosion erschüttet worden. Innerhalb von Bruchteilen einer Sekunde wurde durch den Aufprall des Himmelskörpers eine gewaltige Energie freigesetzt. Sie entsprach der Zerstörungskraft von mehreren 100.000 Hiroshima-Atombomben. Im Zentrum des Geschehens herrschten kurzzeitig ein Druck von ca. 5 bis 10 Millonen Atmosphären und eine Temperatur von etwa 10.000 bis 30.000 Grad Celsius. Durch den Einschlag wurden 150 Kubikkilometer Gestein ausgeworfen. Gesteinsbruchstücke von Sandkorngröße bis zu einigen hunter Meter Durchmesser wirbelten kilometerweit durch die Luft, durchmischt mit glühenden Fetzen aufgeschmolzenen Gesteins. Ein gewaltiger Staubpilz stieg in die Atmosphäre auf.
Als sich die Staubwolke lichtete, war eine ausgedehnte Landschaft in ein trostloses Trümmerfeld verwandelt. Es hatte sich ein nahezu kreisrunder Krater von maximal 25 Kilometer Durchmesser und rund 5 Kilometer Tiefe aufgetan. Alles pflanzliche und tierische Leben im Umkreis von mindestens

Kraterrand des Nördlinger Rieses bei Mönchsdeggingen.
Foto: Bernhard Hampp / CC BY-SA 3.0
(via Wikimedia Commons),
lizensiert unter Creative Commons-Lizenz by-sa-3.0,
https://creativecommons.org/licenses/by-sa/3.0/legalcode

Nördlinger Ries vom Goldberg aus gesehen.
Foto: Tillmaxx / CC BY-SA 3.0
(via Wikimedia Commons),
lizensiert unter Creative Commons-Lizenz by-sa-3.0,
https://creativecommons.org/licenses/by-sa/3.0/legalcode

Geologe Carl Wilhelm von Gümbel (1823–1898).
Bild: Porträt eines unbekannten Künstlers
(via Wikimedia Commons),
Lizenz: gemeinfrei (Public domain)

100 Kilometern erstickte unter den bis zu 100 Meter mächtigen Trümmermassen. Dies war die dramatische Geburtsstunde eines der bekanntesten Meteoritenkrater der Erde: des nahezu kreisrunden Nördlinger Rieses.
Nach dem Einschlag füllte sich der Krater mit Wasser. Es entstand ein rund 400 Quadratkiometer großer See. In jenem abflusslosen Gewässer reicherten sich Salze an,. Irgendwann übertraf der Salzgehalt jenes Salzsees den der heutigen Weltmeere. In den folgenden 2 Millionen Jahren verlandete der Kratersee allmählich.
Das Nördlinger Ries (auch Ries genannt) erstreckt sich im Grenzgebiet zwischen Schwäbischer Alb und Fränkischer Alb im Städtedreieck Nürnberg-Stuttgart-München. Der größte Teil befindet sich im schwäbischen Landkreis Donau-Ries in Bayern, ein kleiner Teil im baden-württembergischen Ostalbkreis. Ein geringer Teil liegt im mittelfränkischen Landkreis Weißenburg-Gunzenhausen in Bayern. Der Name Ries erinnert an die römische Provinz Raetia, weil man hier zur Römerzeit, vom Westen kommend, diese Provinz erreichte.
Geologen bereitete es mehr als 100 Jahre lang große Probleme, die Entstehung des Nördlinger Rieses und seiner ungewöhnlichen Gesteine zu erklären. Da das im Ries vorkommende Gestein Suevit dem vulkanischen Tuff ähnelt, vermutete man anfangs eine rein vulkanische Entstehung des Rieses. Mathias von Flurl (1756–1823) beschrieb das Ries 1805 als vulkanische Gegend. 1870 erklärte der Geologe und Mineraloge Carl Ludwig Deffner 1817–1877) die Entstehung des Rieses als Folge einer früheren Vergletscherung durch den Ries-Gletscher. Aus der Verteilung des Suevit schloss der Geologe Carl Wilhelm von Gümbel (1823–1898) auf die Existenz eines Ries-Vulkans, der im Laufe der Zeit abgetragen worden sei. Schließlich seien nur noch die ausgeworfenen

*Deutscher Geologe und Paläontologe
Wilhelm Branco (1844–1928).
Foto: Hermann Brandseph (1857–1907)
(via Wikimedia Commons),
Lizenz: gemeinfrei (Public domain)*

281

*Deutscher Geologe und Paläontologe
Eberhard Fraas (1862–1915).
Foto: Aufnahme eines unbekannten Fotografen
(via Wikimedia Commons),
Lizenz: gemeinfrei (Public domain)*

Gesteine erhalten geblieben. Der Geologe und Paläontologe Wilhelm Branco (1844–1928) sowie der Geologe und Paläontologe Eberhard Fraas (1862–1915) erklärten 1901 das Fehlen eines Vulkans damit, dass eine aufsteigende, unterirdische Magmakammer zunächst zu einer Hebung des Untergrundes geführt habe und es später durch Eindringen von Wasser an mehreren Stellen zu explosionsartigen Verdampfungen gekommen sei. Der Pionieroffizier und Militärgeologe Walter Kranz (1873–1953) wies 1910 durch Sprengversuche nach, dass die Erscheinungen im Ries am besten durch eine einzige zentrale Explosion zu erklären seien. Als Ursache der Explosion vermutete er Eindringen von Wasser in eine Magmakammer. Zeitweise erklärte man das Ries-Phänomen durch tektonische Kräfte. Es hieß, ein Kesselbruch im Zusammenhang mit der Entstehung der Alpen sei die Ursache für die Entstehung des Rieses.
1904 hielt der Schwäbisch-Gmünder Kaufmann Ernst Werner (1837–1910) einen Meteoriteneinschlag für die Entstehung des Nördlinger Rieses als wahrscheinlich. 1919 bezeichnete Eberhard Fraas die Gläser in den tuffähnlichen Gesteinen des Rieskraters als Suevit („Schwabenstein"). Dieser Begriff ist heute noch weltweit für diesen Typ von Schmelzglas führenden Einschlag-Trümmergesteinen (Impaktbrekzien) gültig. 1936 stellte der Geologe Otto Stutzer (1881–1936) Ähnlichkeiten zwischen dem Barringer-Krater in Arizona und dem Nördlinger Ries fest. Auch er konnte aber der Einschlagstheorie nicht zum Durchbruch verhelfen. Erst 1961 gelang es dem amerikanischen Geologen Eugen Merle Shoemaker (1928–1997) und dem Petrologen Edward C. T. Chao (1919–2008), anhand von Gesteinsproben nachzuweisen, dass der Rieskrater tatsächlich durch einen Meteoriten-Einschlag (Ries-Ereignis, Ries-Steinheim-Ereignis)

entstanden sein musste. Der Nachweis erfolgte vor allem durch das Auffinden von Stishovit und Coesit. Beide sind Hochdruck-Modifikationen von Quarz, die nur unter den extremen Bedingungen eines Meteoriteneinschlags entstehen können, nicht aber durch Vulkanismus.

Das Nördlinger Ries gehört zu den am besten erhaltenen großen Einschlagkratern der Erde. Vor allem im Süden, Südosten und Osten des Kraters sind der Rand und die aus dem Krater ausgeworfenen Gesteine (Auswurfdecke) noch relativ gut erhalten. Die Astronauten der NASA-Mission „Apollo 14" absolvierten vom 10. bis 15. August 1970 vor der Mondlandung im Ries ein geologisches Training. Die Tübinger Geologen Wolf von Engelhardt, Dieter Stöffler und Günther Graup machten die Astronauten mit den Merkmalen und den Gesteinen eines Meteoritenkraters vertraut.

Auf einem Grundstück in Löpsingen startete am 29. Juni 1973 die Forschungsbohrung Nördlingen (FBN), die am 15. Januar 1974 endete. Man erbohrte im Wesentlichen drei Schichten: See-Ablagerungen bis 325 Meter, Suevit bis 606 Meter und zertrümmertes Grundgestein bis 1.206 Meter.

2002 zeichnete das Bayerische Umweltministerium drei Geotope im Nördlinger Ries mit dem Gütesiegel „Bayerns schönste Geotope" aus: die Trümmergesteine von Wengenhausen, den Schwabenstein bei Aumühle und die Riesseekalke in Hainsfahrt. 2006 nahm man das Nördlinger Ries in die Liste der 77 ausgezeichneten „Nationalen Geotope Deutschlands" auf.

Nach der – nicht allgemein akzeptierten – Theorie des Würzburger Geologen Erwin Rutte (1923-2007) und einiger anderer Geowissenschaftler entstand das Nördlinger Ries nicht durch den Aufprall eines Asteroiden-Bruchstückes, sondern durch den Aufprall eines Kometenschweifes.

Demnach könnte ein mehrere hundert Kilometer langer Schwarm von Tausenden großer und kleiner Stein- und Eisenmeteoriten die Erde gestreift und dabei zahllose Krater und Trichter in die damalige Landschaft geschlagen haben. Man spekuliert, der Kelheimer Kessel in Niederbayern und der nicht weit davon entfernte 500 Meter große Talkessel von Wipfelsfurt in Niederbayern könnten mit dem Ries-Ereignis in Verbindung sehen.

Literatur
BAIER, Johannes: Suevit – der „schwäbische Stein" aus dem Nördlinger Ries. In: Fossilien 35(3): Wiebelsheim 2018.
BRANCO, Wilhelm / FRAAS, Eberhard. Das vulkanische Ries bei Nördlingen in seiner Bedeutung für Fragen der allgemeinen Geologie. In: Abhandlungen der königlich-preußischen Akademie der Wissenschaften, Berlin 1901.
BUCHNER, Elmar / SCHWARZ, Winfried H. / SCHMIEDER, Martin / TRIELOFF, Mario: Establishing a 14,6 ± 0,2 Ma age for the Nördlinger Ries impact (Germany) – A prime example for concordant isotopic ages from various dating materials In: Meteoritics & Planetary Science 45: S. 662–674, 2010.
https://onlinelibrary.wiley.com/doi/10.1111/j.1945-5100.2010.01046.x
EARTH IMPACT DATABASE: Ries.
http://www.passc.net/EarthImpactDatabase/New%20website_05-2018/Ries.html
FLURL, Mathias: Uiber die Gebirgsformationen in den dermaligen Churpfalzbaier. (damaligen Kurpfalzbaier.) Staaten. Churpfalzbaier. Akademie der Wissenschaften, München 1805.

GÜMBEL, Carl Wilhelm: Über den Riesvulkan und über vulkanische Erscheinungen im Rieskessel. In: Sitzungsberichte der Königlich Bayerischen Akademie der Wissenschaften 1: S. 153, München 1870.
HÄUSLER, Hermann: Johann Samuel Grüner (1766–1824) und Walter Kranz (1973–1953), die Begründer der Militärgeologie im deutschsprchigen Raum. In: Berichte der Geologischen Bundesanstalt 96: Wien 2012.
https://docplayer.org/28774106-Johann-samuel-gruner-und-dr-walter-kranz-die-begruender-der-militaergeologie-im-deutschsprachigen-raum.html
KAVASCH, Julius: Meteorkrater Ries – ein geologischer Führer, Donauwörth 2005.
KINDERMANN, Udo: Zum Namen „Ries". In: Geologische Blätter für Nordost-Bayern und angrenzende Gebiete 23: S. 128–131, 1973.
KRANZ, Walter: Aufpressung und Explosion oder nur Explosion im vulkanischen Ries bei Nördlingen und im Steinheimer Becken. In: Zeitschrift der deutschen geologischen Gesellschaft 66: Berlin 1914.
MATTMÜLLER, C. Roderich: New evidence for the impact orign of the Ries Bassin, Stuttgart 1964.
PROBST, Ernst: Der Meteoritenkrater in Süddeutschland. In: Deutschland in der Urzeit. Von der Entstehung der Erde bis zum Ende der Eiszeit, S. 277–278, München 1986.
QUENSTEDT, Werner: BRANCA, Wilhelm von. In: Neue Deutsche Biographe 2: S. 514–515, 1953.
QUENSTEDT, Werner: Fraas, Eberhard. In: Neue Deutsche Biographie 5: S. 307–308, 1961.
SHOEMAKER, Eugene M. / CHAO, Edward C. T: New evidence for the impact orign of the Ries Bassin, Bavaria, Germany. In: Journal of Geophysical Research 66: S. 3371–3378, 1961.

WERNER, Ernst: Das Ries in der schwäbisch-fränkischen Alb. In: Blätter des Schwäbischen Albvereins 16(5): Tübingen 1904.
WIKIPEDIA (Online-Lexikon): Nördlinger Ries.
https://de.wikipedia.org/wiki/N%C3%B6rdlinger_Ries

Steinheimer Becken

Ein Meteorit oder zwei? Das ist die Frage

Es ist nicht ganz sicher, wann und wie das nur 40 Kilometer vom Meteoritenkrater Nördlinger Ries entfernte Steinheimer Becken bei Steinheim am Albuch im baden-württembergischen Landkreis Heidenheim entstand. Der nahezu kreisrunde Krater mit einem Durchmesser von 3,8 Kilometern könnte zur selben Zeit wie das Nördlinger Ries im Miozän vor 14,8 Millionen Jahren oder erst ungefähr 500.000 Jahre später geschlagen worden sein.
Dass das Steinheimer Becken ein Meteoritenkrater sein könnte, erkannte der britische Geologe Herbert Paul Theodor Rohleder (1902 geboren, später Herbert P. T. Hyde) bereits im Januar 1933 in der „Zeitschrift der Deutschen Geologischen Gesellschaft". Zu seiner richtigen Vermutung gelangte er beim Vergleich des Steinheimer Beckens mit dem Barringer-Meteorkrater in Arizona und der Salzpfanne von Pretoria (Pretoria Saltpan, heute Tswaing-Krater genannt).
Das Steinheimer Becken wurde nach heutiger Anschauung beim Einschlag eines schätzungsweise 100 bis 150 Meter großen Meteoriten geschaffen. Der Himmelskörper raste mit einer Geschwindigkeit von etwa 20 Kilometern pro Sekunde, was 72.000 Stundenkilometern entspricht, auf die Erdoberfläche in der Gegend von Steinheim am Albuch zu. Beim Aufprall wurde explosionsartig ene Energie von etwa 18.000 Hiroshima-Atombomben freigesetzt und die Ostalb weithin verwüstet.
Zunächst entstand ein etwa 200 Meter tiefer Krater. In dessen Zentrum bildete das zurückfedernde Gestein einen rund 100

*Luftbild von Steinheim am Albuch
im baden-württembergischen Landkreis Heidenheim,
von Norden aus gesehen.
Foto: Koolpin Gorge / CC BY-SA 3.0 (via Wikimedia Commons),
lizensiert unter Creative Commons-Lizenz by-sa-3.0,
https://creativecommons.org/licenses/by-sa/3.0/legalcode*

Meter hohen Zentralberg (heute Steinhirt genannt). Der Steinhirt erhebt sich gegenwärtig noch rund 50 Meter über den heutigen Kraterboden. Der Kraterboden selbst liegt jetzt ungefähr 100 Meter unterhalb der umgebenden Hochfläche des Albuchs. Nach dem Einschlag entstand ein Kratersee, der später verlandete.

Die in den bis zu 50 Meter mächtigen Ablagerungen des Kratersees gefundenen Fossilien legten den Schluss nahe, das Steinheimer Becken sei zeitgleich mit dem Nördlinger Ries vor 14,8 Millionen Jahren entstanden. Demzufolge hätte es sich um einen Himmelskörper gehandelt, dessen Einschlag die beiden Krater hinterließ. Die Rede war von einem Asteroiden, der von einem kleineren Satelliten begleitet wurde. In neueren Studien wird ein Eisen- oder seltener Stein-Eisen-Meteorit als Steinheim-Impaktor ewähnt.

Zu einem anderen Ergebnis gelangte eine 2020 von Elmar Bucher, Volker J. Sach und Martin Schmieder in der Fachzeitschrift „Nature Scientific Reports" veröffentlichte Arbeit. Das Autorentrio nahm für das Ries-Ereignis den Einschlag eines Gesteins-Asteroiden an. Darüber hinaus postulierten sie auf der Basis verschiedener seismischer, stratigraphischer und paläontologischer Arbeiten, das Steinheimer Becken könnte ungefähr 500.000 Jahre nach dem Nördlinger Ries entstanden sein.

Das Steinheimer Becken gehört zu den bedeutendsten Fundstellen für das Miozän. Außer vielen Funden von Wirbeltieren – Fische, Reptilien, Vögel, Säugetiere (Pfeifhasen, Urhirsche mit Gabelgeweihen und Hauern, Giraffenverwandte, krallenfüßige Huftiere, Rüsseltiere mit Stoßzähnen im Ober und Unterkiefer, räuberische Bärenhunde) – sind die Ablagerungen vor allem wegen der massenhaft gefundenen fossilen Schneckengehäuse (Steinheimer Schneckensand) bekannt.

*Der paläontologische Ausstellungsraum
im Meteorkratermuseum in Steinheim am Albuch.
Foto: Meier & Pohlmann / CC-BY 3.0
(via Wikimedia Commons),
lizensiert unter Creative Commons-Lizenz by-3.0,
https://creativecommons.org/licenses/by/3.0/legalcode*

1862 untersuchte der Zoologe und Paläontologe Franz Hilgendorf (1939–1904) die Gehäuse der Süßwasserschnecke *Gyraulus*, die zu einer Gattung aus der Familie der Tellerschnecken gehört. Er stellte fest, dass sich die Gehäuseform von den älteren Ablagerungen zu den jüngeren langsam veränderte. Die Schneckenfunde aus dem Steinheimer Becken gelten als frühe Bestätigung der 1859 von dem britischen Naturforscher Charles Darwin (1809–1882) veröffentlichten Evolutionstheorie.
Im Steinheimer Ortsteil Sontheim befindet sich das 1978 eröffnete Meteorkratermuseum. Es ist Ausgangspunkt für den „Geologischen Lehrpfad Meteorkrater" durch das Steinheimier Becken.
Um 1905 haben die Geologen und Paläontologen Wilhelm Branco und Eberhard Fraas im Steinheimer Becken in feinkörnigem Kalkstein erstmals sogenannte Strahlenkegel erkannt und beschrieben. Unter einem Strahlenkegel (auch Druckkegel, Schmetterkegel oder Shatter Cone) versteht man eine oft konisch geformte Bruchfläche im Gestein. Auf deren Oberfläche sind feine, strahlenförmige Streifen sichtbar, die von der Spitze ausgehen. Solche Strukturen entstehen unter hohen Druck. Sie gelten als Anzeichen für einen erfolgten Meteoriteninschlag.

Literatur
ADAM, Karl Dietrich: Die Untersuchung des Steinheimer Beckens – ein historischer Rückblick. In: Reiff, Winfried (Herausgeber), Guidebook to the Steinheim Basin Impact Crater, Geologisches Landesamt Baden-Württemberg, S. 31–32, 1979.
ADAM, Karl Dietrich: Das Steinheimer Becken – eine Fundstätte von Weltgeltung, Steinheim am Albuch 1980.

ADAM, Karl Dietrich: Vom Wandel der Anschauungen in den Erdwissenschaften am Beispiel des Steinheimer Beckens (Württemberg). In: Annalen des Naturhistorischen Museums Wien 83: S. 13–23, Wien 1980.
EARTH IMPACT DATABASE: Steinheim. http://www.passc.net/EarthImpactDatabase/New%20website_05-2018/Steinheim.html
FRAAS, Eberhard: Begleitworte zur geognostischen Spezialkarte Württemberg, Atlasblatt Bopfingen, 9. Auflage, Stuttgart 1919.
GROSCHOPF, Paul / REIFF, Winfried: Das Steinheimer Becken – Ein Vergleich mit dem Ries. In: Geologica Bavarica 61: S. 400–412, 1969.
GROSCHOPF, Paul / REIFF, Winfried: Es war ein Meteoriteneinschlag: Bohrergebnisse im Steinheimer Becken. In: Kosmos, S. 520–525, 1971.
HEIZMANN, Elmar, P. J.: Die tertiäre Fossilfundstelle des Steinheimer Beckens. In: REIFF, Winfried (Herausgeber): Guidebook to the Steinheim Basin Impact Crater, Geologisches Landesamt Baden-Württemberg, S. 24–30, 1979.
HEIZMANN, Elmar P. J. / REIFF, Winfried: Der Steinheimer Meteorkrater, München 2002.
ROHLEDER, Herbert P. T.: Meteor-Krater (Arizona) – Salzpfanne (Transvaal) – Steinheimer Becken. Zeitschrift der Deutschen Geologischen Gesellschaft 70(11): S. 463–488, Januar 1933.
ROHLEDER, Herbert P. T.: The Steinheim Basin and the Pretoria Salt Pan. Volcanic or meteoric origin? – In: Geological Magazine 70: S. 489–498, Cambridge 1933.
WIKIPEDIA (Online-Lexikon): Steinheimer Becken. https://de.wikipedia..org/wiki/Steinheimer_Becken

Weitere Meteoritenkrater in Deutschland?

Mit einer vermeintlichen Sensation wartete im April 2018 die „Frankfurter Allgemeine Zeitung" („FAZ") auf. In einem Artikel hieß es damals, am Niederrhein und im Saarland hätten einst Meteoriten eingeschlagen. Deutsche Forscher hätten jetzt alle Hinweise zusammengetragen und die genauen Einschlagstellen identifiziert.

Meteoriteneinschlag am Niederrhein?
Zuerst berichtete die „FAZ" über den angeblichen Meteoriteneinschlag am Niederrhein. Dort habe eine Forschergruppe um den Geologen und Biologen Georg Waldmann vom „Haus der Natur" in Dormagen" im Laufe der Zeit an etwa 40 verschiedenen Stellen nahe Korschenbroch nordöstlich von Mönchenglasbach ungewöhnliche Gesteinsbrocken gefunden. Solche Gesteine entstünden oft bei hohen Temperaturen und Drücken, wie sie typischerweise bei einem Meteoriteneinschlag auftreten. Waldmann und Kollegen vermuten, im Eiszeitalter vor etwa 600.000 Jahren sei ein Meteorit über dem Niederrhein in viele Fragmente zerbrochen, bevor das außerirdische Geschoss den Erdboden erreichen konnte. Bisher kenne man keinen einzelnen großen Einschlagkrater, sondern nur zahlreiche kleinere kreisrunde Vertiefungen bis zu 200 Meter Durchmesser. Waldmann spekuliert, der Meteoriteneinschlag am Niederrhein könnte viel stärker gewesen sein, als er bislang glaubte. Wahrscheinlich habe der Krater einen Durchmesser von ungefähr 50 Kilometern.

Meteoriteneinschlag im Saarland?
Angebliche außerirdische Gesteine wurden auch von einem Team um den Geologen und Geophysiker Kord Ernstson von der Universität Würzburg im Saarland unweit von Saarlouis entdeckt. Auf die für einen Meteoriteneinschlag typischen Trümmergesteine stieß man bei archäologischen Ausgrabungen nahe Nalbach. Anders als am Niederrhein erkannten Ernstson und Kollegen auch die Reste von kleinen Kratern. Den teilweise erodierten Rand eines ursprünglich ca. 200 Meter großen Kraters glauben die Forscher, in Nalbach erkannt zu haben. Westlich von Saarlouis fiel ihnen eine halbrunde Struktur auf, die sie als Teil eines Kraterrandes deuten. Der ehemalige vollständige Krater soll einen Durchmesser von 2,3 Kilometern erreicht haben. Es sei nicht verschwiegen, dass Ernstson auch anderswo fragwürdige Krater entdeckt haben will.

Dass wissenschaftliche Artikel in der „FAZ" nicht immer seriös sind, habe ich vor einigen Jahrzehnten erlebt. Damals berichtete ein freier Mitarbeiter der „FAZ", erstmals seien in Deutschland Knochen von einem Dinosaurier entdeckt worden. Mein Hinweis, im baden-württembergischen Trossingen seien schon vor Jahrzehnten einige Dutzend Skelette des Dinosauriers *Plateosaurus* geborgen worden, stieß auf taube Ohren. Es gab keine Berichtigung. Dafür teilte man mir erbost telefonisch mit, meine freie Mitarbeit bei der „FAZ" sei nicht mehr erwünscht!

Literatur
ERNSTSON, Kord: Der Chiemgau-Impakt (Teil I). Ein bayerischer Meteoritenkrater, 2010.
ERNSTSON, Kord / MÜLLER, Werner / GAWLIK-WAGNER, Andreas: The Saarlouis semic crater structure:

Notable insight into the Saarland (Germany) meteorite impact event archieved. In: Lunar and Planetary Science Conference 2018.
RADEMACHER, Horst: Meteoriten aus dem Vorgarten. In: Frankfurter Allgemeine Zeitung, 19. April 2018.
RUF, Friedhelm: Korschenbroich. Wie der Meteorit ins Pferdsbruch kam. In: NGZ Online, 24. April 2018. https://rp-online.de/nrw/staedte/korschenbroich/wie-der-meteorit-ins-pferdsbruch-kam_aid-18971567

Eltanin-Krater

Der Krater auf dem Meeresboden

Ein ungewöhnlicher Einschlagkrater ist der im frühen Eiszeitalter vor etwa 2,2 Millionen Jahren entstandene Eltanin-Krater. Die Region seines Einschlages befindet sich heute in rund 5 Kilometer Tiefe. Der Krater auf dem Meeresboden des Südpazifiks hat einen Durchmesser von einigen hundert Kilometern. Er ist unter 20 bis 40 Meter mächtigen Ablagerungen begraben.

Der Eltanin-Krater wurde durch den mehr als einen Kilometer großen Eltanin-Meteoriten am Rand der Bellingshausen-See, westlich der Antarktischen Halbinsel und südwestlich von Chile, geschlagen.

Das Geschoss aus dem Weltall raste mit einer Geschwindigkeit von rund 20 Stundenkilometern (also 72.000 km/h) auf die Erde zu. Der Koloss hatte eine Einschlagenergie von ungefähr 100 Gigatonnen TNT, was 5 Millionen Hiroshima-Atombomben entspricht. Dies hat der Geowissenschaftler Rainer Gersonde vom Alfred-Wegener-Institut errechnet.

Beim Aufprall des Meteoriten sind rund 250 Meter dicke Ablagerungen am Meeresboden zerstört und mehr als 300 Kilometer weit umgelagert worden. Fragmente der Ablagerungen, Wasserdampf und Meteoritensplitter schleuderten über 100 Kilometer hoch in die Atmosphäre. Es entstanden kilometerhohe Wellen (Tsunamis genannt), die sich mit etwa 200 Stundenkilometern über die Weltozeane ausbreiteten und bei Erreichen der Küsten immer noch einige hundert Meter hoch waren.

Dramatisches las man am 18. April 1999 im Hamburger

Magazin „Der Spiegel": „Der Weltuntergang war ein großer Schlag ins Wasser. Mit 60facher Schallgeschwindigkeit stürzte ein bergmächtiger Asteroid in den Südpazifik. Bei seinem Aufprall entstanden Riesenwellen, die ihre Gischt kilometerhoch bis in die Wolken versprühten. Die Küsten Amerikas und Asiens wurden völlig umgepflügt. Kein Mensch kam ums Leben. Der Kadaverfresser *Homo rudolfensis* tobte nur in der Savanne Ostafrikas herum. Von der kosmischen Katastrophe kriegte der plattnasige Urmensch überhaupt nichts mit." *Homo rudolfensis* gilt als ursprünglichste bisher beschriebene Art der Gattung *Homo*. Der Gattungsname *Homo* ist abgeleitet von lateinisch „homo" und vom Artnamen „rudolfensis", der auf dem Fundort am Rudolfsee (heute: Turkana-See) in Kenia basiert. Zu deutsch bedeutet *Homo rudolfensis* demnach „Mensch vom Rudolfsee".

Das Eltanin-Ereignis blieb auch für das Klima nicht ohne Folgen. Rainer Gersonde erklärte, es sei anzunehmen, dass über einen längeren Zeitraum nach dem Eltanin-Einschlag noch Staub und Wasserdampf in der Atmosphäre blieben und die Sonneneinstrahlung auf die Erde reduzierten. Zudem vermutet man, dass Klimaänderungen zu jener Zeit, die bereits länger bekannt aber unerklärt waren, mit dem Einschlag im Pazifik in direktem Zusammenhang stehen könnten.

Der Asteroideneinschlag von Eltanin gilt als der einzige bekannte in einem tiefen Ozeanbecken. Man hat ihn schon 1981 anhand einer erhöhten Iridium-Konzentration sowie meteoritischer Splitter in Bohrkernen entdeckt, die 1965 mit dem US-Forschungsschiff „Eltanin" gefördert worden waren. Nach diesem Schiff wurden der Eltanin-Meteorit und der Eltanin-Krater benannt.

1995 und 2001 wurden mit dem deutschen Polarforschungsschiff „Polarstern" zwei gezielte Expeditionen

*Das deutsche Polarforschungsschiff „Polarstern"
suchte 1995 und 2001 bei zwei gezielten Expeditionen vergeblich
im Meeresboden des Südpazifiks nach dem Eltanin-Krater.
Foto: Bruce McAdam / CC BY-SA 2.0 (via Wikimedia Commons),
lizensiert unter Creative Commons-Lizenz bvy-sa-2.0,
https://creativecommons.org/licenses/by-sa/2.0/legalcode*

durchgeführt. Das internationale Forscherteam untersuchte das Gebiet mittels Schallwellen und anhand weiterer Sedimentkerne. Im Relief des Ozeanbodens konnte kein erhalten gebliebener Einschlagkrater nachgewiesen werden. Der Eltanin-Krater wird (Stand: Juni 2022) in der „Meteoritical Bulletin Database" nicht erwähnt.

Literatur
LAUSCH, Erwin: Kosmische Bombe. Als Meeresgetier vom Himmel regnete. In: Zeit-Online, Hamburg, 3. Dezember 1997.
https://www.zeit.de/1997/50/Kosmische_Bombe?utm_referrer=https%3A%2F%2Fde.wikipedia.org%2F
STAMPF, Olaf: Schwergewicht vom Himmel.
Riesenwellen, so hoch wie Wolkenkratzer, schlugen gegen die Küsten der Erde. Forscher haben einen urzeitlichen Asteroiden-Einschlag rekonstruiert. In: Spiegel Wissenschaft, Hamburg, 18. April 1999.
https://www.spiegel.de/wissenschaft/schwergewicht-vom-himmel-a-79b775cb-0002-0001-0000-000012138084
WIKIPEDIA (Online-Lexikon): Eltanin.
https://de.wikipedia.org/wiki/Eltanin

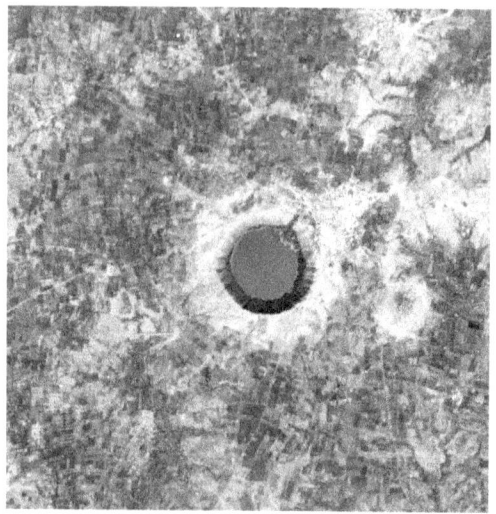

*Satellitenbild des Lonar-Kraters
im westindischen Bundesstaat Maharashtra.
Foto: Jesse Allen, NASA (via Wikimedia Commons),
Lizenz: gemeinfrei (Public domain)*

Lonar-Krater

Indiens erster Meteoritenkrater

Der erste Meteoritenkrater, der in Indien als solcher erkannt wurde, ist der im Eiszeitalter (Pleistozän) entstandene Lonar-Krater. Der Begriff Pleistozän (griechisch: pleiston = am meisten, kainos = neu) signalisiert, dass in dieser Epoche fast alle Weichtiere den heutigen entsprachen.
Der Lonar-Einschlagkrater besitzt einen Durchmesser von 1,2 Kilometern und eine Tiefe von 137 Metern. Der eigentliche Kraterrand hat einen Durchmesser von 1,83 Kilometern. Der Krater liegt bei Lonar im Distrikt Buldhana im westindischen Bundesstaat Maharashtra. Das Entstehungsalter des Kraters lag laut Thermolumineszenz-Datierung zunächst bei etwa 52.000 Jahren. Später ergaben Argon-Datierungen bis zu 570.000 Jahre. Anderswo lebten zu diesen Zeiten in ersterem Fall Neanderthaler bzw. im zweiten Fall Frühmenschen.
Der Lonar-Krater gilt bisher als der einzige bekannte Meteoritenkrater, der in die Basalte des Dekkan eingeschlagen hat. Dabei handelt es sich um imposante Hinterlassenschaften eines gigantischen Vulkanausbruchs in Indien vor 66 Millionen Jahren. Dieser könnte beim Aussterben der Dinosaurier eine Rolle gespielt haben.
Zunächst ging man bei der Frage über die Entstehung des Lonar-Kraters von einem vulkanischen Ursprung aus. Doch mittlerweile wird der Krater, in dem sich der Lonar-See erstreckt, dem Einschlag eines Asteroiden oder Kometen zugeschrieben. Der Krater besitzt einen leicht ovalen Umriss, der auf einen von Osten kommenden Einschlag unter einem Winkel von 35 bis 40 Grad hinweist. Man fand Strukturen

Bilder auf den Seiten 302 und 303:
Frühmenschen (rechtes Bild) und Tiere im Eiszeitalter
vor etwa 600.000 Jahren.
Gemälde von Fritz Wendler (1941–1995)
für das Buch „Deutschland in der Urzeit" (1986)
von Ernst Probst

und Gesteine, die nur bei einem Einschlag erzeugt werden konnten.
Geomorphologisch wird der Lonar-See in fünf Zonen unterteilt:
die äußere Auswurfdecke,
der Kraterrand,
der innere Kraterhang,
das Kraterbecken,
der Kratersee im Kraterbecken.
Am Lonar-See oder in Seenähe stehen viele Tempelanlagen, von denen mehrere bereits verfallen sind. Erhalten geblieben ist der Tempel Daitya Sudan im Zentrum von Lonar, der zu Ehren des Gottes Vishnu erbaut wurde und dessen Sieg über den Riesen Lonasur gedenkt. Er gilt als ein exquisites Beispiel früher Hindu-Architektur. Zu den Tempeln, die im Kraterbereich liegen, gehören Vishnumandir, Ram Gaya, Wagh Mahadev, Mora Mahadev, Munglyacha Mandir und der Tempel der Göttin Kamalaja Devia am Seerand. Der Gomukh-Tempel befindet sich auf dem Kraterrand und Shankar Ganesh steht teilweise unter Wasser.
Etwa 700 Meter nördlich des Lonar-Sees liegt ein kleiner Kratersee namens Ambar Lake oder Chota Lonar (Kleiner Lonar). Man nimmt an, dieser Krater sei durch den Einschlag eines vom Meteoriten abgeplatzten Fragments geschlagen worden. Unweit des Ambar Lake steht ein dem Gott Hanuman („schlafender Maruti") geweihter Tempel (Motha Maruti). Dessen steinerne Bildgestalt soll angeblich sehr magnetisch sein und eventuell vom Meteoriten stammen.
Der Lonar-See (englisch: Lonar Lake) ist ein Salz- und Natronsee knapp 1.000 Meter südwestlich des Ortes Lonar und rund 140 Kilometer östlich von Aurangabad. Heute gehört als Stätte

22 zu den nationalen geologischen Denkmälern Indiens. Als erster Europäer besuchte 1823 der britische Offizier James Edward Alexander (1803–1885) den See.

Im Juni 2020 machte der Lonar-See weltweit Schlagzeilen, als sich sein Wasser innerhalb einiger Tage von Grün in Rosa färbte. Wissenschaftler führten die Farbänderung auf sich ändernde Salzgehalte und das Vorhandensein von Algen im Wasser zurück. Erkannt wurde die Farbänderung auch vom Weltall aus.

Dhala-Krater

Der zweite Meteoritenkrater, der in Indien als solcher anerkannt wurde, ist der Dhala-Krater. Sein Durchmesser wird mit 3 Kilometern (laut Wikipedia), 11 Kilometern (Earth Impact Database) oder 14 Kilometern (Wikipedia) angegeben. In der Literatur heißt es zuweilen, der Dhala-Krater sei der größte Krater Indiens. Dies gilt aber nur, wenn man den hypothetischen Shiva-Krater vor der Westküste Indiens mit einem angeblichen Durchmesser von bis zu 500 Kilometern nicht für einen Meteoritenkrater hält. Das Einschlagalter des Dhala-Meteoriten wird im Online-Lexikon „Wikipedia" mit 2,44 und 2,24 Milliarden Jahren angegeben. In der „Earth Impact Database" (EID) dagegen ist von 1,7 bis 2,1 Milliarden Jahren die Rede. „Die Earth Impact Database" ist eine Datenbank bestätigter Einschlagsstrukturen oder Krater auf der Erde. Jene Datenbank wurde 1955 vom Dominion Observatory, Ottawa, unter der Leitung des kanadischen Astronomen Carlyle S. Beals (1889–1979) initiiert. Seit 2001 wird „EID" als gemeinnützige Informationsquelle am „Planetary and Space Science Centre" der University of New Brunswick, Kanada, gepflegt. Ab April 2019 listete die Datenbank 190 bestätigte Einschlagstellen auf. Der Dhala-

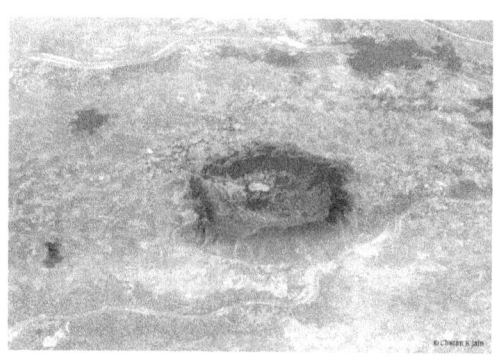

Luftbild des Ramgarh-Kraters nahe des Dorfes Ramgarh im indischen Bundesstaat Rajasthan.
Foto: Chetankjain / CC BY-SA 4.0 (via Wikimedia Commons), lizensiert unter Creative Commons-Lizenz by-sa-4.0,
https://creativecommons.org/licenses/by-sa/4.0/legalcode

Krater liegt unweit des Dorfes Bhonti im Distrikt Shivpuri des indischen Bundesstaates Madhya Pradesh. Er befindet sich 200 Kilometer östlich des Ramgarh-Kraters. In der „Earth Impact Database" wurde der Dhala-Krater noch im Mai 2022 als einziger Meteoritenkrater Indiens erwähnt, obwohl man damals bereits einige Einschlagkrater aus diesem riesigen Land kannte.

Ramgarh-Krater

Der dritte Meteoritenkrater, der in Indien als solcher identifiziert wurde, ist der Ramgarh-Krater. Man bezeichnet ihn auch als Ramgarh-Struktur, Ramgarh Dome oder Ramgarh-Astrobleme. Der Ramgarh-Krater hat einen Durchmesser von etwa 3,5 Kilometern. Er befindet sich nahe des Dorfes Ramgarh im Distrikt Baran im indischen Bundesstaat Rajasthan. Der Krater ist 110 Kilometer von Kola, 200 Kilometer vom erwähnten Lonar-Krater in Madhya Pradesh, 250 Kilometer von Jaipur und 500 Kilometer von Delhi entfernt. Als Erster besuchte 1869 der irische Geologe Frederick Richard Mallet (1841–1921) vom „Geological Survey of India" den Ramgarh-Krater. Crawford hatte als Erster den Verdacht, es könne sich um einen Meteoritenkrater handeln. Die „Geological Society of London" war 1960 ebenfalls der Ansicht, dass der Ramgarh-Krater ein Einschlagkrater ist.

Luna-Krater

Der vierte Meteoritenkrater, den man in Indien als solchen richtig gedeutet hat, ist der Luna-Krater. Als Durchmesser dieses Kraters werden 1,2 Kilometer oder 5 Kilometer erwähnt. Letztere Angabe gewann man laut Satellitenbildern. Der Luna-Krater liegt bei dem Ort Luna im Distrikt Kutch im indischen Bundesstaat Gujarat. In „The Times of India"

Foto auf Seite 309:
Der irische Geologe Frederick Richard Mallet (1841–1921)
vom „Geological Survey of India" besuchte als Erster
den Ramgarh-Krater..
Auf nebenstehendem Foto
ist er in der oberen Reihe stehend als 4. von links zu sehen.
Obere Reihe stehend (von links nach rechts):
F. Stoliczka, R. B. Foote, W. Theobald, F. R. Mallet, V. Ball,
W. Waagen, W. L. Willson.
Untere Reihe sitzend: A. Tween, W. King, T. Oldham,
H. B. Medlicott, C. A. Hackett.
Foto (via Wikimedia Commons),
Lizenz: gemeinfrei (Public domain)

*Neuzeitliche Statue des hinduistischen Gottes
der Zerstörung und Erneuerung namens Shiva
in einem Tempel in Bangalore (Indien).
Foto: Flickr, Deepak Gupta / CC BY-SA 2.0
(via Wikimedia Commons),
lizensiert unter Creative Commons Lizenz by.sa-2.0,
https://creativecommons.org/licenses/by-sa/2.0/legalcode*

las man am 23. Oktober 2006, der Meteoritenkrater sei etwa 2.000 v. Chr., also vor rund 4.000 Jahren, geschlagen wurden. Der Krater liegt etwa 1 Kilometer von einer menschlichen Siedlung der Indus-Kultur (etwa 2.800–1.800 v. Chr), auch Harappa-Kultur genannt, entfernt. Möglicherweise gibt es einen Hinweis auf den Luna-Meteoriten bzw. den Luna-Krater in alten Sanskrit-Texten. Darin wird die Auswirkung eines Brandes durch ein außerirdisches Objekt in Westindien vor etwa 4.000 bis 5.000 Jahren geschildert. Als Beweisstücke für einen Meteoriteneinschlag gelten bestimmte Gesteine und glasartiges Material, die für ein solches Ereignis typisch sind. Eine Eigenart des Luna-Kraters ist, dass sich dieser in einem extrem tief liegenden, flachen Gelände auf weichen Ablagerungen befindet. Viele andere Meteoritenkrater dagegen sind in hartem Gestein geschaffen worden. Im Zentrum des Kraters erstreckt sich heute ein See, der einen Quadratkilometer groß und 2 Meter tief ist. Der tiefste Punkt im Krater liegt 2 Meter über dem Meeresspiegel. Am nördlichen Ende des Kraters wurde der Luna-Dham-Tempel erbaut.

Shiva-Krater
Sehr gewagt klingt die Theorie, die ein Team um den amerikanischen Geologen und Paläontologen Sankar Chatterjee 2000 beim Jahrestreffen der „Geological Society of America" aufstellte. Diese Forscher präsentierten mit dem hypothetischen Shiva-Krater vor der Westküste Indiens ein angebliches Zeugnis eines verheerenden Einschlages, der die Dinosaurier ausgelöscht haben soll.
Chatterjee glaubt, im Meer vor Indien (genauer gesagt: Offshore-Becken vor Mumbai) könnte ein bis zu 40 Kilometer großer Meteorit eingeschlagen und einen bis zu 500 Kilometer großen Krater erzeugt haben. Dieser riesige Brocken sei etwa

vier- oder fast dreimal mal so groß wie der Chicxulub-Meteorit gewesen, der vor 66 Millionen Jahren durch einen Einschlag in Mexiko vermutlich das Aussterben der Dinosaurier ausgelöst haben könnte. Der Treffer könnte – laut Chatterjee – die Intensität vulkanischer Eruptionen erhöht haben,. Noch heute zeugen teilweise mehr als 3 Kilometer dicke Basaltschichten von den dramatischen Ereignissen, die ebenfalls mit dem weltweiten Aussterben der Dinosaurier in Verbindung gebracht werden. „Das ist alles Unsinn!", erklärten zwei Fachleute: Gerta Keller von der Princeton University (USA) und Thierry Adatte, Université Neuchatel (Schweiz). Sie hatten in Indien die Behauptungen von Chatterjee überprüft und keine Beweise dafür gefunden. Chatterjee benannte den vermuteten Riesenmeteoriten und -krater nach Shiva, dem hinduistischen Gott der Zerstörung und Erneuerung. Der Shiva-Krater stand 2019 auf der Liste der wahrscheinlichen Einschlagkrater. Basierend auf den Kriterien der russischen Geologin Anna Mikheeva wird der Krater mit „1" bewertet. „0" gilt für bewiesen, „1" für wahrscheinlich, „2" für potentiell, „3" für fragwürdig und „4" für diskreditiert. Shiva wird in der „Meteoritical Bulletin Database" nicht erwähnt. Zur Zeit des Aussterbens der Dinosaurier vor 66 Millionen Jahren befand sich Indien über dem Hotspot Réunion im Indischen Ozean. Heißes Material, das aus dem Erdmantel aufstieg, überflutete Teile Indiens mit einer Unmenge Lava und schuf ein riesiges Plateau namens Dekkan Trapp.

Literatur
CHATTERJEE, Sankar / GUVEN, Necip / YOSHINOBU, Aaron / DONOFRIO, Richard: Shiva-Struktur: ein möglicher KT-Grenzkrater auf dem westlichen Schelf von Indien. In: Sonderveröffent-

lichungen des Museums der Texas Tech University 50: 39 S., 2006.
DESHPANDE, Rashmi: The Meteor Mystery Behind Lonar Lake. In: National Geographic Traveller India. National Geographic Group, 2014.
EARTH IMPACT DATABASE: Dhala. http://www.passc.net/EarthImpactDatabase/New%20website_05-2018/Dhala.html
JOURDAN, Fred / MOYNIER, Frederic / KOEBERL, Christian / EROGLU, Suemeyya: 40Ar/39Ar age of the Lonar crater and consequence for the geochronology of planetary impacts. In: Geology 39(7): S. 671–674, 2011. https://pubs.geoscienceworld.org/gsa/geology/article-abstract/39/7/671/130623/40Ar-39Ar-age-of-the-Lonar-crater-and-consequence?redirectedFrom=fulltext
JOURDAN, Fred / REIMOLD, Wolf Uwe / ARMSTRONG, Richard Austin / PATI, Jaykanta K. / RENNE, Paul / KOEBERL, Christian: Elusive age of the Paleoproterozoic Dhala impact structure, India: First SHRIMP U-Pb and argon chronological results (abstract). 39th Lunar and Planetary Science Conference, 2008.
KARANTH, R. Viswanatha: The unusual impact crater of Luna in Kachchh, Western India. In: Journal of the Geological Society of India 68: S. 927–928, November 2006.
MALLET, Frederick Richard: Memoir, Geological Survey of India 7: S. 129, 1869.
PATI, Jaykanta Kumar: The Dhala Structure, Bundelkhand craton, Central India – A new large Paleoproterozoic impact structure (abstract). In: Meteoritics & Planetary Science 40, 2005.
PATI, Jaykanta Kumar / JOURDAN, Fred /

ARMSTRONG, Richard Austin / REIMOLD, Wolf Uwe / PRAKASH, Kuldeep: First SHRIMP U-Pb and 40Ar/39Ar chronological results from impact melt breccia from the Paleoproterozoic Dhala impact structure, India. In: GIBSON, Roger L. / REIMOLD, Wolf Uwe (Herausgeber): Large Meteorite Impacts and Planetary Evolution IV. Geological Society of America Special Paper 465: S. 571–591, 2010.
https://onlinelibrary.wiley.com/doi/10.1111/j.1945-5100.2008.tb00704.x
PATI, Jaykanta Kumar / REIMOLD, Wolf Uwe / KOEBERL, Christian / PATI, Shiva Kumar V.: The Dhala structure-the largest known complex impact structure in SE Asia. In: First Arab Impact Cratering and Astrobiology Conference (AICAC), Abstract Volume, S. 68–69, 2009.
SPIEGEL WISSENSCHAFT: Meteoritentreffer vor Indien soll Dinosaurier ausgelöscht haben. Hamburg, 16. Oktober 2000.
THE TIMES OF INDIA: Vedic age Crater found in Rann of Kutch. 23. Oktober 2006.
https://timesofindia.indiatimes.com/india/vedic-age-crater-found-in-rann-of-kutch/articleshow/2232131.cms
STERN: Plötzlich bunt: Ein See ändert seine Farbe von Grün in Pink. Hamburg, 13. Juni 2020.
https://www.stern.de/reise/indien—lonar-see-verfaerbt-sich-von-gruen-in-rosa-9299066.html
WIKIPEDIA (Online-Lexikon): Dhala crater.
https://en.wikipedia.org/wiki/Dhala_crater
WIKIPEDIA (Online-Lexikon): Lonar-See.
https://de.wikipedia.org/wiki/Lonar-See

Barringer-Krater

Der Krater der Enttäuschungen

Als der bekannteste und am besten erforschte Meteoritenkrater der Erde gilt der Barringer-Krater zwischen Flagstaff und Winslow im US-Bundesstaat Arizona. Er wurde im Eiszeitalter vor etwa 50.000 Jahren durch einen Eisenmeteoriten mit einem Durchmesser von rund 45 Metern und einem Gewicht von ungefähr 300.000 Tonnen geschaffen. Dieser Meteoriteneinschlag erfolgte in der Wüste in einem menschenleeren Gebiet. In Afrika, Asien und Europa existierten damals bereits Urmenschen. Dank des Wüstenklimas ist der Krater besonders gut erhalten.
Der eiszeitliche Meteorit raste mit einer Geschwindigkeit von ca. 15 bis 30 Kilometern pro Sekunde auf die Erde zu, was rund 55.000 bis 110.000 k/mh entspricht. Die durch den Einschlag ausgelöste Explosion war etwa dreimal so stark wie das Tunguska-Ereignis von 1908 in Sibirien. Schätzungsweise 175 Millionen Tonnen Gesteine wurden weggeschleudert, darunter bis zu 30 Meter große Kalksteinblöcke. Am Einschlagpunkt schmolz Material auf und verdampfte, wobei neue Mineralien, darunter Diamanten, entstanden. Eine weitere Folge waren starke Erdbeben. Der Einschlagkrater hat einen Durchmesser von etwa 1,2 Kilometern und eine Tiefe von rund 180 Metern. Ihn umgibt ein Wall, der durch den Auswurf des Einschlags entstanden ist und sich 30 bis 60 Meter über das umgebende Plateau erhebt.
Zur Zeit des Einschlags war das Klima auf dem Colorado-Plateau kühler und feuchter als heute. Zur damaligen Tierwelt gehörten Fellmammute, Riesenfaultiere und Kamele.

*Luftbild des Barringer-Kraters
zwischen Flagstaff und Winslow im US-Bundesstaat Arizona.
Foto: D. Roddy, United States Geological Survey
(via Wikimedia Commons),
Lizenz: gemeinfrei (Public domain)*

Der Meteoriteneinschlag löste im Umkreis von etwa 4 Kilometern jegliches Leben aus. Der entstandene Feuerball breitete sich ungefähr 10 Kilometer weit aus. Die Druckwelle verwüstete mit einer Geschwindigkeit von rund 2.000 Stundenkilometern alles im Umkreis von 14 bis 22 Kilometern. Darüber hinaus erreichte sie bis zu einer Entfernung von 40 Kilometern noch Hurrikanstärke. Die lokale Tier- und Pflanzenwelt erholte sich bereits innerhalb eines Jahrzehnts wieder.
Auf den Meteoritenkrater stieß 1871 ein Scout der US-Army namens Franklin. Dieser Mann diente unter dem legendären Oberst George Armstrong Custer (1838–1876), der bei der verlorenen Schlacht gegen Tausende von Indianern am Little Bighorn in Montana starb. Der Name „Franklins Hole" für den Krater setzte sich nicht durch. Um 1891 hieß der Krater bereits Coon Butte. Die Bezeichnungen „Coon Butte" oder „Coon Mountain" für den auffälligen Krater stammen von lokalen Siedlern. Sie nahmen an, der Krater sei ein erloschener Vulkan, möglicherweise ein Teil der Vulkanfelder „Hopi Buttes" in Arizona. „Buttes" heißt zu deutsch „Härtlinge".
1896 untersuchte der Geologe Grove Karl Gilbert (1843–1918) den Krater. Er zog den Schluss, der Krater sei nicht durch einen Meteoriteneinschlag, sondern durch eine unter-irdische Dampfexplosion enstanden, ausgelöst durch eine Wechselwirkung von Grundwasser und Magma.
Im Oktober 1902 erfuhr der Bergbau-Ingenieur und Betreiber einer Silbermine in Arizona, Daniel Moreau Barringer (1860–1929), durch Samuel Joseph Holsinger (1859–1911), einen Agenten des Forstdienstes (Forestry Service), von dem Krater und der These vom Meteoriteneinschlag. Barringer hoffte auf das Vorhandensein großer Mengen von Eisen und Nickel. Er nahm seinen Freund Benjamin Chew Tilghman (1861–1911)

*Amerikanischer Bergbau-Ingenieur
und Betreiber einer Silbermine in Arizona,
Daniel Moreau Barringer (1860–1929).
Foto: Aufnahme eines unbekannten Fotografen
(via Wikimedia Commons),
Lizenz: gemeinfrei (Public domain)*

Amerikanischer Geologe
Grove Karl Gilbert (1843–1918).
Er war einer der einflussreichsten frühen amerikanischen Geologen.
Foto: Aufnahme eines unbekannten Fotografen
(via Wikimedia Commons),
Lizenz: gemeinfrei (Public domain)

Amerikanischer Geologe
Nelson Horatio Darton (1865–1948).
Foto: Aufnahme eines unbekannten Fotografen um 1895
(via Wikimedia Commons),
Lizenz: gemeinfrei (Public domain)

als Partner und sicherte sich die Schürfrechte für das Land, ohne dieses zuvor jemals gesehen zu haben. Daniel Moreau Barringer lobte 1905 die naturwissenschaftlichen Kenntnisse seines Freundes Tilghman. Barringers Sohn Brandon betitelte 1964 Tilghman als Amateurwissenschaftler. In der Literatur wird oft irrtümlich Benjamin Chew Tilghman (1821–1901), der Erfinder des Sandstrahlgebläses, als Partner von Barringer bezeichnet. 1903 gründete Barringer die „Standard Iron Company", die das unter der Erdoberfläche des Kraters erhoffte Erz abbauen sollte. Diese Firma führte bereits zwischen 1903 und 1905 Bohrungen in und um den Krater herum durch. 1904 besuchte Barringer den Krater und startete zusammen mit Tilghman und Holsinger eine geologische Untersuchung. Alles an dem Krater deutete auf einen Meteoriteneinschlag hin. 1905 präsentierte Barringer seine Ergebnisse vor der Akademie der Wissenschaften.

Bereits 1909 hatte Tilghman keine Hoffnung mehr, der Abbau von Eisen in Coon Butte könne erfolgreich werden. Er hatte damals bereits über 45.000 US-Dollar in das Projekt investiert. Tilghman stieg als Partner von Barringer aus und letzterer konnte es sich finanziell nicht mehr leisten, weiter intensiv zu forschen. 1916 benannte der Geologe Nelson Horatio Darton (1865–1948) den Krater in „Crater Mound" um. Bis 1920 hatte Barriunger schon 100.000 US-Dollar – damals eine gewaltige Summe – investiert. Die nächste Dekade war von der nervenaufreibenden Suche nach reichen Geldgebern geprägt.

Über die Entstehung des Kraters stritt Barringer bis zu seinem Tod mit dem Geologen Gilbert. Die beiden Männer waren charakterlich grundverschieden. Der zeitweise enthusiastische Barringer hatte eine Vorliebe für die Großwildjagd, das Trinken von Whiskey, das Rauchen von Zigarren und

*Amerikanischer Astronom
Forest Ray Moulton (1872–1952).
Foto: Jochen Burghardt, Smithsonian Institution Archives,
New York City (via Wikimedia Commons),
Lizenz: gemeinfrei (Public domain)*

beleidigte Gilbert in Zeitungen. Dagegen war Gilbert methodisch und sanft. Barringer hatte zwar Recht mit seiner Einschlag-Hypothese, glaubte aber an ein viel zu niedriges Alter des Kraters von nur 2.000 bis 3.000 Jahren.
1929 erhielt Barringer von dem Astronomen Forest Ray Moulton (1872–1952), den er um dessen Meinung über die Größe und das Schicksal des Meteoriten gefragt hatte, erneut eine niederschmetternde Auskunft. Moulton berechnete, der Meteorit sei vermutlich viel kleiner, als Barringer angenommen hatte. Er wog mit ziemlicher Sicherheit weniger als 500.000 Tonnen. Das war nur ein Bruchteil von Barringers optimistischer 10-Millionen-Tonnen-Schätzung. Und das Schlimmste: Der Großteil des Meteoriten sei beim Aufprall verdampft. Bis dahin hatten Barringer und seine Unterstützer schon mehr als 600.000 US-Dollar in Hoffnung auf 250 Millionen US-Dollar Gewinn für die Suche nach dem Meteoriten ausgegeben. Eine Woche nach dem Erhalt von Moultons letzter Mitteilung erlag am 30. November 1929 der 68-jährige Barringer einem Herzinfarkt. Um ihn trauerten seine Ehefrau Margaret Bennett und acht Kinder.
1960 untersuchte der amerikanische Geologe Eugene Merle Shoemaker Parallelen zwischen dem Barringer-Krater und Kratern, die bei unterirdischen Atombomben-Tests bei Yucca Flats in Nevada entstanden waren. Shoemaker erkannte, dass die Umgebung mit Mineralien gesäumt ist, die deutliche Spuren von enormen Drücken und hohen Temperaturen aufweisen, wie sie bei einem Meteoriteneinschlag entstehen. Es handelte sich um den ersten Krater, dessen Ursprung dank Shoemakers Forschung eindeutig einem Meteoriteneinschlag zugeschrieben werden konnte. Im Juli 1960 veröffentlichten Edward Chao, Eugene M. Shoemaker und Beth Madsen in der Fachzeitschrift „Science" ihre Erkenntnisse.

*1942 verlegte der Pädagoge und Meteoritenforscher
Harvey Nininger (1887–1986) sein Zuhause und sein Geschäft
von Denver (Colorado) zum „Meteor Crater Observatory" in Arizona,
das sich unweit der Abzweigung zum Meteor Crater
an der Route 66 befindet. Er benannte das Gebäude
in „American Meteorite Museum" um und veröffentlichte
mehrere Bücher über Meteoriten. Nininger führte auch Forschungen am
Krater durch. Seine Entdeckungen wurden in dem Werk „Arizona's
Meteorite Crater" (1956) veröffentlicht. 1953 verlegte Nininger
sein Museum nach Sedona. Das oben abgebildete Gebäude verfiel.
Ab 2020 stürzte es ein, aber einige Mauern stehen noch.
Foto: Meteoritenkind (Postkarte mit der Bildunterschrift
„American Meteorite Museum – US Hi-Way 66
opposite „Meteor" Crater – Dr. HH Nininger, Direktor") /
CC BY-SA 4.0 (via Wikimedia Commons),
lizensiert unter Creative Commons-Lizenz by-sa-4.0.
https://creativecommons.org/licenses/by-sa/4.0/legalcode*

Bevor der Krater als Einschlagkrater identifiziert wurde, bezeichnete man ihn etliche Jahre lang als „Coon Butte" oder „Coon Mountain". Das „US Geographic Names Board" benennt üblicherweise ein Naturdenkmal nach dem nächsten Postamt. Barringer richtete 1905 ein Postamt namens „Meteor" an der Haltestelle Sunshine Flag der nahe gelegenen Eisenbahnlinie ein. Deshalb wurde „Coon Butte" nach dem heute nicht mehr existierenden Postamt „Meteor" in „Meteor-Krater" umgetauft. Die renommierte „Meteoritical Society" hat später den Namen „Barringer-Meteoriten-Krater" („Barringer Meteorite Crater") anerkannt.

In der Literatur findet man die Namen Coon Butte, Mountain Butte, Meteor-Krater, Barringer-Krater, Barringer-Meteoriten-Krater oder Arizona-Krater. Der Meteorit, der den Barringer-Krater schuf, heißt Canyon Diablo. Das ist auch der Name des unweit des Kraters befindlichen Siedlung.

Vom Canyon-Diablo-Meteoriten fand man in einem annähernd kreisförmigen Streufeld mit einem Durchmesser von etwa 15 Kilometern, in dessen Zentrum der Barringer-Krater liegt, zahlreiche Fragmente. Die ersten wissenschaftliche Beschreibung von Bruchstücken erfolgte 1891 durch den amerikanischen Mineralogen Albert F. Foote (1846–1895).

Der dänische Meteoritenforscher Vagn Fabritius Buchwald schätzte 1975 die Zahl der Fragmente des Meteoriten Canyon Diablo auf möglicherweise mehr als 20.000 Stücke zwischen 50 Gramm und 639 Kilogramm. Das Gesamtgewicht aller Fragmente soll 100.000 Tonnen betragen.

Der 60 Kilometer östlich von Flagstaff und 29 Kilometer westlich von Winslow in der nördlichen Wüste von Arizona liegende Barringer-Krater befindet sich im Besitz der Familie Barringer (Barringer Crater Company). Das Naturdenkmal dient heute als Touristenattraktion. Oft wird der Krater als der „am besten erhaltene Meteoritenkrater der Erde" bezeichnet. Im November 1967 wurde der Barringer-Krater als nationales Naturdenkmal ausgewiesen. 1984 spielte er im Science-Fiction-Film „Starman" eine Rolle. Zum Schluss wurde der Außerirdische mit einem Raumschiff seiner Heimat von der Erde abgeholt.

Literatur
BARRINGER, Brandon: Daniel Moreau Barringer (1860–1929) and His Crater (The Beginning of the Crater Branch Meteorites). In: Meteoritics & Planetary Science 2: S. 183–200, Dezember 1964.
https://articles.adsabs.harvard.edu//full/1964Metic...2..183B/0000183.000.html
BARRINGER, Daniel Moreau: Coon Mountain and its Crater: In: Proceedings of the Academy of Natural Sciences of Philadelphia 57: S. 861–886, Philadelphia 1906.
https://www.pdf-archive.com/2012/07/01/coon-mountain-and-its-crater-barringer-1906/coon-mountain-and-its-crater-barringer-1906.pdf
BARRINGER, Daniel Moreau. Further Notes on Meteor Crater, Arizona. In: Proceedings of the Academy of Natural Sciences of Philadelphia 66: S. 556–565, Philadelphia 1914.
https://www.jstor.org/stable/pdf/4063595.pdf
BARRINGER METEORIC CRATER.
http://barringercrater.com
O'DALE, Charles: Barringer-Aufschlagskrater.
https://craterexplorer.ca/barringer-impact-crater/
ROSEN, Julia: Die Entdeckung von Mineralien beendet die Deabatte über den Meteorkrater. In: Earth, 8. Juni 2015.

SHOEMAKER, Eugene Merle: Meteor Crater Arizona. In: Geological Society of America, Centennial Field Guide 2: S. 399–404, Boulder 1987.
TILGHMAN, Benjamin Chew: Coon Butte, Arizona. In: Proceedings of the Academy of Natural Sciences of Philadelphia 57: S. 887–914, Philadelphia 1906.
https://ur.booksc.me/book/26042727/0f7b7f
WIKIPEDIA (Online-Lexikon). Barringer-Krater.
https://de.wikipedia.org/wiki/BarringerKrater
WIKIPEDIA (Online-Lexikon): Daniel Barringer (Geologe).
https://de.wikipedia.org/wiki/Daniel_Barringer_(Geologe)
WIKIPEDIA (Online-Lexikon): Eugene Merle Shoemaker.
https://en.wikipedia.org/wiki/Eugene_Merle_Shoemaker
WIKIPEDIA (Online-Lexikon): Grove Karl Gilbert.
https://de.wikipedia.org/wiki/Grove_Karl_Gilbert

Xiuyan-Krater

Der erste Meteoritenkrater in China

Seit den 1970er Jahren erforschen chinesische Wissenschaftler einen etwa 1,8 Kilometer großen und rund 150 Meter tiefen Krater auf der Liadong-Halbinsel in der Provinz Liaoning, Präfektur Anshan im Landkreis Xiuyan. Rund drei Jahrzehnte lang glaubte man, der nahe der chinesisch-nordkoreanischen Grenze liegende Xiuyan-Krater habe einen vulkanischen Ursprung. Kein Wunder: Auf chinesischem Gebiet gibt es ungefähr 660 Vulkane. Davon ist die größte Zahl bereits erloschen.

Ab 2006 wollte der Geologe Ming Chen den ersten Meteoritenkrater in China aufspüren. Nach sorgfältigen Sondierungen begannen er und sein Team im März 2009 in Xiuyan mit wissenschaftlichen Untersuchungen. Ein halbes Jahr später entdeckten Chen und sein Team dort Coesit unter der Erde, womit Xiuyan als erster Meteoritenkrater Chinas bestätigt wurde. Coesit ist eine Hochdruck-Modifikation von Quarz, die nur unter den extremen Bedingungen eines Meteoriteneinschlags entstehen kann, nicht aber durch Vulkanismus. Danach fand man alle drei Kennzeichen zur Identifizierung eines Meteoritenkraters.

2013 wies man im Xiuyan-Krater das seltene Reidit nach, das entsteht, wenn Zirkon hohem Druck und hoher Temperatur ausgesetzt wird. Auf der Erde ist Reidit von zehn Einschlagsstrukturen bekannt: dem Chesapeake-Bay-Krater in Virginia (USA), Ries-Krater in Deutschland, Xiuyan-Krater in China, Woodleigh-Krater in Westaustralien, Felsenulmen-Krater in Wisconsin USA), Dhala-Krater in Indien, Stac Fada-

Member in Schottland, Haughton-Krater in Kanada, Steen River-Krater in Kanada und Rochechouart-Krater in Frankreich. Reidit wurde auch in einem Mondmeteoriten gefunden.

Der Einschlag des Xiuyan-Meteoriten erfolgte im Eiszeitalter von ungefähr 50.000 Jahren. Wegen dieses jungen geologischen Alters ist es denkbar, dass der Einschlag des schätzungsweise 100 Meter großen Meteoriten von damals in Sibirien und Asien lebenden Menschen miterlebt wurde.

Die Kraterfüllung besteht aus einer etwa 110 Meter dicken Abfolge von Ablagerungen, die zunächst in einem See und später in einem Sumpf abgelagert wurden, darunter eine 319 Meter dicke Schicht aus Brekziengranit. Die Forscher glauben, das Grundgestein sei durch eine heftige Kollision in Stücke gerissen worden. Geschmolzene und rekristallisierte Granitteile deuten darauf hin, das Gestein sei schnell auf mehr als 1.200 Grad erhitzt und anschließend abgekühlt worden, was mit einem Einschlag übereinstimmt.

Im heutigen China war 2019 der Jubel über die Entdeckung des ersten Einschlagkraters im Land nicht nur in Wissenschaftskreisen groß. Dank der 30-jährigen Arbeit von zwei Generationen chinesischer Wissenschaftler hatte man es geschafft, den ersten Meteoritenkrater von China zu entdecken. Der schüsselförmige Krater wird heute von Wald bedeckt. In der Kratermitte befindet sich die kleine Ortschaft Xiuyan.

Trotz Chinas großer Landfläche kannte man vor 2019 nur den Xiuyan-Krater als einzigen Einschlagkrater im „Reich der Mitte". Nach der „49th Lunar and Planetary Science Conference 2018" berichtete Zhiyong Xiao, in China würden sieben Krater als das Ergebnis von Meteoriteneinschlägen diskutiert:

Longdoushe, Provinz Guangdong, 3 Kilometer Durchmesser, nicht als Meteoritenkrater bestätigt,
Duolun, Innere Mongolei, Autonome Region der Volksrepublik China, 70/170 Kilometer, Durchmesser, 2017 Impakt-ursprung widerlegt, vulkanischer Ursprung erkannt,
Baisha, Provinz Hainan, Baisha-Farm, 3,5 Kilometer Durchmesser, 2020 nicht als Meteoritenkrater bewertet,
Shanghewan, Provinz Liaoning, 30 Kilometer Durchmesser, 1984 auf Landsat-Satellitenfotos entdeckt, 1988 als Impact Crater bezeichnet,
Hongkong (englisch: Hong Kong, 11 Kilometer Durchmesser, 1991 als Meteoritenkrater identifiziert,
Luoquanli (heute Xiuyan-Krater), Provinz Heilongjiang, Liadong-Halbinsel, 1,8 Kilometer Durchmesser, 2009 als Meteoritenkrater identifiziert.
Unter den erwähnten sieben Kratern fehlt der 1991 zusammen mit dem Hong-Kong-Krater als neuentdeckter großer Einschlagkrater vorgestellte Zuolu-Krater mit einem Durchmesser von 52 Kilometern.
2019 entdeckte ein Team von Geologen einen weiteren Meteoritenkrater nordwestlich von Yilan in der Provinz Heilongjiang. Jenen Krater hat man in der dicht bewaldeten Bergkette Lesser Xing'an aufgespürt, den die Einheimischen als Quansahnan oder „kreisförmiger Bergrücken" bezeichneten. In der „Earth Impact Database" wurde 2022 irrtümlich immer noch der Xiuyan-Krater als einziger Meteoritenkrater in China erwähnt.

Hongkong-Krater
1990 hatte Chulok Chan, der Vizepräsident der „Hong Kong Amateur Astronomical Society", als Erster den Verdacht, die Hongkong-Struktur könnte ein Meteoritenkrater sein. Chan

fragte bei der Wissenschaftlerin Siben Wu an, ob sie ihm helfen könne, seine Vermutung zu beweisen. Noch 1990 hat man einige Gesteine entdeckt, wie sie bei einem Meteoriteneinschlag entstehen. 1991 berichteten Wu Siben, Zhang Jayun und Liu Guanhai über zwei neuentdeckte Meteoritenkrater in China, nämlich den Zhuolu-Krater und den Hongkong-Krater. Dabei wurde für Material aus dem Hongkong-Krater ein Alter von 47,3 Millionen Jahren erwähnt, was dem Eozän entspricht. 1992 machten Chulok Chan, Siben Wu und Xuan Luo geomorphologische und geologische Beweise für die Existenz eines Meteoritenkraters in Hongkong bekannt. Der Hongkong-Krater hat einen Durchmesser von rund 11 Kilometern. Hong Kong („Duftender Hafen") ist die englische Schreibweise von Hongkong.

Zhuolu-Krater
Siben Wu, Zhang Jiayun und Liu Guanhai beschrieben 1991 den Zhuolu-Krater als neu entdeckten großen Meteoritenkrater in China. Der Zhuolo Krater mit einem Zentralhügel und einem markanten Rand liegt etwa 100 Kilometer nordwestlich von Peking und hat einen Durchmesser von 52 Kilometern. Als Entstehungsalter des Zhuolu-Kraters werden etwa 60.000 Jahre angegeben, was dem Eiszeitalter entspricht. Falls die Maße und das Alter des Zhuolo-Kraters zutreffen, ist dieser der größte Einschlagkrater aus dem Eiszeitalter in China. Vor ungefähr 60.000 Jahren gab es in Nordchina einen starken Temperaturrückgang auf dem Land und im Meer. Der Meeresspiegel fiel etwa um 80 Meter. Damals haben bereits Urmenschen in China gelebt.

Literatur
CHAN, Chulok / WU, Siben / LUO, Xuan: Hongkong ist ein Einschlagkrater: Beweis durch die geomorphologischen und geologischen Beweise. In: Lunar and Planetary Institute, International Conference on Large Meteorite Impacts and Planetary Evolution, S. 12, 1992.
https://ui.adsabs.harvard.edu/abs/1992lmip.conf...12C/abstract
CHEN, Ming: Einschlagsbedingte Merkmale des Xiuyan-Meteoritenkraters. In: Chinesisches Wissenschaftsbulletin 53(3): S. 392–395, Februar 2008.
https://www.researchgate.net/publication/250967653_Impact-derived_features_of_the_Xiuyan_meteorite_crater
CHEN, Ming: Yilan-Krater, China: Beweise für eine Entstehung durch Meteoriteneinschlag. In: Meteoritik & Planetenkunde 56: S. 1274–1292, 2021.
CHEN, Ming / XIAO, Wansheng / XIE, Xiande / TAN, Dayong / CAO, Yu Bo.: Xiuyan-crater, China: Impact origin confirmed. In: Chinese Science Bulletin 55: S. 1777–1781, 2010.
CHEN, Ming / YIN, Feng / LI, Xiaodong / XIE, Xiande / XIAO, Wansheng: Natural occurrence of reidit in the Xiuyan crater of China. In: Meteoritics & Planetary Science 48: S. 796–805, 2013.
https://onlinelibrary.wiley.com/doi/full/10.1111/maps.12106
EARTH IMPACT DATABASE: Xiuyan.
http://www.passc.net/EarthImpactDatabase/New%20website_05-2018/Xiuyan.html
PU, Jiang / XIAO, Zhiyong / XIAO, Lange / HUANG, Chen: Non-Impact-Ursprung der Baisha-Struktur in der

Provinz Hainan, China. In: Zeitschrift für Geowissenschaften 31, S. 385–392, 2020.
WIKIPEDIA (Online-Lexikon): Liste chinesischer Vulkane. https://de-academic.com/dic.nsf/dewiki/855350
WU, Siben: The Shanghewan Impact Crater. China. In: Abstracts of the Lunar and Planetary Science Conference 19: S. 1296, 1988.
WU, Siben / JAYUN, Zhang / GUANHAI, Liu: Two New Impact Craters. In: Abstracts for the 54th Annual Meeting of the Meteoritical Society, 21. bis 26 Juli 1991, in Monterey, CA. LPI Contribution 766, published by the Lunar and Planetary Institute, S. 252, Houston 1991.
XU, Xiaoming / KENKMANN, Thomas / XIAO, Zhiyong / STURM, Sebastian / METZGER, Nicolai / YANG, Yu / WEIMER, Daniela / KRIKTSCH/ Hannes / ZHU, Meng-Hua: Aufklärungsuntersuchung der Duolun-Ringstruktur in der Inneren Mongolei: Keine Impaktstruktur. In: Meteoritics & Planetary Science 52: 5. Juni 2017.
ZHAO, Shaohua: Die Entdeckung eines Meteoriteneinschlagkraters im Landkreis Xiuyan auf der zentralen Halbinsel Liaodong (auf Chinesisch), Remote Sens Land Resour 3: S. 27, 2004.

Österreichischer Geochemiker Christian Köberl,
Universitätsprofessor für Impaktforschung und planetare Geologie,
Universität Wien.
Foto: HeMei / CC BY-SA 3.0 (via Wikimedia Commons),
lizensiert unter Creative Commons-Lizenz by-sa-3.0,
https://creativecommons.org/licenses/by-sa/3.0/legalcode

Yilan-Krater

Der zweite Metoritenkrater in China

Im Dezember 2019 wurde bekannt, im Landkreis Yilan in der nordostchinesischen Provinz Heilongjiang sei ein Meteoritenkrater mit einem Durchmesser von etwa 1,850 Kilometern und einer Tiefe von rund 150 Metern entdeckt worden. Eine Datierung mit der Carbon-14-Methode ergab ein Alter von fast 50.000 Jahren. Das entspricht noch dem Eiszeitalter. Zum Zeitpunkt des Einschlages könnten Urmenschen in der Region gelebt haben.

Über den Yilan-Krater berichteten Experten der Chinesischen Akademie der Wissenschaften zusammen mit Christian Köberl, Professor für Impaktforschung und Planetare Geologie an der Universität Wien, im Fachblatt „Meteoritics & Planetary Science". Köberl wurde von der internationalen Meteoritical Society für seine Tätigkeit als Generaldirektor des Naturhistorischen Museums in Wien von 2010 bis 2020 sowie für seine „unermüdliche Öffentlichkeitsarbeit" zu den Themen Meteoriten und Einschlagkrater mit dem „Service Award" für 2021 geehrt.

Anhand von Bohrproben wiesen die Forscher eine kreisförmige geologische Struktur am südöstlichen Rand des Kleinen Xing'am Gebirges nahe der Stadt Yilan als Einschlagkrater nach. Aus der Mitte des Kraters gewann man einen mehr als 400 Meter langen Bohrkern. Unterhalb über 100 Meter mächtigen See-Ablagerungen befanden sich durch den Einschlag zertrümmerte und danach zusammengebackene Granite sowie durch hohen Druck verdichtete Minerale. Das Team entdeckte eindeutige Beweise dafür, dass die Struktur tatsächlich ein Einschlagkrater war. Im Bohrkern befanden sich geschockter Quarz, geschmolzener Granit, Glas mit Löchern, die durch Gasblasen entstanden waren, und tränen-förmige Glasfragmente.

Eine Kohlenstoff-14-Datierung von Holzkohle und organischen Seeablagerungen aus einem Bohrkern ergab, dass der Krater im Eiszeitalter vor etwa 46.000 bis 53.000 Jahren gebildet wurde. Zu dieser Zeit existierten in Europa, Asien und Afrika Neanderthaler. Rund 50.000 Jahre alt ist auch der berühmte Barringer-Krater im US-Bundesstaat Arizona.

Nur ein Drittel der ursprünglichen Ränder des Yilan-Kraters sind erodiert. Vom sichelförmigen Krater blieben große Teile gut erhalten. Im Oktober 2021 machte der Satellit „Landsat-8" eine Momentaufnahme vom Nordrand des Kraters. Der Nordrand erhebt sich rund 150 Meter über den heutigen Kraterboden. Wissenschaftler untersuchten danach, wie und wann der Südrand verschwand.

Ablagerungen auf dem Grund des Kraters deuten darauf hin, dass sich dort einst ein See erstreckte., Jenes Gewässer verschwand vor ungefähr 10.000 Jahren. Im Südteil des Kraters liegen heute einige Felder. Der Rest ist mit Sümpfen und Waldfeuchtgebieten bedeckt, auf denen jetzt Birken wachsen.

Als Faustregel in der Astronomie gilt, dass ein Krater rund 15- bis 20mal größer als sein Erzeuger ist. In chinesischen Medien wurde die Größe des einschlagenden Asteroiden mit rund 100 Metern angegeben.

Literatur
BRESSAN, David: Größter jüngster Meteoriten-Einschlagkrater der Erde in China gefunden. In: Forbes, 12. Oktober 2021.
https://www.forbes.com/sites/davidbressan/2021/10/12/

largest-meteorite-impact-crater-on-earth-in-100000-years-found-in-china/?sh=177d6be26a99

CHEN, Ming / KOEBERL, Christian / TAN, Dayong / DING, Ping / XIAO, Wansheng / WANG, Ning / CHEN, Yiwei / XIE, Xiande: Yilan crater, China: Evidence for an origin by meteorite impact. In: Meteoritics & Planetary Science 56(7): S. 1274–1274, 29. Juli 2021.

DER STANDARD: 150 Meter tiefer Krater. Größter Meteoriteneinschlag der letzten 100.000 Jahre identifiziert. Bohrkernuntersuchungen in der nordostchinesischen Provinz Heilongjiang bestätigten bisherige Vermutungen. https://www.derstandard.de/story/2000129673382/groesster-meteoriteneinschlag-der-letzten-100-000-jahre-identifiziert

NASA EARTH OBSERVATORY. Junger Einschlagkrater entdeckt. 8. Oktober 2021. https://earthobservatory.nasa.gov/images/149515/young-impact-crater-uncovered-in-yilan

STUDIUM.AT: Größter Meteoritenkrater der vergangenen 100.000 Jahre nachgewiesen, 2. September 2021. https://www.studium.at/groesster-meteoritenkrater-der-vergangenen-100000-jahre-nachgewiesen

WIKIPEDIA (Online-Lexikon): Yilan Krater. https://en.wikipedia.org/wiki/Yilan_crater

XIAO, Zhiyong: Search for potential impact craters in China. In: 49th Lunar and Planetary Science Conference 2018. https://www.hou.usra.edu/meetings/lpsc2018/pdf/1828.pdf

Meteoriten in Deutschland

Auf dem Gebiet von Deutschland in seinen heutigen Grenzen wurden – laut „Meteoritical Bulletin" – 55 offiziell anerkannte Funde von Meteoriten bekannt. Bei 36 davon beobachtete man vor dem Fund auch den Fall des Meteoriten. Nachfolgende Liste basiert teilweise auf dem Online-Lexikon „Wikipedia":

Aachen, Nordrhein-Westfalen, 21 Gramm, Fall um 1880.
Barntrup, Nordrhein-Westfalen, 17 Gramm, Fall am 28. Mai 1886.
Benthullen, Wardenburg, Niedersachsen, 17,25 Kilogramm, Fall zwischen 1944 und 1948.
Bitburg, Rheinland-Pfalz, 1.500 Kilogramm, Fund von 1802.
Blaubeuren, Baden-Württemberg, 30,67 Kilogramm (zwei Steine, 30,26 Kilogramm und 410 Gramm), Fund von 1989, erst 2020 als Meteorit anerkannt.
Braunschweig, Niedersachsen, 1,3 Kilogramm, Fall am 23. April 2013. Der Meteorit fiel einem Braunschweiger vor die Garage.
Breitscheid, Hessen, 1,5 Kilogramm, Fall am 11. August 1956.
Bremervörde, Niedersachsen, 7,25 Kilogramm (mindestens fünf Steine, größter 2,75 Kilogramm), Fall am 13. Mai 1855.
Cloppenburg, Niedersachsen, 141 Gramm, Fund vom 15. März 2017.
Darmstadt, Hessen, 100 Gramm, Fall vor 1804. Nach Detonationen fiel ein kleiner Stein zu Boden.
Dermbach, Thüringen, 1,5 Kilogramm, Fund von 1924.

Eichstätt, Bayern, 3 Kilogramm, Fall am 19. Februar 1785.
Emsland, Rhede, Niedersachsen, 19 Kilogramm, Fund von 1940.
Erxleben, Sachsen-Anhalt, 2.,25 Kilogramm, Fall am 15. April 1812.
Flensburg, Schleswig-Holstein, 24,5 Gramm, Fall am 12. September 2019. Der Flensburg-Meteorit enthält die ältesten Spuren von Wasser in unserem Sonnensystem.
Forsbach, Rösrath, Nordrhein-Westfalen, 240 Gramm, Fall am 12. Juni 1900.
Gilzern, Rheinland-Pfalz, 436 Gramm, Fund von 1987.
Gütersloh, Nordrhein-Westfalen, 1 Kilogramm (zwei Steine, Gewicht des größten Steins etwa 1.000 Gramm, Gewicht des zweiten Steins unbekannt), Fall am 17. April 1851.
Hainholz, Kreis Minden, Nordrhein-Westfalen, 16,5 Kilogramm, Fund von 1856.
Hungen, Hessen, 112 Gramm (zwei Steine, 86 und 26 Gramm), Fall am 17. Mai 1877.
Ibbenbüren, Nordrhein-Westfalen, 2,034 Kilogramm, Fall am 17. Juni 1870.
Kiel, Schleswig-Holstein, 738 Gramm, Fall am 26. April 1962. Karl Eschmat hörte im April 1962 in Kiel einen lauten Krach am Himmel und entdeckte einen Tag später einen Stein mit schwarzer Schmelzkruste, der ein großes Loch in ein Blechdach geschlagen hatte. Im September 2019 erschreckte erneut ein lauter Krach viele Kieler und weckte Erinnerungen an den Meteoriteneinschlag von 1962.
Kleinwenden, Nordhausen, Thüringen, 3.25 Kilogramm, Fall am 16. September 1843.
Königsbrück, Sachsen, 52 Gramm, Fund von 2004.

Krähenberg, Rheinland-Pfalz, 15,75 Kilogramm, Fall am 5. Mai 1869.
Linum, Fehrbellin, Brandenburg, 1,862 Kilogramm, Fall am 5. September 1854.
Machtenstein, Schwabhausen, Oberbayern, 1,422 Kilogramm, Fund von 1956?, Wiederentdeckung 2014.
Mainz, Rheinland-Pfalz, 1,7 Kilogramm, Fund von 1852.
Marburg, Hessen, 3 Kilogramm, Fund von 1906. Entlang eines Gehwegs neben der Lahn wurde 1906 ein etwa 3 Kilogramm schweres Meteoritenfragment gefunden. Der größte Teil davon ging später bei einem Luftangriff im Zweiten Weltkrieg (1939–1945) verloren.
Mässing, Eggenfelden, 1,6 Kilogramm, Fall am 13. Dezember 1803.
Mauerkirchen, Oberösterreich (zum Zeitpunkt des Falls gehörte Mauerkirchen zu Bayern), 21,3 Kilogramm, Fall vom 20. November 1768
Menow, Fürstenberg, Brandenburg, 10,5 Kilogramm, Fall am 7. Oktober 1862.
Meuselbach-Schwarzmühle, Thüringen, 870 Gramm, Fall am 19. Mai 1897.
Nentmannsdorf, Pirna, Sachsen, 12,5 Kilogramm, Fund von 1872.
Neuschwanstein, Schwangau, Bayern 6,218 Kilogramm (zwei Steine, 1,750 und 1,625 Kilogramm auf Gebiet von Bayern, einer, 2,843 Kilogramm, auf Gebiet von Tirol), Fall am 6. April 2002.
Niederfinow, Eberswalde, 287 Gramm, Fund von 1950.
Obernkirchen, Rinteln, Niedersachsen, 41 Kilogramm, Fund vom Sommer 1863.
Oesede, Georgsmarienhütte, Niedersachsen, 3,6 Kilogramm, Fall am 30. Dezember 1927.

Oldenburg, Großenkneten, Garrel, Niedersachsen, 16,57 Kilogramm (zwei Steine, 11,730 und 4,840 Kilogramm), Fall am 10. September 1930.
Ortenau, Baden-Württemberg, 4,5 Kilogramm, Fall von 1671.
Peckelsheim, Nordrhein-Westfalen, 118 Gramm, Fall am 3. März 1953.
Pohlitz, Gera, Thüringen, 3 Kilogramm, Fall am 13. Oktober 1819.
Ramsdorf, Velen-Ramsdorf, Nordrhein-Westfalen, 4,682 Kilogramm, Fall am 26. Juli 1958 (ein Stein im Bereich Veler Straße 4/am Bargkamp, Ramsdorf bei Borken, zweiter Stein in Gemenwirthe, Borken, Nordrhein-Westfalen).
Renchen, Baden-Württemberg, 993 Gramm, Fall am 10. Juli 2018 (Streufeld nordwestlich bis südöstlich von Renchen).
Rodach, Bad Rodach, Bayern, 2,9 Kilogramm, Fall am 19. September 1775 (wegen der zweifelhaften Beweislage und des verschollenen Meteoriten wird dieser Fall offiziell nicht anerkannt).
Salzwedel, Sachsen-Anhalt, 43 Gramm, Fall am 14. November 1985.
Schönenberg, Jettingen-Scheppach, Bayern, 8 Kilogramm, Fall am 25. Dezember 1846.
Simmern, Rheinland-Pfalz, insgesamt 1,122 Kilogramm (drei Steine: Götzeroth 610 Gramm, bei Hochscheid 470 Gramm, Hinzerath 42 Gramm), Fall am 1. Juli 1920.
Steinbach, Erzgebirge, Sachsen, 99 Kilogramm (vier Steine an verschiedenen Fundstellen im westlichen Erzgebirge), Funde vor 1724, vor 1751, 1833, 1861.
Stolzenau, Niedersachsen, 150 Gramm, Fall von 1647.

Hauptstück des am 3. April 1916
bei Rommershausen unweit von Treysa (Hessen)
im Wald gefallenen Treysa-Meteoriten.
Original im Mineralogischen Museum in Marburg.
Foto: Heinrich Stürzl / CC BY-SA 3.0
(via Wikimedia Commons),
lizensiert unter Creative Commons-Lizenz by-sa-3.0,
https://creativecommons.org/licenses/by-sa/3.0/legalcode

Stubenberg, Niederbayern, 1,320 Kilogramm (mehrere kleine Bruchstücke und Splitter im Gramm-Bereich sowie ein großes Fragment mit 1.320 Gramm), Fall am 6. März 2016.
Tabarz, Thüringen, 150 Gramm, Fund von 1854.
Trebbin, Brandenburg, 1,25 Kilogramm, Fall am 1. März 1988 (Gelände der Gärtnerei Blumenstadt).
Treysa, Schwalmstadt, 63 Kilogramm, Fall am 3. April 1916, Fund von 1917.
Untermässing, Greding, Bayern, 80 Kilogramm, Fund von 1920.
Wernigerode, Sachsen-Anhalt, 24 Gramm, Fund von 1970.
Der Originaltext über Meteoriten in Deutschland ist bei „Wikipedia" unter der Lizenz „Creative Commons Attributions Share/Alike" verfügbar.

Treysa-Meteorit
Am 3. April 1916 um 15.25 Uhr berichteten Augenzeugen in Marburg von einem Donnerschlag und Rauchwolken. Wegen des damaligen Ersten Weltkrieges (1914–1918) glaubte man zunächst irrtümlich an einen feindlichen Angriff. Tatsächlich wurden der Knall und der Rauch von einem Meteoriten erzeugt, der in einem Waldstück nahe des heutigen Schwalmstädter Stadtteils Rommershausen einschlug. Benannt hat man den Meteoritenfund nach dem größeren Schwalmstädter Stadtteil Treysa. An der Suche nach dem Meteoriten beteiligte sich der Meteorologe, Polar- und Geowissenschaftler Alfred Wegener (1880–1930), der damals in Marburg lehrte und forschte. Er berechnete nach Augenzeugenberichten die Bahn des Meteoriten und seine wahrscheinliche Aufschlagstelle. Wegen der wissenschaftlichen Bedeutung des Meteoriten lobte man im Januar 1917 einen Finderlohn von 300 Reichsmark

Meteorologe, Polar- und Geowissenschaftler
Alfred Wegener (1880–1930).
Foto: Aufnahme eines unbekannten Fotografen
(via Wikimedia Commons),
Lizenz: gemeinfrei (Public domain)

aus. Im März 1917 meldete ein Förster eine auffällige Grube, die ihm bereits im Sommer 1916 aufgefallen war. In dieser Grube barg man den 36 Zentimeter großen und 63,28 Kilogramm schweren Eisenmeteoriten. Wegeners Vorhersage des Einschlagortes wich ungefähr 8 Kilometer vom wirklichen Fundort ab. Insgesamt fertigte man 23 Platten und Anschliffe an, die von geologisch-mineralogischen Forschungsinstituten untersucht wurden. Der Treysa-Meteorit gilt als bedeutsamstes Exponat der Meteoritensammlung im Mineralogischen Museum der Philipps-Universität Marburg.

Bitburg-Meteorit
Einen Eintrag ins renommierte „Guiness-Buch der Rekorde" erreichte der Bitburg-Meteorit, der 1802 beim Wegebau nahe der oberen Albacher Mühle unweit des Flusses Kylll bei Bitburg in der Eifel entdeckt wurde. Der ursprünglich 1.500 Kilogramm schwere Koloss gilt nämlich als schwerster Eisenmeteorit, den man bisher in Deutschland gefunden hat. Damals gehörte der Fundort allerdings zu Frankreich. Entdecker war Matthias Müller aus Mötsch. Der Fund wechselte mehrfach den Besitzer. Erster Kaufpreis war 1 Louisdor. Der amerikanische Ingenieuroffizier Oberst George Gibbs (1776–1833), der sich 1805 in Luxemburg aufhielt, kam bei einer mineralogischen Exkursion nach Bitburg und entnahm eine Probe der Eisenmasse. Anhand dieser Probe erkannte er später nach seiner Rückkehr in die USA den Fund als Eisenmeteoriten. Laut seinen Untersuchungen ähnelte der Bitburger Fund einem Meteor-Eisen aus Louisiana. Diese Erkenntnis veröffentlichte Gibbs erst 1814 im „American Mineralogical Journal". Er war der Sohn eines wohlhabenden Kaufmanns, unternahm Auslandsreisen nach China und Europa, studierte Mineralogie in Paris, trug in Europa eine

*Amerikanischer Ingenieuroffizier und Mineraloge
Oberst George Gibbs (1776–1833).
Bild: Gemälde des amerikanischen Malers
Gilbert Stuart (1765–1828),
(via Wikimedia Commons),
Lizenz: gemeinfrei (Public domain)*

Deutscher Mineraloge und Geologe
Jacob Nöggerath (1788–1877).
Bild: Kupferstich des Zeichners, Malers und Lithographen
Christian Höhe (1798–1868), Stadtarchiv Bonn
(via Wikimedia Commons),
Lizenz: gemeinfrei (Public domain)

wertvolle Sammlung von rund 20.000 Mineralien zusammen, zeigte diese 1811 an der Yale University und verkaufte sie 1825 an Yale. Der Bitburg-Meteorit wurde 1807 an die damalige Eisenschmelze „Pluwiger Hammer" in Ruwertal bei Trier verkauft. Um Eisen zu gewinnen, wollte man dort den Meteoriten einschmelzen. Zwei Tage und zwei Nächte dauerte der Schmelzvorgang, bei dem die Flamme grün wie beim Schmelzen von Kupfer wirkte und Schwefelgeruch verbreitete. Als man die eingeschmolzene Masse unter dem Hammer schmieden wollte, sei diese angeblich wie Sand auseinander geflogen, heißt es. Danach hat man das Ganze im Kanal einer ehemaligen „Schneidemühle" vergraben und Bruchstücke in Vertiefungen des Hofraumes des Hammers geworfen. Darunter war auch ein 2 bis 3 Zentner schweres Fragment nicht geschmolzenen Eisens. Auf Betreiben des Mineralogen und Geologen Jacob Nöggerath (1788 –1877) grub man 1824 das verscharrte Eisen wieder aus, fand aber die Reste des unveränderten einige Zentner schweren Fragments nicht mehr. Im Laufe der Zeit gelangten Teile des Meteoriten in verschiedene Einrichtungen Deutschlands. Ein nur 10,3 Gramm schweres Bruchstück beispielsweise befindet sich im ungeschmolzenen Zustand in Berlin. Verschmolzene Fragmente liegen in der Universität Tübingen und im Naturhistorischen Museum in Wien. Eines Tages entdeckte der Heilpraktiker und Hobby-Geologe Yasar Kes bei einer Fahrradtour nahe von Wülfrath bei Wuppertal in Nordrhein-Westfalen in einem Waldstück einen etwa 150 Kilogramm schweren verschmolzenen Teil eines Eisenmeteoriten. Danach untersuchte der Tübinger Geowissenschaftler Dr. Udo Neumann den gewichtigen Fund. Dabei stellte er an dessen Zusammensetzung fest, dass es sich um ein Bruchstück des Bitbrger Eisenmeteoriten handelte, das in der Eisenschmelze

„Pluwiger Hammer" eingeschmolzen werden sollte. Im Februar 2017 bot Yasar Kes der Stadt Bitburg brieflich ein Teilstück des Wülfrather Fundes als Geschenk an. Nach mehr als 200 Jahren kehrte danach ein Teil des Bitburg-Meteoriten zum ursprünglichen Einschlagort wieder nach Bitburg zurück.

Untermässing-Meteorit
1819 schrieb der renommierte Meteoritenforscher Ernst Florens Friedrich Chladni (1756–1827), dass „1807, den 9. August, um 8 Uhr Abends, eine östlich von Nürnberg gegen Süden sich bewegende Feuerkugel bemerkt ward". Zeit und Richtung dieser Beobachtung passen gut zum Meteoritenfall von Untermässing in Franken. Dabei ist einer der schwersten Eisenmeteoriten Deutschlands in Untermässing – heute ein Stadtteil von Greding, Landkreis Roth, in Mittelfranken – mit einem Höllentempo auf die Erde gestürzt. Erst im Mai 1920 stießen die Brüder und Waldarbeiter Johann Schäfer und Georg Schäfer beim Roden von Wurzelstöcken mit der Hacke auf einen merkwürdigen Metallklotz. Dieser wurde in einer Tiefe von etwa 1,50 Metern von den Wurzeln einer uralten Fichte fest umklammert. Die Brüder legten den Klotz frei, bedeckten ihn aber bereits am selben Abend wieder mit Erde, damit man ihn nicht stehlen konnte. Am Folgetag transportierten die Brüder den Fund mit einer Schubkarre ins Dorf. Die ungewöhnliche Entdeckung sprach sich in Windeseile herum. Ein cleverer Schrotthändler aus Thalmässing bot den beiden Brüdern 2 Mark für den Eisenklotz an. Der Naturforscher Franz Kerl (1873–1956) erkannte aber, dass es sich um einen Meteoriten handelte und rettete diesen vor der Zerstörung. Eisenmeteoriten schmolz man damals gern auf, um das hochwertige Eisen zu gewinnen. Schließlich erhielten die Brü-

*78 Kilogramm schweres Hauptstück des Untermässing-Meteoriten
im Naturhistorischen Museum Nürnberg.
Er fiel am 9. August 1807 in deer Gegend von Untermässing,
heute ein Stadtteil von Greding, Landkreis Roth, in Mittelfranken.
Foto: Daderot (via Wikimedia Commons),
Lizenz: gemeinfrei (Public domain)*

351

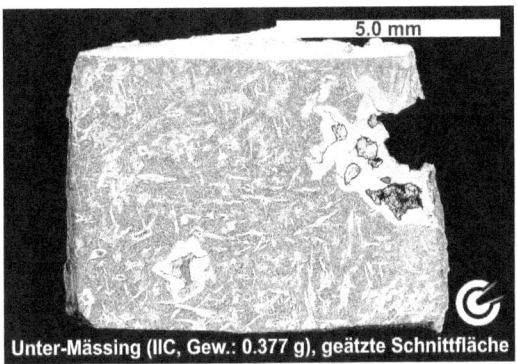

*Detailansicht einer polierten und geätzten Schnittfläche
des Untermässing-Meteoriten.
Foto: Dr. Oliver Sachs, Mirko Graul / CC BY-SA 4.0
(via Wikimedia Commons),
lizensiert unter Creative Commons-Lizenz by-sa-4.0,
https://creativecommons.org/licenses/by-sa/4.0/legalcode*

der 150 Mark für den Eisenklotz und 20 Mark extra für den Transport. Der Naturforscher Kerl konnte sich über eine Belohnung für seine Vermittlung beim Verkauf an das Museum der Naturhistorischen Gesellschaft in Nürnberg freuen. Der Untermässinger Eisenmeteorit wurde zunächst im Nürnberger Luitpoldhaus aufbewahrt, in dem das Museum der Naturhistorischen Gesellschaft untergebracht war. Drei Jahre nach dem Ende des Zweiten Weltkrieges fanden Vereinsmitglieder 1948 den im Keller des Luitpoldhauses verschütteten Meteoriten wieder und bargen ihn. Das Gefüge des Metalls hatte die Hitze eines Gebäudebrandes heil überstanden. Anhand der Jahresringe der Fichte, deren Wurzeln den Meteoriten umschlossen hatten, ließ sich der Baum auf ein Alter von ungefähr 100 Jahren datieren. Der Meteorit musste um 1800 eingeschlagen haben, als die Fichte dort noch nicht stand. Der Untermässing-Meteorit gilt heute als einer der größten noch erhaltenen Meteoriten in Deutschland. Noch schwerer als der ursprünglich etwa 80 Kilogramm wiegende Unter-mässing-Meteorit ist der 1802 entdeckte Bitburger Eisenmeteorit mit einem Gesamtgewicht von 1.500 Kilogramm. Nach Berechnungen des Physikers Hans Voshage (1926–1989) am Max-Planck-Institut in Mainz hatte der Meteorit ursprünglich eine Masse von etwa 2 Tonnen, als er in die Erdatmosphäre eintrat. Die kreuz und quer liegenden Kristallstrukturen auf den angeätzten Schliffflächen (Widmanstätten-Struktur) des Untermässing-Meteoriten wirken sehr viel feiner als üblich. Zu dieser Gruppe zählen nur etwa 1,4 Prozent aller Eisenmeteoriten. Der Untermässinger Fund gilt als einziger Eisenmeteorit, der bisher in Bayern geborgen wurde. Der mit gut 78 Kilogramm größte Teil des Eisenmeteoriten von Untermässing bildet heute eine Attraktion im Naturhisto-rischen Museum in Nürnberg. Die Sammlungen der Naturhistorischen Gesellschaft in der Norishalle in Nürnberg betreffen heute vor allem die Bereiche Geologie, Karst- und Höhlenkunde, Urgeschichte und Archäologie sowie Völkerkunde. Ein Bruchstück des Untermässing-Meteoriten befindet sich im Rieskrater-Museum in Nördlingen. Zwei weitere Fragmente werden in der Mineralogischen Staatssammlung in München aufbewahrt. Eines davon mit einem Gewicht von 188 Gramm hatte man 1951 dem Mineralogen Hugo Strunz (1910–2006) für seine Mithilfe bei der Bergung des Meteoriten aus dem Kriegsschutt überlassen.

Benthullen-Meteorit
Mit einem Gewicht von 17,25 Kilogramm gilt der Benthullen-Meteorit als der zweitgrößte Steinmeteorit, der bisher in Deutschland gefunden wurde. Bei einer seiner Exkursionen erfuhr der damalige Direktor des Staatlichen Museums für Naturkunde und Vorgeschichte in Oldenburg, Wolfgang Hartung (1907–1995), von einem Einwohner in Benthullen, Gemeinde Wardenburg, eine interessante Geschichte. Ein Nachbar jenes Einwohners hatte irgendwann zwischen 1944 und 1948 einen merkwürdigen Stein entdeckt. Dieser Stein sei groß und schwer sowie nicht zu zerschlagen gewesen. Hartung erwähnte in einem Bericht der „Nordwest-Zeitung" vom 4. Juni 1949, der Entdecker sei beim Torfstechen auf eine Spur aufmerksam geworden, welche die Schichten des Moores vollständig durchdrungen hatte. Hartung vermutete sofort, es könne sich um einen Meteoriten handeln. Im Mai 1949 ließ sich Hartung vom Entdecker den eigenartigen Stein, der inzwischen auf einem Haufen am Haus lag, zeigen. Der Geologe Hartung erkannte sofort die außerirdische Herkunft des Steins, der 26 x 19 x 13 Zentimeter groß war und 17,25 Kilogramm wog. Der Benthullen-Meteorit ist vermutlich ein

*Hauptmasse des Benthullen-Meteoriten
von Benthullen, Gemeinde Wardenburg in Niedersachsen.
Foto: 2M6R6J3K2 (via Wikimedia Commons),
lizensiert unter Creative Commons-Lizenz by-sa-3.0,
https://creativecommons.org/licenses/by-sa/3.0/legalcode*

Bruchstück des 4,56 Millarden Jahre alten Asteroiden Eros, der mit einem anderen Asteroiden zusammenstieß. Bruchstücke verließen den Asteroidengürtel zwischen Mars und Jupiter, kreuzten irgendwann die Erdbahn und stürzten ab.

Eichstätt-Meteorit
Der 14,5 Zentimeter große und 3,2 Kilogramm schwere Eichstätt-Meteorit schlug am 19. Februar 1785 nahe des Ziegelstadels eines Einödhofes im Dorf Breitenfurt unweit von Eichstätt in Bayern ein. Nur rund ein Fünftel von ihm sind noch erhalten. Der Ziegelstadel gehörte zu einer kleinen Ziegelei. Darin schnitt ein Knecht gerade Stroh, als er Donner hörte. Als der Mann zur Türe eilte erblickte er einen herabfallenden Stein, der ungefähr 2 bis 3 Meter von der Ziegelhütte entfernt niederging. Beim Aufprall zertrümmerte der Stein die dick von Schnee bedeckten, fertig gestapelten Ziegel. Der Knecht musste den heißen Stein erst abkühlen lassen, bevor er ihn anfassen konnte. Der Eichstätter katholische Geistliche, Astronom, Mathematiklehrer und Lehrbuchautor Ignaz Pickel (1736–1818) begutachtete und beschrieb den Meteoriten, den man 1785 zerschlug. Die größten, heute noch erhaltenen Bruchstücke befinden sich in Wien (123 Gramm), Zürich (106 Gramm), Gifhorn (73 Gramm) und London (43 Gramm). Die restlichen 23 Fragmente haben insgesamt ein Gewicht von nur 133 Gramm und werden unter anderem in Paris, New York, Cambridge, Stockholm, Prag und Kalkutta aufbewahrt. Beim ungarischen Volksaufstand wurde 1956 ein in Budapest gelagertes Bruchstück von 87 Gramm zerstört. Der Eichstätter Meteorit ist in der weltberühmten Sammlung des Naturhistorischen Museums in Wien zu bewundern.

*Katholischer Geistlicher, Astronom, Mathematiklehrer
und Lehrbuchautor Ignaz Pickel (1736–1818) aus Eichstätt.
Bild: Gemälde von Anton Franz,
Sohn von Johann Michael Franz (1715–1793)
(via Wikimedia Commons),
Lizenz: gemeinfrei (Public domain)*

Emsland-Meteorit
Strafgefangene stießen im Sommer 1940 im Hochmoor bei Rhede-Brahe im Emsland in etwa 2 Metern Tiefe auf einen 19 Kilogramm schweren Eisenbrocken. Die Sträflinge aus dem Emslandlager III Brual-Rhede waren bei Bauarbeiten für den Brualer Schloot eingesetzt, der zur Entwässerung und Kolonisation des Brualer Moores dienen sollte. Der Fundort des Brockens, der bald als Eisenmeteorit erkannt wurde, liegt rund 500 Meter östlich der Grenze zu den Niederlanden. Zunächst kam das außerirdische Geschoss in die Obhut des Leiters des Wasserwirtschaftsamtes Meppen, des Oberbaurates Wilhelm Sagemüller (1880–1962). Im September 1940 überließ Sagemüller den Meteoriten der Universität Göttingen. Dort untersuchte und beschrieb der Metallforscher und Metallograph, Professor Friedrich Rudolf Vogel (1882–1970), den Eisenfund. Im Juni 1941 informierte Vogel den Oberbaurat Sagemüller über den Abschluss der Untersuchungen und kündigte eine baldige Veröffentlichung der Ergebnisse an. In einem Brief an Sagemüller vom 7. Juli 1941 setzte sich der Metallograph Franz Hillen (1912 geboren) für den dauerhaften Verbleib des Himmelskörpers, der in Göttingen den Namen „Emsland" erhielt, in der Sammlung des Mineralogisch-Petrographischen Instituts in Göttingen ein. Die Meteoritensammlung dieses Institutes gebe durch seine starke Bindung zur Universität die sichere Gewähr dafür, dass der Fund jederzeit der wissenschaftlichen Erfassung auch in Zukunft zur Verfügung stehe. Sollte der Emsland-Meteorit in einem Heimatmuseum präsentiert werden, wäre er der Forschung entzogen. Ähnlich äußerte sich Professor Vogel in einem Brief vom 21. Oktober 1941 an Sagemüller. Im Interesse der Wissenschaft wäre es das Beste, wenn der Meteorit dem Göttinger Metallographischen Laboratorium übergeben

Mediziner und Botaniker
Dr. Philipp August Friedrich Mühlenpfordt (1803–1901)
aus Hannover,
möglicherweise der Entdecker des Hainholz-Meteoriten
von Natingen am 21. Juli 1856.
Bild: Leibniz Universität Hannover,
Peter A. Mansfeld (via Wikimedia Commons),
Lizenz: gemeinfrei (Public domain)

würde. Sagemüller lenkte ein und erklärte seine Bereitschaft, den Meteoriten dauerhaft der Universität Göttingen zu überlassen. Dies teilte Sagemüller am 19. Januar 1942 dem Dekan der Mathematisch-naturwissenschaftlichen Fakultät mit. Nach der Entscheidung des Dekans ging der Emsland-Meteorit in die bereits vorhandene Sammlung des Mineralogisch-Petrographischen Instituts über, die heute eine von mehreren Teilsammlungen des Göttinger Geowissenschaftlichen Zentrums ist. 1945 erschien in „Chemie der Erde" der Beitrag „Emsland: ein neuer Eisenmeteorit" von Professor Vogel. Laut Vogel könnten zwei gut dokumentierte Himmelserscheinungen mit dem Meteoritenfund von Rheda-Brahe in Zusammenhang gebracht werden., 1900 oder 1901 wurde ein heller Himmelskörper in Westrhauderfehn gesichtet und am 17. Dezember 1905 von Langeoog aus eine „Feuerkugel" beobachtet.

Hainholz-Meteorit
Der 21. Juli 1856 war ein besonderes Datum im Leben von „Dr. Mühlenpfordt aus Hannover". An jenem Sommertag entdeckte er bei einer Exkursion nahe von Gut Hainholz bei Natingen, nördlich von Borgholz bei Paderborn (heute: Nordrhein-Westfalen), in einer Ackerfurche eine große Masse, die Eisenstein ähnelte. Nachdem er den Fund zerschlug, anfeilte und näher betrachtete, fand er Olivin und Eisen, weshalb er davon überzeugt war, einen Meteoriten vor sich zu haben. Die Masse wog ursprünglich 16,5 Kilogramm. Bei dem Entdecker handelte es sich vielleicht um den Mediziner und Botaniker Dr. Philipp August Friedrich Mühlenpfordt (1803–1901) aus Hannover. Er schickte die Masse zur Ansicht und weiteren Analyse an den Chemiker Friedrich Wöhler (1800–1882) in Göttingen. Dieser wies in dem Eisen zunächst

*Krähenberg-Meteorit mit dem Aussehen eines Brotlaibes,
gefallen am 5. Mai 1869 in Krähenberg,
heute Landkreis Südwestpfalz, Rheinland-Pfalz.
Foto: LoKiLeCh / CC BY-SA 3.0
(via Wikimedia Commons),
lizensiert unter Creative Commons-Lizenz by-sa-3.0,
https://creativecommons.org/licenses/by-sa/3.0/legalcode*

Nickel und später Schwefeleisen nach und bestätigte die meteoritische Natur des Fundes. Der Stein-Eisen-Meteorit Hainholz besteht je zur Hälfte aus Metall und Silikat und gilt als Mesosiderit. Die seltenen Stein-Eisen-Meteoriten werden in Mesosideriten und Pallasiten aufgeteilt. Der Mesosiderit aus Hainholz und der Pallasit aus Marburg sind die einzigen deutschen Meteoritenmassen, die man als Stein-Eisen-Meteoriten bezeichnet. In Berichten über den Hainholz-Meteoriten werden verwirrende Angaben über den Fundort gemacht. Es ist von Hainholz bei Natingen (Hainholz-Meteorit), Hainholz bei Paderborn (Paderborn-Meteorit) und Hainholz bei Minden (Minden-Meteorit) die Rede, weil sich der Fundort zeitweise im ehemaligen Regierungsbezirk Minden befand, der von 1815 bis 1947 exisitierte. Hainholz ist etwa 32 Kilometer von Paderborn und rund 100 Kilometer von Minden entfernt. 2000 waren in verschiedenen Instituten noch rund 12 Kilogramm von dem Meteoriten vorhanden. Die 6,5 Kilogramm schwere Hauptmasse des Hainholz-Meteoriten befindet sich im Mineralogisch-Petrographischen Institut in Tübingen.

Krähenberg-Meteorit
Der Krähenberg-Meteorit schlug am 5. Mai 1869 gegen 18.30 Uhr in der Feldgemarkung der Ortsgemeinde Krähenberg auf einer Wiese der Sickinger Höhe (heute: Landkreis Südwestpfalz, Rheinland-Pfalz) ein. Augenzeugen sahen zuvor eine Feuerkugel in äußerst brillantem Weiß und hörten ein „lautes Getöse". Nahe des Einschlagortes hielten sich der Landwirt Heinrich Lauer, ein weiterer Mann und ein kleines Mädchen auf einem Acker auf. Der 30 x 18 Zentimeter große und ursprünglich 15,75 Kilogramm schwere Steinmeteorit mit dem Aussehen und den Maßen eines flachen und nahezu

*Geophysiker und Polarforscher
Georg von Neumayer (1826–1909).
Foto: Rudolf Dürkoop (1848–1918)
(via Wikimedia Commons),
Lizenz: gemeinfrei (Public domain)*

runden Brotlaibs drang etwa 60 Zentimeter tief in den Erdboden ein. Ein Junge, der sich unweit des Einschlagortes aufhielt, fiel vor Schreck in Ohnmacht. Der Naturforscher Georg von Neumayer (1826–1909) schrieb am 1. Juli 1869, der Einschlag sei so laut gewesen, dass man vermutete, die erst vor kurzem gebaute Eisenbahn sei in Homburg explodiert. Man spekulierte auch über die Explosion eines Pulverturms in der französischen Grenzfestung Bitsch oder über eine Kanonade in Landau oder Germersheim. Neumayer glaubte irrtümlich, der Meteorit müsse von einem Kometen stammen. Das erwähnte „laute Getöse" war in der West-, Vorder- und Südpfalz zu hören. Sogar im rund 100 Kilometer entfernten Wiesbaden bekamen noch Ohren was davon mit. Die Berichte über die Bergung des Meteoriten sind widersprüchlich. Einerseits sollen der Landwirt Lauer und sein Begleiter das noch heiße Objekt, das man mit Wasser kühlte, ausgegraben haben. Laut einer anderen Version ließ der Besitzer der Wiese den Meteoriten vom Landwirt Lauer bergen. Der Lehrer Philipp Schmidt habe dann den Brocken zum Schulhaus gebracht. Die Frau des Lehrers habe von dem „Teufelsding" nicht wissen wollen und dieses zum Haus des Wiesenbesitzers zurückgeschickt. Laut dem aus Zweibrücken herbeigeeilten Gymnasiallehrer Paul Reinsch hätten junge Leute aus Krähenberg den Fund noch am Abend des Einschlagtages freigelegt und ins Schulhaus gebracht. An Christi Himmelfahrt, 6. Mai 1869, kamen mehr als 400 Schaulustige nach Krähenberg, um den rätselhaften Brocken aus dem Weltall zu sehen oder Erinnerungsstücke davon abzuschlagen. Etliche Tage lang konnte man im Schulhaus von Krähenberg den Meteoriten bestaunen. Am 14. Mai 1869 ordnete die Kammer des Innern der Königlich-Bayerischen Regierung der Pfalz die Beschlagnahmung des Meteoriten an,. Die Ortsgemeinde

*Ortswappen von Krähenberg
mit Darstellung eines Kometen statt eines Meteoriten.
Bild (via Wikimedia Commons),
Lizenz: gemeinfrei (Public domain)*

Krähenberg und der Landwirt Lauer erhielten je 100 Gulden. Spätestens am 18. Mai 1896 kam der Meteorit in das Historische Museum der Pfalz in Speyer, das den Fund im Sommer 1869 erwarb. Bis zur Gegenwart ist der Krähenberg-Meteorit mehrfach an andere Museen ausgeliehen worden. Über 20 Jahre lang bemühte sich die damals zuständige Königlich-Bayerische Staatsregierung vergeblich, den Fund der Mineralogischen Staatssammlung in München einzuverleiben. 1891 lehnte der pfälzische Landrath das Ansinnen endgültig ab. Kleine Bruchstücke wurden zwischen 1890 und 1906 für wissenschaftliche Zwecke an Institute und Museen in München, London und Wien abgegeben. Deshalb ist der Krähenberg-Meteorit mit gegenwärtig noch 14,75 Kilogramm heute etwas leichter als ursprünglich. Laut Untersuchungen in der zweiten Hälfte des 20. Jahrhunderts handelt es sich um einen mehr als 4,5 Milliarden Jahre alten Steinmeteoriten. Am Einschlagort bei Krähenberg führt seit 2009 der 30 Kilometer lange Meteoritenweg vorbei.

Mainz-Meteorit
Der Mainz-Meteorit stammt aus dem Asteroidengürtel zwischen den Planeten Mars und Jupiter. Er schlug vielleicht im Eiszeitalter bzw. in der Altsteinzeit vor etwa 30.000 Jahren in der Mainzer Gegend ein. 1852 entdeckte ein Bauer den merkwürdigen Brocken beim Pflügen auf einem Acker an der Pariser Chaussee (heute: Pariser Straße) nahe des Gautores. Der 1,8 Kilogramm schwere Fund war angeblich so groß wie ein Fußball, scharfkantig und ungewöhnlich schwarz. Erste Untersuchungen in einem Labor in Wiesbaden zeigten, dass es sich um einen Gesteinsbrocken mit Eiseneinschlüssen handelte. So etwas gibt es auf der Erde nicht. Der Meteorit vom Mainzer Acker bildete Mitte des 19. Jahrhunderts eine

Sensation. Bruchstücke des Mainz-Meteoriten befinden sich in Museen in Wien, New York, Straßburg und sogar im indischen Kalkutta. Teile von ihm konnte man 2017 in einer Ausstellung im Mainzer Rathaus bestaunen. Das Besondere an dem Mainzer Meteoriten sei sein hohes Alter, erklärte Jan-David Förster, langjähriger Vorsitzender der Astronomischen Arbeitsgemeinschaft (AAG) Mainz und Macher der Ausstellung von 2017. Das Geschoss aus dem All sei vor 4,56 Milliarden Jahren gemeinsam mit unserem Sonnensystem entstanden. Vor ungefähr 50 Millionen Jahren müsse der Mainzer Meteorit von einem größeren Asteroiden abgeplatzt und seither durchs All geirrt sein. Man wisse das, weil der Meteorit ab dann kosmischer Strahlung ausgesetzt gewesen sei. Dies hätten Messungen am Mainzer Max-Planck-Institut gezeigt. Die Reise des Himmelskörpers verlief quer durchs Innere des Sonnensystems. Wann das außerirdische Geschoss die Erde erreicht habe, sei nicht ganz klar.

Als der Verfasser dieses Textes vor 1980 einen Spaziergang mit seiner damaligen Familie auf dem Wißberg in Rheinhessen unternahm, hat er vielleicht zufällig einen Steinmeteoriten entdeckt. Der Fund war etwa so groß wie zwei Fäuste, hatte eine harte schwarze Kruste und ließ im Inneren mehr als 1 Zentimeter große runde Einschlüsse erkennen. Weil er nicht wusste, worum es sich handelte, warf der Entdecker den Stein mehrfach mit voller Kraft auf den geteerten Feldweg, um seine Reaktion zu testen. Außer dass seine ältere Tochter Beate „Du spinnst doch" schrie, weil der unveränderte Stein fast eines ihrer Beine traf, passierte nichts. Der Entdecker hat den rätselhaften Stein dann wieder in den Weinberg geworfen und ist weiter gegangen. Auf Fotos von Stein-meteoriten sah er später oft Objekte, die seinem Fund sehr stark ähnelten.

Menow-Meteorit

Bei Menow westlich von Fürstenberg in Brandenburg erschrak an einem Dienstag zwischen 12 und 13 Uhr im Jahre 1862 ein Schäfermeister bei seiner Arbeit, als ein vom Himmel stürzender Steinbrocken auf einem Feld des damaligen Erbpachtgutes aufschlug. Das Bruchstück, welches auf dem Erdboden landete, wurde geborgen, das Fragment, das in einen See fiel, ging verloren. Anfangs war der Stein zu heiß zum Anfassen. Der Einschlag bei Menow ist in dem 1862 erschienenen Band der „Annalen der Physik und Chemie", herausgegeben von dem Physiker Johann Christian Poggendorf (1796–1877), dokumentiert. Darin heißt es: „Vor den Augen des Schäfermeisters fiel plötzlich bei völlig heiterem Himmel ein großer feuriger Klumpen mit solcher Gewalt aus der Luft hernieder, dass der Sand ringsum hoch aufspritzte, und die Masse anderthalb Fuß tief in die Erde fuhr". So zitierte Poggendorf einen Bericht der „Allgemeinen Zeitung" vom 3. Dezember 1862. Die „Neustrelitzer Zeitung" hatte bereits am 16. November 1862 berichtet, das Erscheinen des Himmelskörpers sei laut Ohren- und Augenzeugen mit einem Zischen und Sausen in der Luft, unterbrochen von heftigen Detonationen, vergleichbar einer fernen Kanone, erfolgt. Metallische Gutachten im 20. Jahrhundert ergaben einen Eisenanteil von 27,41 Prozent des 10,5 Kilogramm schweren Klumpens. Dessen Oberfläche war mit einer glatten schwarzen Kruste umgeben. Das Innere wirkte dunkelaschgrau und war mit zahlreichen silberglänzenden Metallteilchen durchzogen. Die schwarze Schmelzkruste entstand durch hohe Temperaturen, denen der Stein beim Eintritt in die Erdatmosphäre ausgesetzt war. Der Meteorit wurde zunächst von einem Herrn Ritter, dem Besitzer von Menow, aufbewahrt. Ein respektables Bruchstück davon gelangte 1868

*Deutscher Physiker
Johann Christian Poggendorf (1796–1877).
Bild: Aufnahme eines unbekannten Fotografen
(via Wikimedia Commons),
Lizenz: gemeinfrei (Public domain)*

zur „Geological Survey of India" in Kalkutta, das zuvor bereits kleinere Splitter von diesem Fund besaß. Vorbesitzer soll ein Engländer namens William Nevill aus Godalming in der Grafschaft Surrey gewesen sein. Dem vom „Natural History Museum" in London herausgegebenen „Catalogue of Meteorites" zufolge sollen sich in Indien 2,7 Kilogramm des Menow-Meteoriten befinden, nach anderen Angaben nur 2,2 Kilogramm. Das „Natural History Museum" in London bewahrt vier Bruchstücke von zusammen etwa 2,3 Kilogramm auf. Weitere Fragmente liegen im „Field Museum of Natural History" in Chicago (600 Gramm), dem Naturhistorischen Museum in Wien (etwa 160 Gramm) und im „National Museum of Natural History" in Washington (104 Gramm). Kleinere Teile findet man in der Sammlung des Vatikans (29 Gramm) sowie im „American Museum of Natural History" in New York (19 Gramm). 1871 gelangte ein knapp 500 Gramm schweres Bruchstück aus dem Besitz eines englischen Sammlers durch Tausch in das „Museum für Naturkunde" in Berlin.

Nentmannsdorf-Meteorit
Der Nentmannsdorf-Meteorit wurde am 11. Dezember 1872 vom Obersteiger Bruno Schreiter aus Berggießhübel bei Nentmannsdorf, „ca. 2 Fuß unter der Rasendecke", gefunden. Damals galt noch die Schreibweise „Nenntmannsdorf" mit zwei „n", heute heißt es Nentmannsdorf. Nentmannsdorf ist ein Ortsteil von Bahretal, das zu Bad Gottlauba-Berggießhübel gehört, und liegt in der Sächsischen Schweiz-Osterzgebirge. Da die Stadt Pirna nicht weit von der Fundstelle entfernt ist, wird mitunter Pirna statt Nentmannsdorf als Fundort angegeben. Am 21. März 1873 kaufte das damalige königlich mineralogische Museum in Dresden den

Deutscher Chemiker
Friedrich Wöhler (1800–1882).
Bild: Lithographie von Rudolf Hoffmann (1820–1882,
Foto: Peter Geymayer (via Wikimedia Commons),
Lizenz: gemeinfrei (Public domain)

Fund für die stolze Summe von 500 Talern. Eine Analyse des Chemikers Lichtenberg in Dresden ergab 94,59 Prozent Eisen und 5,31 Prozent Nickel, was nicht ganz 100 Prozent erreicht. Ursprünglich wog der Eisenmeteorit 12,5 Kilogramm. Die Hauptmasse mit den Maßen 16 x 6 x 16 Zentimeter und einem Gewicht von 9,952 Kilogramm wird heute noch in den Senckenberg naturhistorischen Sammlungen Dresden, Abteilung Museum für Mineralogie und Geologie, aufbewahrt.

Obernkirchen-Meteorit
Die Obernkirchener Sandsteinbrüche auf dem Bückeberg bei Obernkirchen in der Grafschaft Schaumburg in Niedersachsen sind wegen ihrer imposanten Fußabdrücke von pflanzen- und fleischfressenden Dinosauriern aus der Kreidezeit vor etwa 140 Millionen Jahren weithin berühmt. Weniger bekannt dürfte sein, dass in einem der Obernkirchener Sandsteinbrüche auf dem Bückeberg ein 28 Zentimeter hoher und ursprünglich fast 41 Kilogramm schwerer Eisenmeteorit entdeckt wurde. Im Sommer 1863 kam bei Abräumarbeiten in einer Sandschicht etwa 4,50 Meter unter der Erdoberfläche und rund 3 Meter oberhalb der Sandsteinbänke eine ungewöhnlich schwere Konkretion in Form einer unregelmäßigen vierseitigen Pyramide zum Vorschein. Der Steinhauermeister und Steinbruchbesitzer Carl Wilhelm Ernst erfuhr von diesem Fund, den die Arbeiter wegen seines hohen Gewichts liegengelassen hatten. Ernst schlug von dem vermeintlichen Stein ein Bruchstück ab und erkannte, dass es sich um Metall handelte. Der Steinbruchbesitzer ließ die Masse zu seinem Haus transportieren und schickte das Metall-Bruchstück zwecks Untersuchung nach Marburg zu einem chemisches Labor. Dies tat er, weil er hoffte, es könne sich um eine

edelmetallreiche Legierung handeln. Von der Nachricht, es handle sich um gewöhnliches schwedisches Eisen ohne jeglichen Silbergehalt, war er so enttäuscht, dass er den Fund wegwarf. Durch den Schwiegersohn des Steinbruchbesitzers, der Kaufmann in Oldenburg war, hörte Carl Friedrich Wiepken (1815–1897), der Leiter des Oldenburger Museums, von diesem Fund. Wiepken ließ sich eine Probe davon kommen, schickte sie ebenfalls zur Untersuchung und erhielt das Ergebnis, es handle sich um schwedisches Eisen. Danach fertigte Wiepken einen Schliff an, der nach dem Ätzen mit alkoholischer Salpetersäure eine sogenannt Widmanstätten-Struktur zeigte, die er sofort richtig deutete und das Eisen als Meteoriten erkannte. Wiepken schickte die Probe zu dem Agrikulturchemiker Wilhelm Wicke (1828–1871) nach Göttingen und bat um eine Analyse durch den Chemiker Friedrich Wöhler (1800–1882). Wöhler, der bereits eine Meteoritensammlung besaß, und Wiepken zeigten sich an einem Ankauf des Obernkirchen-Meteoriten interessiert. Doch da von einem Interessenten bereits 500 Thaler geboten wurden, war ein Erwerb nicht mehr möglich. Das Britische Museum (Natural History Museum) kaufte 1864 die Hauptmasse des Meteoriten für umgerechnet 800 Reichsthaler. Als Verkäufer agierte der Bergingenieur Adolph Christoph Osius, der Entdecker eines 1861 geborgenen Meteoriten bei Breitenbach in Böhmen. In London sind heute 32 Kilogramm des Obernkirchen-Meteoriten vorhanden. Das Oldenburger Museum bekam aus London ein 92,42 Gramm schweres Bruchstück, das später bei einem Brand verloren ging.

Oldenburg-Meteorit
Der Oldenburg-Meteorit (auch Bissel-Meteorit oder Beverbruch-Meteorit) war ein Steinmeteorit, der am 10.

September 1930 um 14.15 Uhr in der Gegend von Oldenburg (Niedersachsen) zur Erde stürzte. Ein 4,84 Kilogramm schwerer Brocken schlug beim Dorf Bissel, Gemeinde Großenkneten, 23 Kilometer südlich von Oldenburg, ein. Ein 11,3 Kilogramm schwerer Brocken fiel bei Beverbruch, Gemeinde Garrel, nieder. Oberhalb von Döhlen, Gemeinde Großenkneten, war der Meteorit in etwa 4 Kilometer Höhe in mindestens zwei Hauptteile zerbrochen. Es handelt sich um einen 4,56 Milliarden Jahre alten Steinmeteoriten, der nicht mit dem 1951 ebenfalls bei Oldenburg gefundenen 17,25 Kilogramm schweren Benthullen-Meteoriten identisch ist.

Steinbach-Meteoriten
Von den Steinbach-Meteoriten sind vier Bruchstücke von vier Fundorten im westlichen Erzgebirge, mit unter-schiedlicher Größe und mit verschiedenem Gewicht bekannt: 1. ein vor 1724 entdeckter Fund mit der offenbar unzu-treffenden Ortsangabe Grimma, 2. ein vor 1751 geborgener Fund aus Steinbach bei Johanngeorgenstadt in Sachsen, 3. ein 1833 entdeckter Fund aus Rittersgrün bei Johanngeorgenstadt in Sachsen, 4. ein 1861 geborgener Fund aus Breitenbach (heute: Potùcky) bei Platten (heute: Horní Blatná) in Böhmen. Insgesamt wiegen diese vier Steine 99 Kilogramm. – Der erste, 764,67 Gramm schwere Steinbach-Meteorit befand sich ursprünglich in der Sammlung des sächsischen Berghaupt-manns von Schönberg, die mehr als ein Jahrhundert später nach Gotha verkauft wurde. Berghauptmänner namens „von Schönberg" gab es einige. Jenes Exemplar gelangte schließlich in die Sammlung des Paläontologen und Geologen Ernst Friedrich von Schlotheim (1764–1832) in Gotha. – Der zweite Steinbach-Meteorit wurde „zwischen Eibenstock und Jo-hanngeorgenstadt auf einer Eisenhalde bey den Steinbacher

*Deutscher Paläontologe und Geologe
Ernst Friedrich von Schlotheim (1764–1832).
Bild (via Wikimedia Commons),
Lizenz: gemeinfrei (Public domain)*

Seifenwerken" gefunden. Steinbach ist heute ein Ortsteil von Johanngeorgenstadt. Der 1,2 Kilogramm schwere Hauptteil des Fundes liegt in der Sammlung in Wien., 130,7 Gramm befinden sich in London., 50,146 Gramm in Berlin sowie weitere kleinere Teile in verschiedenen Sammlungen. – Der dritte Steinbach-Meteorit wurde 1833 von dem Waldarbeiter Karl August Reißmann beim Ackerroden nahe Rittersgrün bei Johanngeorgenstadt entdeckt. Reißmann versuchte erfolglos, die 86,5 Kilogramm schwere Masse an einen Schmied oder an ein benachbartes Hammerwerk zu verkaufen. 1861 erwarb die Mineralogische Sammlung der Bergakademie Freiberg die Masse. Der 43 Zentimeter große Fund wurde innerhalb von 2 Monaten in Wien geschnitten. Die verbliebene Hauptmasse von 55 Kilogramm liegt in der Bergakademie Freiberg, der Rest wurde an Museen in Wien, Dresden, Berlin und Sankt Petersburg verteilt und verkauft. – Den vierten, 10,5 Kilogramm schweren Steinbach-Meteoriten hat man im April 1861 in Breitenbach (heute: Potůcky) bei Platten (heute: Horní Blatná) in Böhmen „etwa eine Elle tief in der Dammerde" entdeckt. Dieser tschechische Fundort liegt dicht an der Grenze zu Sachsen und unmittelbar neben Johanngeorgenstadt. 1863 erwarb das British Museum in London diesen Fund. Als Entdecker gilt der Bergingenieur Adolph Christoph Osius aus Freiberg. Ein kleines Fragment von diesem Meteoriten erhielt das Museum für Naturkunde in Berlin.

Literatur
BAYERISCHES LANDESAMT FÜR UMWELT: Nicht von dieser Welt. Bayerns Meteorite. Augsburg 2012.
BITBURG.DE: Zurück in die Heimat: Hobby-Geologe schenkt Bitburg ein Stück des „Bitburger Eisenmeteoriten", 20. März 2017.

BRAKMANN, Thomas: Meteoriten-Fund im Emsland: 1940 finden Strafgefangene bei Rhede im Hochmoor einen Eisenmeteoriten. In: Osnabrücker Geschichtblog, 25. Dezember 2017. https://hvos.hypotheses.org/525
BRAUNS, Reinhard Anton; Mitteilungen aus dem Mineralogischen Institut der Universität Bonn. 33. Die in Deutschland nachweisbaren Reste des unveränderten Bitburger Eisens. In: Centralblatt für Mineralogie, Geologie und Paläontologie, S. 1–9 , Bonn 1920.
BREITHAUPT, August: Vorläufige Nachricht über den Eisen-Meteorit von Rittersgrün. In: Berg- und Hüttenmännische Zeitung 21: S. 321–322, 1862.
CHLADNI, Ernst Florens Friedrich: Über die Feuer-Meteore und die mit denselben herabgefallenen Massen, Wien 1819.
DAMBECK, Thorsten: Der Flensburg-Meteorit enthält die ältesten Spuren von Wasser in unserem Sonnensystem. In: Neue Zürcher Zeitung, 21. Januar 2021.
https://www.nzz.ch/wissenschaft/flensburg-meteorit-aelteste-spur-von-wasser-im-sonnensystem-ld.1597592
DLR.DE: Größter deutscher Steinmeteorit in Blaubeuren gefunden.
https://www.dlr.de/content/de/artikel/news/2020/03/20200715_groesster-deutscher-steinmeteorit-in-blaubeuren-gefunden.html
DREXLER, Martina: Als dieser Meteorit in Kiel einschlug. In: Kieler Nachrichten, 13. September 2019.
https://www.kn-online.de/lokales/kiel/als-dieser-meteorit-in-kiel-einschlug-WLEHUZTSJSS5OFLLF7CXSYWMLM.html
FIENE, Jörg: Meteorit fiel in Braunschweig vom Himmel, 3. Mai 2013.

https://www.braunschweiger-zeitung.de/braunschweig/article150990080/Meteorit-fiel-in-Braunschweig-vom-Himmel.html
FLÖSSER, Reinhard: Der Meteorit von Krähenberg. In: GEIGER, Michael / HELB, Hans-Wolfgang (Herausgeber): Naturforschung, Naturschutz und Umweltbildung. POLLICHIA-Sonderveröffentlichung, Nr. 23, Neustadt an der Weinstraße 2015.
GIBBS, C.: Observation on the Masse of Iron from Louisiana. In: American Mineralogical Journal 1: S. 219–231, 1814.
HENKE, Matthias: Meteorit von Menow weltweit gefragt, MOZ.DE, 18. Januar 2013.
https://www.moz.de/lokales/gransee/meteorit-von-menow-weltweit-gefragt-47972140.html
HISTORISCHES MUSEUM DER PFALZ: Meteorit von Krähenberg.
https://rlp.museum-digital.de/object/29649
HOMEPAGE VON THOMAS WITZKE: Eichstätt. Gewöhnlicher Chondrit, H5.
https://www.strahlen.org/tw/meteorite/meteorite_deutschland_1.html
HOMEPAGE VON THOMAS WITZKE: Eisenmeteorite – Fotos und Klassifikation. Obernkirchen, Eisenmeteorit, NA.
https://tw.strahlen.org/fotoatlas1/meteorite_eisen4.html
HOMEPAGE VON THOMAS WITZKE: Eisenmeteorite – Fotos und Klassifikation. Steinbach. Eisenmeteorit, NA anomal.
https://tw.strahlen.org/fotoatlas1/meteorite_eisen4.html
HOMEPAGE VON THOMAS WITZKE: Steineisenmeteorite – Fotos und Klassifikation.

Hainholz. Mesosiderit A4.
https://www.strahlen.org/tw/meteorite/
meteorite_steineisen1.html
KIRSCHSTEIN, Gisela: Mainz: Als plötzlich ein Meteorit einschlug. In: Frankfurter Neue Presse, 29. April 2017.
https://www.fnp.de/hessen/mainz-ploetzlich-meteorit-einschlug-10460549.html
METEORITE-MUSEUM: Meteoriten und Meteoritenfälle in Deutschland.
https://www.meteorite-museum.de/index.php/deutsche-meteoriten-faelle.html
MINDAT.ORG: Aachener Meteorit, Aachen, Köln, Nordrhein-Westfalen, Deutschland.
https://www.mindat.org/loc-264473.html
MINDAT.ORG: Darmstädter Meteorit, Darmstadt, Hessen, Deutschland.
https://www.mindat.org/loc-264389.html
MINDAT.ORG: Meteorit Menow, Fürstenberg/Havel, Oberhavel, Brandenburg, Deutschland.
https://www.mindat.org/loc-264425.html
MINERALIENATLAS LEXIKON: Meteorit.
https://www.mineralienatlas.de/lexikon/index.php/Deutschland/Sachsen/Erzgebirgskreis/Johanngeorgenstadt/Steinbach/Meteorit
MINERALIEN-ATLAS LEXIKON: Nentmannsdorf.
https://www.mineralienatlas.de/lexikon/index.php/Deutschland/Sachsen/S%C3%A4chsische%20Schweiz-Osterzgebirge%2C%20Landkreis/Bad%20Gottleuba-Berggie%C3%9Fh%C3%BCbel/Bahretal/Nentmannsdorf/Meteorit
NEUMAYER, Georg von: Bericht über das Niederfallen eines Meteorsteines bei Krähenberg, Kanton Homburg,

Pfalz. In: Sitzungsberichte der Kaiserlichen Akademie der Wissenschaften zu Wien – mathematisch naturwissenschaftliche Classe, S. 229–241, Wien 1899.
NEUMAYER, Georg von: Der Meteorit von Krähenberg. In: 28. & 29. Jahresbericht der Pollichia, 1871.
NIESE, Siegfried: Der Meteor Erxleben und die frühe Kosmochemie. In: Mitteilungen, Gesellschaft Deutsche Chemiker, Fachgruppe Geschichte der Chemie (Frankfurt/Main) 22: S. 53–66, 2012.
https://www.gdch.de/fileadmin/downloads/Netzwerk_und_Strukturen/Fachgruppen/Geschichte_der_Chemie/Mitteilungen_Band_22/2012-22-05.pdf
NOEGGERATH, Johann Jakob / BISCHOF, Gustav: Ueber die größte gediegene Eisenmasse meteorischen Ursprungs von Bitburg. In: Schweiger's Jahrbuch der Chemie und Physik 13: S. 1–20, 1825.
OBERNKIRCHEN-INFO.DE: Der Meteorit von Obernkirchen.
https://www.obernkirchen-info.de/meteorit/
PREUSS, Ekkehard: Der Meteorit von Unter-Mässing. In: Jahresmitteilungen der Naturhistorischen Gesellschaft Nürnberg, S. 149–154, Nürnberg 1976.
VOGEL, Rudolf: Emsland: ein neuer Eisenmeteorit. In. Chemie der Erde 15: S. 52–65, 1945.
WIKIPEDIA (Online-Lexikon): Benthullen (Meteorit).
https://de.wikipedia.org/wiki/Benthullen_(Meteorit)
WIKIPEDIA (Online-Lexikon): Eichstätt (Meteorit).
https://de.wikipedia.org/wiki/Eichst%C3%A4dt_(Meteorit)
WIKIPEDIA (Online-Lexikon): George Gibbs (Mineraloge).

https://en.wikipedia.org/wiki/
George_Gibbs_(mineralogist)
WIKIPEDIA (Online-Lexikon): Krähenberg (Meteorit).
https://de.wikipedia.org/wiki/Krähenberg_(Meteorit).
https://de.wikipedia.org/wiki/
WIKIPEDIA (Online-Lexikon): Liste der Meteoriten Bayerns.
https://de.wikipedia.org/wiki/
Liste_der_Meteoriten_Bayerns
WIKIPEDIA (Online-Lexikon): Liste der Meteoriten Deutschlands.
https://de.wikipedia.org/wiki/
Liste_der_Meteoriten_Deutschlands
WIKIPEDIA (Onlinie-Lexikon): Oldenburg (Meteorit).
https://de.wikipedia.org/wiki/Oldenburg_(Meteorit)
WIKIPEDIA (Online-Lexikon): Meteoritenfall Untermüssing (1807)
WIKIPEDIA (Online-Lexikon): Treysa (Meteorit).
https://de.wikipedia.org/wiki/Treysa_(Meteorit)

Meteoriten in Österreich

Auf dem Gebiet von Österreich in seinen heutigen Grenzen hat man bisher zehn Meteoriten geborgen., von denen heute noch Material vorhanden ist. Bei fünf von ihnen wurde vor dem Fund auch der Fall des Meteoriten beobachtet. Acht Meteoriten sind Steinmeteoriten und werden zu den Chondriten gerechnet. Ein Meteorit ist ein Enstatit-Chondrit, der das Mineral Enstatit enthält. 2021 fand man den ersten und bisher einzigen Eisenmeteoriten in Österreich. Nachfolgende Liste basiert auf dem Online-Lexikon „Wikipedia":
Ischgl, Tirol, 724 Gramm, Fund von 1976 (wurde erst 2008 als Meteorit identifiziert und 2012 im Naturhistorischen Museum in Wien der Öffentlichkeit präsentiert),
Nähe Innsbruck, Tirol, 4 Kilogramm, Fund von 2021.
Kindberg, Steiermark, 233 Gramm, Fall am 19. November 2020,
Lanzenkirchen, Niederösterreich, 7 Kilogramm, Fall am 28. August 1925,
Mauerkirchen, Oberösterreich (zum Zeitpunkt des Falls gehörte Mauerkirchen zu Bayern), 21,3 Kilogramm, Fall am 20. November 1768,
Minnichhof bzw. Kroatisch Minihof, Burgenland, 550 Gramm, Fall am 27. Mai 1906,
Mühlau, Innsbruck-Mühlau, Tirol, 5 Gramm, Fund um 1877,
Neuschwanstein (zwei Meteoriten, 1,750 und 1,625 Kilogramm schwer, barg man auf dem Gebiet unweit von Schloss Neuschwanstein in Bayern) und Reutte, Tirol (der dritte und mit 2,843 Kilogramm größte Meteorit wurde auf Tiroler Gebiet gefunden), 6.218 Kilogramm, Fall am 6. April 2002.

Fall des Meteoriten von Mauerkirchen von 1768,
dargestellt in einem Kupferstich von 1769.
Bild: H. Raab / CC BY-SA 4.0 (via Wikimedia Commons),
lizensiert unter Creative Commons-Lizenz by-sa-4.0,
https://creativecommons.org/licenses/by-sa/4.0/legalcode

Prambachkirchen, Oberösterreich, 2,125 Kilogramm, Fall am 5. November 1932.
Ybbsitz, Niederösterreich, 14,6 Kilogramm, Fund von 1977.
Der Originaltext über Meteoriten in Österreich ist bei „Wikipedia" unter der Lizenz „Creative Commons Attributions Share/Alike" verfügbar.

Mauerkirchen-Meteorit
Kurioserweise ist der schwerste Meteorit, der bisher in Österreich gefunden wurde, ursprünglich am 20. November 1768 in Bayern gefallen. Dabei handelt es sich um den 21,3 Kilogramm schweren Mauerkirchen-Meteoriten. Bis 1779 gehörte Mauerkirchen zu Bayern und danach zusammen mit dem Innviertel („Innbayern") zu Österreich. Während der Napoleonischen Kriege (1799–1814) war Mauerkirchen wieder kurz bayerisch, aber seit 1814 wieder österreichisch. Heute liegt der Fundort knapp 2 Kilometer nördlich von Mauerkirchen auf dem Gemeindegebiet von Burgkirchen in Oberösterreich. Am Absturztag des Steinmeteoriten hörten Ohrenzeugen nach 4 Uhr nachmittags ein ungewöhnliches Brausen und gewaltiges Krachen in der Luft. Dann fiel ein Stein vom Himmel in das Feld des Söldners Georg Bart. Einen Tag nach dem Meteoritenfall am 20. November 1768 fand die Bäuerin Apollonia Bart den etwa 30 Zentimeter langen, 15 Zentimeter breiten und „38 Bayerische Pfunde" wiegenden Meteoriten in einer ungefähr 75 Zentimeter tiefen Grube. 1803 nahm der Meteoritenforscher Ernst Florens Friedrich Chladni (1756–1827) den Mauerkirchen-Meteoriten in sein „Chronologisches Verzeichnis der mit einem Feuermeteor niedergefallenen Stein- und Eisenmassen" auf. Später beschrieb der Geologe Carl Wilhelm von Gümbel (1823–1898) die Haupt-

masse des Steins als lichtgrau gefärbt und durch eingestreutes
Meteor-Eisen schwarz punktiert. Bruchstücke des Mauer-
kirchen-Meteoriten befinden sich gegenwärtig in etwa 80
Sammlungen und Museen. Die 6,95 Kilogramm schwere
Hauptmasse wird im „Museum Mineralogia München" (früher:
„Museum Reich der Kristalle") der Staatlichen Naturwissen-
schaftlichen Sammlungen Bayerns in München aufbewahrt.
Ein 2 Kilogramm schweres Bruchstück wurde 1804 Johann
Friedrich Blumenbach (1752–1840), dem Lehrer von König
Ludwig I. von Bayern (1786–1868), in Göttingen geschenkt.

Ybbsitz-Meteorit
Bei geologischen Kartierungsarbeiten am Prochenberg bei
Ybbsitz in Niederösterreich wurde am 17. September 1977
ein 14,6 Kilogramm schwerer Meteorit entdeckt. Es begann
damit, dass Geologen ein Stein wegen seiner Farbe und seines
hohen Gewichts auffiel. Man schlug aus dem Fund eine Probe
heraus und fertigte davon einen Dünnschliff an. 1979 hatte
eine Untersuchung des Dünnschliffs an der Universität
Salzburg ein überraschendes Ergebnis: Der Fund bei Ybbsitz
ist außerirdisch! Die Bruchflächen des Steins lassen darauf
schließen, dass es sich um ein Fragment eines ehemals größeren
Himmelskörpers handelt, der noch vor dem Einschlag auf
der Erde in mindestens drei größere Stücke zerfallen ist. Im
Umkreis der Einschlagstelle konnten aber kene weiteren Teile
entdeckt werden. Der Ybbsitz-Meteorit ist vermutlich im
Eiszeitalter vor 1,7 bis 1,5 Millionen Jahren im Asteroidengürtel zwischen den Planeten Mars und Jupiter durch eine
Kollision aus dem Mutterkörper herausgebrochen. Zur Erde
gestürzt könnte er in den 1950er oder 1970er Jahren sein.
Eventuelle Augenzeugen glauben, eine helle Erscheinung
beobachtet zu haben. Die Geologische Bundesanstalt hat im

Januar 1981 das 11,9 Kilogramm schwere Hauptstück des Ybbsitz-Meteoriten dem Naturhistorischen Museum in Wien überlassen.

Literatur
BRANDSTÄTTER, Franz / KONZETT, Jürgen / KOEBERL, Christian / FERRIÈRE, Ludovic: The Ischgl meteorite, a new LL6 chondrite from Tyrol, Austria. In: Annalen des Naturhistorischen Museums in Wien 115: S. 5–18, Wien 2013.
HIRSCHLER, Michael: Der Meteorit von Kroatisch Minihof/Mjenovo. In: Burgenländische Heimatblätter 3 & 4: S. 144–159, 2019.
HOCHLEITNER, Rupert / HEINLEIN, Dieter: Neuschwanstein, der Meteorit aus den bayerischen Alpen. In: Kulturstiftung der Länder (Herausgeber): Patrimonia 267, 2003.
RAAB, Herbert / REITER, Erich: Zum 250. Jahrestag des Meteoritenfalls von Mauerkirchen, Oberösterreich. In: OÖ Geonachrichten 32: S. 3–24, Linz 2017.
SCHADLER, Josef / ROSENHAGEN, Justus: Der Meteorsteinfall von Prambachkirchen (Oberösterreich) am 5. November 1932. In: Jahrbuch des oberösterreichischen Musealvereins 86: S. 99–164, Linz 1935.
SCHNABEL, Wolfgang: Fund- und Entdeckungsgeschichte des Meteorits von Ybbsitz. In: Annalen des Naturhistorischen Museums in Wien 87: S. 1–9, Wien 1985.
WEINMEISTER, Emil: Der Meteoritenfall von Lanzenkirchen bei Wiener-Neustadt. In: Annalen des Naturhistorischen Museums in Wien 46: S. 117–146, Wien 1933.

WIKIPEDIA (Online-Lexikon): Meteorit von Ybbsitz
https://de.wikipedia.org/wiki/Meteorit_von_Ybbsitz
WIKIPEDIA (Online-Lexikon): Liste der Meteoriten Österreichs.
https://de.wikipedia.org/wiki/Liste_der_Meteoriten_%C3%96sterreichs

Meteoriten in der Schweiz

Auf dem Gebiet der Schweiz sind bisher elf eindeutige Meteoriten geborgen worden, von denen heute noch Material vorhanden ist. Bei vier davon hat man vor dem Fund auch den Fall des Meteoriten beobachtet. Bei den Meteoriten, deren Fall verfolgt werden konnte, handelt es sich ausschließlich um Steinmeteoriten. Drei der vier Funde sind Eisenmeteorite. Nachfolgende Liste basiert auf dem Online-Lexikon „Wikipedia":
Chasseron, Kanton Wallis, 4,87 Gramm, Fund von 1959,
Chervettaz, Palézieux, Kanton Waadt, 705 Gramm, Fall am 30. November 1901,
Langwies, Kanton Graubünden, 16,5 Gramm, Fund von 1985,
Menziswyl, Tafers, Kanton Freiburg, 28,9 Gramm, Fall im Juli 1903,
Mont Sujet, Kanton Bern, 66,3 Gramm, Fund von 2018,
Mürtschenstock, Kanton Glarus, 355 Gramm, Fund von 2017,
Rafrüti, Emmental, Kanton Bern, 18,2 Kilogramm, Fund von 1886,
Sainte-Croix, Kanton Waadt, 4,8 Gramm, Fund von 1988,
Twannberg, Kanton Bern, erster 15,9 Kilogramm schwerer Fund 1984, insgesamt mehr als 600 Bruchstücke im Gesamtgewicht von mehr als 72 Kilogramm,
Ulmiz, Murten, Kanton Freiburg, 76,5 Gramm (10 Bruchstücke), Fall am 25. Dezember 1926,
Utzenstorf, Kanton Bern, 3,422 Kilogramm (drei Steine, größter wiegt 2,764 Kilogramm), Fall am 16. August 1928.
Der Originaltext über Meteoriten in der Schweiz ist bei

„Wikipedia" unter der Lizenz „Creative Commons Attributions Share/Alike" verfügbar.

Twannberg-Meteorit
Der Twannberg-Meteorit fiel im Eiszeitalter vor etwa 160.000 Jahren in der Gegend bei Twann im Kanton Bern zur Erde. Er ist der größte Meteorit, der bisher in der Schweiz gefunden wurde. Das erste Fragment mit einem Gewicht von 15,9 Kilogramm hat man am 9. Mai 1984 bei Twann entdeckt. Bis heute sind mehr als 600 Fragmente des Twannberg-Meteoriten mit einem Gesamtgewicht von mehr als 72 Kilogramm geborgen worden. Der größte Teil davon ist im Naturhistorischen Museum Bern ausgestellt. Das Streufeld des Twannberg-Meteoriten ist mehr als 5 Kilometer lang. Es gilt als das erste in der Schweiz entdeckte Meteoriten-Streufeld. Im Oktober 2010 machte man der Meteoritensammlung des Naturhistorischen Museums in Wien ein Fragment des Twannberg-Meteoriten zumn Geschenk.

Rafrüti-Meteorit
Der 1886 bei Rafrüti im Kanton Bern gefundene Rafrüti-Meteorit war der erste Meteoritenfund in der Schweiz. Heute gilt er als der zweitgrößte Meteoritenfund in der Schweiz. Die bisher geborgenen Bruchstücke haben ein Gesamtgewicht von 18,2 Kilogramm. Sie werden überwiegend im Naturhistorischen Museum Bern aufbewahrt. Der Rafrüti-Meteorit hat unter allen bekannten Eisenmeteoriten den geringsten Gehalt an Iridium.

Utzenstorf-Meteorit
Am Abend des 16. August 1928 stürzte auf das Hafer-Stoppelfeld des Gerbermeisters Eger nahe des Mühlebaches in

Utzenstorf im Kanton Bern ein Meteorit. Von diesem Ereignis zeugen drei unterschiedlich große Bruchstücke im Gesamtgewicht von 3,422 Kilogramm. Das größte Fragment wiegt 2,764 Kilogramm und blieb bis heute unversehrt. Von zwei kleineren Bruchstücken hat man für wissenschaftliche Untersuchungen Stücke abgetrennt. Wenn man die drei Fragmente aneinander reiht ergibt dies ein schildförmiges oder an eine große Muschel erinnerndes Gebilde von 22 x 18 x 8 Zentimeter.

Literatur
EUGSTER, Otto / HÜGI, Theodor, Der Meteorit von Utzenstorf: Ein Bote aus dem Weltraum. In: Jahrbuch des Oberaargaus 25: S. 265–284, 1982.
GRADY, Monica M.: Catalogue of Meteorites, 5. Auflage, Cambridge 2000.
HUTTENLOCHER, H. / HÜGI, Theodor: Der Meteorit von Utzenstorf. Eine petrologische und petrographische Stude. In: Mitteilungen der Natrforschenden Gesellschaft in Bern 9: S. 67–128, 1952.
NEUE ZÜRCHER ZEITUNG: Meteoritenfund am Bielersee. Der kosmische Wanderer vom Twannberg, 18. August 2016.
https://www.nzz.ch/panorama/sensationeller-meteoritenfund-am-bielersee-der-kosmische-wanderer-vom-twannberg-ld.111672
WIKIPEDIA (Online-Lexikon): Liste der Meteoriten der Schweiz.
https://de.wikipedia.org/wiki/Liste_der_Meteoriten_der_Schweiz
WIKIPEDIA (Online-Lexikon): Twannberg (Meteorit)
https://de.wikipedia.org/wiki/Twannberg_(Meteorit)

Meteoritenkrater in Polen

Morasko-Krater

Die Morasko-Krater im Einzugsgebiet der polnischen Stadt Poznán (Posen) gehören zu den geologisch jüngsten Einschlag-Strukturen in Europa. Laut der Liste der Ein-schlagkrater der Erde im Online-Lexikon „Wikipedia" sind diese acht Krater etwa 10.000 Jahre alt. Das entspräche der Mittelsteinzeit (Mesolithikum), in welcher neben der Jagd der Fischfang wichtig wurde. Wojciech T. J. Stankowski dagegen ermittelte 2011 ein Alter von rund 5.000 Jahren. Dies entspräche noch der Jungsteinzeit (Neolithikum) mit den Neuerungen Ackerbau, Viehzucht, Töpferei, Sesshaftigkeit, Befestungen sowie Rad und Wagen. Die acht Morasko-Krater gehören zum Kraterfeld von Morasko, das heute ein Naturreservat ist. Der Krater Morasko 1 hat einen Durchmesser von 100 Metern. Morasko 2 misst 25 Meter Durchmesser, Morasko 3: 63 Meter, Morasko 4: 35 Meter, Morasko 5: 15 Meter, Morasko 6: 24 Meter, Morasko 7: 50 Meter, Morasko 8: 35 Meter. Der erste Fund eines Bruchstückes des Eisenmeteoriten Morasko glückte 1914. Fast 100 Jahre später entdeckte man am 8. Oktober 2012 das bisher größte Einzelstück dieses Meteoriten mit einem Gewicht von rund 300 Kilogramm.

Literatur
CLASSEN, Johannes (1978): The meteorite craters of Morasko in Poland. In: Meteoritics & Planetary Science 13: S. 247–255. 1. Juni 1978.
EARTH IMPACT DATABASE: Morasko.
http://www.passc.net/EarthImpactDatabase/New%20website_05-2018/Morasko.html

KARASZEWSKI, Wjadyslaw: Geologische
Untersuchungen von „Meteoriten"-Kratern im Nördlinger
Ries (Westdeutschland) und bei Morasko (Polen) (auf
Polnisch). In: Przeglad Geologiczny 22: S. 626–627, 1974.
KORPIKIEWICZ, Honorata: Meteoritenschauer Morasko.
In: **Meteoritics & Planetary Science** 13: S. 311–326, 1978.
POKRZYWNICKI, Jerzi: Über einige bekannte polnische
Meteorite (auf Polnisch). In: Acta
Geologia Polonia 5: S. 427–437, 1955.
STANKOWSKI, Wojciech T. J.: The geology and
morphology of the natural reserve „Meteoryt Morasko". In:
Planetary and Space Science 49: S. 749–753, 2001.
STANKOWSKI, Wojciech T. J.: Luminescence and
radiocarbon dating as tools for the recognition of
extraterrestrial impacts. In: Geochronometria 38: S. 50–54,
Berlin/Heidelberg, 2011.

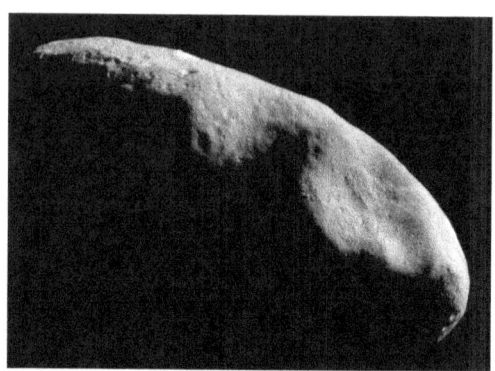

*Der 11,2 Kilometer große Asteroid Eros
wurde am 13. August 1898 von dem deutschen Astronom
Gustav Witt (1866–1946) entdeckt.
Eros ist der erste bekannte erdnahe Asteroid.
Foto: NASA/JHU/APL
(via Wikimedia Commons),
Lizenz: gemeinfrei (Public domain)*

Keine Gefahr mehr aus dem All?

Wenn man bedenkt, wie viele große Meteoriten bereits auf die Erde stürzten und welche verheerenden Schäden sie dabei anrichteten, könnte einem angst und bange werden. Angeblich löst durchschnittlich alle 50 Millionen Jahre ein riesiger Himmelskörper auf unserem „Blauen Planeten" ein Massensterben aus. Weil sich das letzte derartige Ereignis, das unter dem Namen Dinosauriersterben bekannt ist, vor 66 Millionen Jahren ereignete, wäre also das nächste Inferno überfällig. Doch in der Natur verläuft nicht alles genau nach Plan, sondern herrschen Chaos und Zufall. Es hat auch den Anschein, als seien die Geschosse aus dem Weltall im Laufe der Erdgeschichte immer kleiner geworden.

Wie verheerend der Einschlag eines Himmelskörpers auf der Erde wäre, hinge von der Größe des Asteroiden ab. Kleinere Objekte verglühen vollständig beim Eintritt in die Erdatmosphäre. Erst ab einer Größe von mehr als 18 Metern Durchmesser könnten sie tödlich werden, schätzten britische Forscher in einer Studie von 2017, bei der sie die wahrscheinlichsten Folgen eines Asteroiden-Einschlages in Computermodellen simulierten. Bei riesigen Asteroiden mit beispielsweise 400 Metern Durchmesser wären die Auswirkungen verheerend. Durch den Einschlag entsteht enorme Hitze. Druckwellen breiten sich mit Überschallgeschwindigkeit aus und erzeugen so Winde, die schneller als Orkane sind und viele Todesopfer fordern. Gebäude stürzen ein, Trümmer und Menschen werden durch die Luft geschleudert. Schlägt ein Asteroid oder ein Meteorit dagegen im Meer ein, werden die meisten Menschen durch gewaltige Tsunamis sterben, die dem Einschlag folgen.

Clemens Rumpf von der Universität Southampton in Großbritannien, Hauptautor der Studie von 2017, beruhigt: „Die Wahrscheinlichkeit eines Asteroideneinschlags ist wirklich gering. Aber die Konsequenzen können unvorstellbar sein."

Die Menschheit ist der Gefahr durch einschlagende Himmelskörper in der Gegenwart nicht mehr ganz schutzlos ausgeliefert. Seit längerer Zeit werden erdnahe Asteroiden, Meteoroide und Kometen sehr genau beobachtet. Falls ein „Near Earth Asteroid" (NEA) oder „Near Earth Object" (NEO) unserem Planeten gefährlich würde, gäbe es mehrere Methoden, mit denen man beispielsweise einen gefährlichen Asteroiden von seiner tödlichen Bahn abzubringen versuchen könnte.

Im Juli 2021 meldeten viele Zeitungen, chinesische Wissenschaftler wollten herausfinden, ob man Himmelskörper von ihrem Kurs abbringen könne, wenn man mit Raketen auf sie schieße Ins Visier genommen habe man den Asteroiden Bennu, der so lang wie das 373 Meter hohe Empire State Building in New York sei. Die Forscher/innen haben berech-net, dass sie 23 Raketen des Typs „Long March 5" benötigen würden, um diesen Asteroiden ablenken zu können. Ihre Ergebnisse veröffentlichten sie im Wissenschafts-Journal „Ica-rus". Der chinesischue Raumfahrt-Ingenieur Mingtao Li vom „National Space Centre" in Peking erklärte gegenüber der britischen Zeitung „Daily Mail": „Die Ablenkung eines Asteroiden auf Kollisionskurs ist entscheidend, um diese Bedrohung zu mindern".

Auch die europäische Raumfahrt-Agentur ESA wollte in einer Doppel-Mission gemeinsam mit der NASA erforschen, ob und wie sich ein gefährlicher Asteroid im Ernstfall ablenken ließe.

Um herauszufinden, wie sich ein absichtlicher Aufprall auf einen Asteroiden auswirkt, startete am 24. November 2021 die NASA-Sonde DART („Double Asteroid Redirection Test"). Ziel der Mission war der Doppel-Asteroid Didymos (griechisch „Zwilling"). Der größere der beiden Brocken hat einen Durchmesser von 780 Metern, der kleinere namens Dimorphos von 160 Metern. Auf Dimorphos wollte die NASA die Raumsonde DART im Herbst 2022 einschlagen lassen und seine Bahn verändern. Experten sprechen von einem „kosmischen Auffahrunfall". Zwei Jahre später soll die Mission „Hera" herausfinden, was der Beschuss mit dem Asteroiden bewirkt hat.

Aktuell schätzen Experten/innen die Gefahr, dass beispielsweise ein 100 Meter großer Asteroid in den nächsten 100 Jahren die Erde trifft, auf ungefähr 1 Prozent. Es gäbe keinen Grund zur Panik, beschwichtigte der Asteroiden-Experte der europäischen Raumfahrt-Agentur ESA, Detlef Koschny.

Die Vereinten Nationen wollen ebenfalls für eine drohende Kollision mit einem Asteroiden gerüstet sein. Sie bauen ein internationales Netzwerk auf, das Abwehrmaßnahmen erforscht und ein funktionierendes Frühwarnsystem für die ganze Welt erstellt. Die internationale Kommission, die dabei federführend ist, heißt „Space Mission Planning and Advisory Group. SMPAG". Ihre Aufgabe ist es, eine technische Reaktionsstrategie für einen potenziellen Asteroideneinschlag zu entwickeln.

Möglicherweise haben die Geschosse aus dem All teilweise sogar Gutes bewirkt. Manche Forscher vermuten, dass durch sie überhaupt erst Leben auf der Erde möglich geworden sei. Viele Asteroiden tragen nämlich organische Materie mit sich. Sogar das Wasser könnte ursprünglich durch Kometen auf

die Erde gelangt sein. Ohne den Chicxulub-Meteoriten, der vor 66 Millionen Jahren das Aussterben der Dinosaurier bewirkte, hätte der Aufstieg des Menschen wahrscheinlich nicht stattgefunden.
Heutzutage befürchten erstaunlich viele Menschen eher negative Folgen des von ihnen mehr oder minder beeinflussten Klimawandels und zwar vor allem eine zu starke Erderwärmung. Dabei tun sie so, als könne es immer nur wärmer und nicht auch mal empfindlich kälter oder sogar eisig werden.

Literatur
BR WISSEN: Die Erde vor knallharten Feinden schützen, 24. November 2021.
https://www.br.de/wissen/weltall/astronomie/asteroiden-einschlag-dlr-abwehr-100.html
HEIMANN, Reto: China will Asteroiden mit 23 Raketen unter Beschuss nehmen. In: 29minch, 9. Juli 2021.
https://www.20min.ch/story/china-will-asteroiden-mit-23-raketen-unter-beschuss-nehmen-581933429315
RUMPF, Clemens / LEWIS, Hugh G. / ATKINSON, Peter M.: Asteroid impact effects and their immendiate hazards for human population. In: Geophysical Research Letters, 2017.
https://agupubs.onlinelibrary.wiley.com/doi/full/10.1002/2017GL073191

„Schmutzige Schneebälle"

Der Einschlag eines Kometen mit einem bis zu 100 Kilometer großen Kern könnte auf der Erde eine globale Katastrophe mit Massenaussterben auslösen. Von den 10.713 im Februar 2014 katalogisierten erdnahen Objekten sind 94 Kometen und 10.619 Asteroiden. Weniger als 1 Prozent aller Erdbahnkreuzer, die eine gewisse Kollisionsgefahr mit der Erde haben, sind also Kometen. Von insgesamt 5.253 bekannten Kometen sind knapp 2 Prozent Erdbahnkreuzer. Im Online-Lexikon „Wikipedia" ist zu lesen: „Das Risiko von Kometen-Impakts ist generell schwieriger einzuschätzen als das von Asteroiden, deren Bahnen vergleichsweise stabiler und besser bekannt sind." Bisher sei kein Kometenimpakt in der Erdgeschichte gesichert bestätigt. 1978 spekulierte der slowakische Astronom Lubor Kresák, das Tunguska-Ereignis von 1908 könnte durch ein Fragment des periodischen Kometen Encke ausgelöst worden sein. Man glaubt, kleinere Kometen oder Kometenbruchstücke könnten nur geringe Spuren auf der Erde hinterlassen haben, weil ihr Eis beim Eintritt in die Atmosphäre verdampft und ihre Gesteinsbestandteile noch in der Atmosphäre verstreut werden könnten.

1984 glaubten die amerikanischen Paläontologen David M. Raup (1933–2015) und Joseph John (Jack) Sepkoski (1948–1999), die Massensterben in der Erdgeschichte träten etwa alle 27 Millionen Jahre auf. Ein hypothetischer Begleitstern der Sonne namens Nemesis, der in diesen Abständen die Oortsche Wolke durchquere, würde mehr Kometen und Asteroiden als sonst ins Sonnensystem lenken. Alternativ wurde dies auch durch den Planeten Tyche erklärt. Spätere Erkenntnisse widersprachen beiden Hypothesen.

Komet C/1618 W1 von 1618 über Augsburg.
Bild: Elias Ehinger (1573–1653) aus dem Werk
„Von dem newen Cometa welcher den 1. Decemb. 1618
am Morgen vor vnd nach 6 Uhren
zu Augspurg von vilen Personen gesehen worden".
(via Wikimedia Commons), Lizenz: gemeinfrei (Public domain)

Komet Tschurjumow-Geraimenko.
Foto: ESA/Rosetta/NAVCAM / CC BY-SA IGO 3.0
(via Wikimedia Commons),
lizensiert unter Creative Commons-Lizenz unter by-sa/3.0/igo/
deed.en
https://creativecommons.org/licenses/by-sa/3.0/igo/legalcode

Halleyscher Komet auf einem Foto von 1910,
publiziert in der „New York Times" am 3. Juli 1910.
Foto: Professor Edward Emerson Barnard,
Yerkes Observatory, in Williams Bay, Wisonsin
(via Wikimedia Commons),
Lizenz: gemeinfrei (Public domain)

Englischer Astronom, Mathematiker,
Kartograph, Geophysiker und Meteorologe
Edmond Halley (1656–1742).
Bild: Popular Science Monthly Volume 76
(via Wikimedia Commons),
Lizenz: gemeinfrei (Public domain)

*Deutscher Mathematiker, Geograph und Astronom
Gottfried Heinsius (1709–1769).
Bild aus: „Zuverläßige Nachrichten von dem gegenwärtigen Zustande
der Wissenschaften" (1754),
Autor: Elias Gottlob Hausmann (1695–1774)
(via Wikimedia Commons),
Lizenz: gemeinfrei (Public domain)*

Kometen bestehen aus Eis, Gasen, Staub und Gestein. Wie Asteroiden sind sie Überreste bei der Entstehung des Sonnensystems. Ein Komet umwandert die Sonne auf einer oft langgestreckten elliptischen Bahn oder kommt auf einer Parabelbahn aus dem interstellaren Raum, in dem er nach Durchlaufen der Sonnennähe wieder zurückkehrt. Der oft nur wenige Kilometer große Kern wird von einer diffus leuchtenden Koma umgeben. Kern und Koma bezeichnet man als Kopf des Kometen. In großer Entfernung von der Sonne bestehen Kometen nur aus Eis, Methan, meteoritenähnlichen Staub- und Mineralienteilchen sowie Ammoniak. Daher der Begriff „schmutziger Schneeball". Bei Annäherung an die Sonne entsteht eine Lichtspur (Schweif), der immer von der Sonne abgewandt ist. Große Kometen haben einen bis zu mehrere 100 Millionen Kilometer langen Schweif. Kometen sind instabil und können sich beim Zerfallen in Meteorschwärme auflösen. Vor den 1990er Jahren hat man jährlich 5 bis 10 Kometen neu aufgespürt, heute sind es 20 bis 30. Die meisten der neuentdeckten Kometen sind nur mit Fernrohr sichtbar.

Im Altertum und im Mittelalter galten Kometen oft als böses Omen, seltener als Wunderzeichen. Kurz nach der Ermordung von Julius Caesar soll 44 v. Chr. mehrere Tage lang in Rom ein sehr heller Haarstern am Himmel erschienen sein, was man als Zeichen für die Vergöttlichung Caesars und des Aufstiegs seiner Seele in den Himmel deutete. Künstler stellten ab Beginn des 14. Jahrhunderts den aus der Bibel bekannten Stern von Bethlehem als Kometen dar. 1682 erkannte der englische Astronom, Mathematiker, Kartograph, Geophysiker und Meteorologe Edmond Halley (1656–1742) den damals auftauchenden Schweifstern als periodisch wiederkehrenden Himmelskörper. Der Halleysche Komet bewegt sich auf einer langgestreckten Ellipse in 76 Jahren um die Sonne. Für den Großen Komet von 1744 hat der deutsche Mathematiker, Geograph und Astronom Gottfried Heinsius (1709–1769) eine Schweiflänge vn 52 Millionen Kilometern errechnet. Im Oktober 1965 erreichte der Komet Ikeya-Seki die rund 60-fache Helligkeit des Vollmondes und war tagsüber deutlich neben der Sonne sichtbar. Zwischen dem 16. und 22. Juli 1994 schlugen 21 Bruchstücke des Kometen Shoemaker-Levy 9, der im Gravitationsbereich des Jupiter zerbrochen war, auf diesem Planeten auf.

Wiederkehrende Meteorschauer
Wenn die Erde bei ihrem Lauf um die Sonne in die Nähe einer Kometenbahn kommt oder sie annähernd kreuzt, können Sternschnuppen (Meteorschauer oder Meteorströme) entstehen. In Nähe der Sonne verlieren Kometen ständig einen Teil ihrer Masse in Form von Gas und Staub (Kometenschweif), von Gesteinsstücken und anderen kleinen Partikeln, die man als Meteoriden bezeichnet. Innerhalb von Jahrtausenden verteilen sie sich über einen Großteil der Kometenbahn, weswegen ein Meteorstrom oft jährlich an der Stelle erneut auftritt, wo die Erde den Bereich dieser Materiewolke durchfliegt. In gewissen Jahreszeiten häufen sich Sternschnuppen. Überwiegend stammen sie von Staubteilchen aufgelöster Kometen. Normalerweise sind die meisten Sternschnuppen am frühen Morgenhimmel zu bestaunen. Die Stärke eines Meteorschauers wird als „Zenithal Hourly Rate" (ZHR) angegeben. Das ist die stündliche Zahl der Meteore, die zum Höhepunkt unter Idealbedingungen sichtbar sind. Kurz vor und nach dem Vorbeiflug des Kometen an der Sonne ist die Partikeldichte auf der Flugbahn des Kometen merklich größer. Ein derartiges Ereginis wird Meteorsturm genannt. In

manchen Jahren sind mehr als 1.000 Meteore pro Stunde sichtbar. Als die drei wichtigsten jährlich wiederkehrenden Meteorströme gelten die Quadrantiden vom 1. Januar bis zum 5. Januar (3. Januar), die Perseiden vom 17. Juli bis zum 24. August (12. August) und die Geminiden vom 7. Dezember bis zum 17. Dezember (14. Dezember). Weil sich die Partikelwolken im Laufe der Zeit auflösen und ihre Bahnen um die Sonne durch Bahnstörungen und andere Einflüsse ändern können, verschwinden Meteorströme langfristig. Das war beispielsweise bei den Leoniden vom 14. November bis zum 21. November (17. November) nach 2002 der Fall.

Literatur
BRUHNS, Christian: Heinsius, Gottfried. In: Allgemeine Deutsche Biographie 11: S. 656, 1880.
HIRSCHLER, Johannes: Halleyscher Komet – Wanderer durch die Zeiten.
https://www.planet-wissen.de/natur/weltall/kometen/pwiehalleyscherkometwandererdurchdiezeiten100.html
WHO'S WHO: Edmond Halley.
https://whoswho.de/bio/edmond-halley.html
WIKIPEDIA (Online-Lexikon): Komet.
https://de.wikipedia.org/wiki/Komet
WIKIPEDIA (Online-Lexikon): Liste von Kometen.
https://de.wikipedia.org/wiki/Liste_von_Kometen
WIKIPEDIA (Online-Lexikon): Meteorstrom.
https://de.wikipedia.org/wiki/Meteorstrom
WIKIPEDIA (Online-Lexikon): Nemesis (Stern).
https://de.wikipedia.org/wiki/Nemesis_(Stern)

Autor Ernst Probst.
Fotograf: Klaus Benz, Mainz-Laubenheim

Der Autor

Ernst Probst, geboren am 20. Januar 1946 in Neunburg vorm Wald im bayerischen Regierungsbezirk Oberpfalz, ist Journalist und Wissenschaftsautor. Er arbeitete von 1968 bis 1971 bei den „Nürnberger Nachrichten", von 1971 bis 1973 in der Zentralredaktion des „Ring Nordbayerischer Tageszeitungen" in Bayreuth und von 1973 bis 2001 bei der „Allgemeinen Zeitung", Mainz. In seiner Freizeit schrieb er Artikel für die „Frankfurter Allgemeine Zeitung", „Süddeutsche Zeitung", „Die Welt", „Frankfurter Rundschau", „Neue Zürcher Zeitung", „Tages-Anzeiger", Zürich, „Salzburger Nachrichten", „Die Zeit", „Rheinischer Merkur", „Deutsches Allgemeines Sonntagsblatt", „bild der wissenschaft", „kosmos", „Deutsche Presse-Agentur" (dpa), „Associated Press" (AP) und den „Deutschen Forschungsdienst" (df). Aus seiner Feder stammen die Bücher „Deutschland in der Urzeit" (1986), „Deutschland in der Steinzeit" (1991), „Rekorde der Urzeit" (1992), „Dinosaurier in Deutschland" (1993 zusammen mit Raymund Windolf) und „Deutschland in der Bronzezeit" (1996). Von 2001 bis 2006 betätigte sich Ernst Probst als Buchverleger sowie zeitweise als internationaler Fossilienhändler und Antiquitätenhändler. Insgesamt veröffentlichte er mehr als 450 Bücher, Taschenbücher, Broschüren und über 450 E-Books.

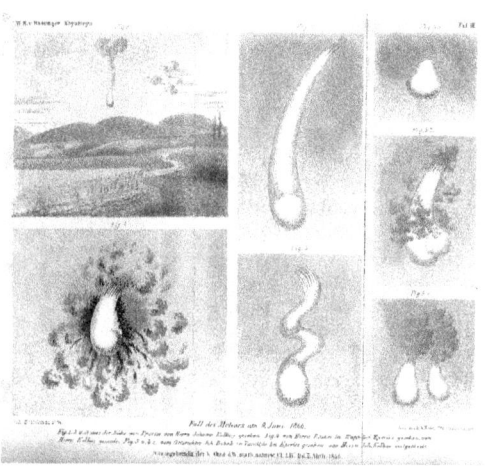

*Zeitgenössische Darstellung des Meteoritenfalls
von Knyahinya (Ukraine) am 9. Juni 1866.
Bild: Wilhelm Ritter von Haidinger (1795–1871),
Sitzungsberichte der kaiserlichen Akademie der Wissenschaften,
mathematisch-naturwissenschaftliche Classe, LV. Band, Abth. 1866
(via Wikimedia Commons),
Lizenz: gemeinfrei (Public domain)*

Bücher von Ernst Probst

(Auswahl)

Meteoriten. Die wichtigsten Funde und Krater
Große Kometen. Schweifsterne in Wort und Bild
Als Mainz im Meer lag
Als Mainz noch nicht am Rhein lag
Christl-Marie Schultes. Die erste Fliegerin in Bayern
(zusammen mit Theo Lederer)
Der Europäische Jaguar
Der Mosbacher Löwe. Die riesige Raubkatze aus
Wiesbaden
Der Rhein-Elefant. Das Schreckenstier von Eppelsheim
Der Schwarze Peter. Ein Räuber im Hunsrück und
Odenwald
Der Ur-Rhein. Rheinhessen vor zehn Millionen Jahren
Deutschland im Eiszeitalter
Deutschland in der Frühbronzezeit
Deutschland in der Mittelbronzezeit
Deutschland in der Spätbronzezeit
Die Aunjetitzer Kultur in Deutschland
Die Straubinger Kultur in Deutschland
Die Singener Gruppe
Die Arbon-Kultur in Deutschland
Die Ries-Gruppe und die Neckar-Gruppe
Die Adlerberg-Kultur
Der Sögel-Wohlde-Kreis
Die nordische Bronzezeit in Deutschland
Die Hügelgräber-Kultur in Deutschland
Die ältere Bronzezeit in Nordrhein-Westfalen

Die Bronzezeit in der Lüneburger Heide
Die Stader Gruppe
Die Oldenburg-emsländische Gruppe
Die Urnenfelder-Kultur in Deutschland
Die ältere Niederrheinische Grabhügel-Kultur
Die Unstrut-Gruppe
Die Helmsdorfer Gruppe
Die Saalemündungs-Gruppe
Die Lausitzer Kultur in Deutschland
Die Dolchzahnkatze Megantereon
Die Dolchzahnkatze Smilodon
Die Säbelzahnkatze Homotherium
Die Säbelzahnkatze Machairodus
Die Schweiz in der Frühbronzezeit
Die Rhône-Kultur in der Westschweiz
Die Arbon-Kultur in der Schweiz
Die Schweiz in der Mittelbronzezeit
Die Schweiz in der Spätbronzezeit
Dinosaurier von A bis K. Von Abelisaurus bis zu Kritosaurus
Dinosaurier von L bis Z. Von Labocania bis zu Zupaysaurus
Der rätselhafte Spinosaurus. Leben und Werk des Forschers Ernst Stromer von Reichenbach
Eiszeitliche Geparde in Deutschland
Eiszeitliche Leoparden in Deutschland
Frauen im Weltall
Hildegard von Bingen. Die deutsche Prophetin
Höhlenlöwen. Raubkatzen im Eiszeitalter
Julchen Blasius. Die Räuberbraut des Schinderhannes
Johann Jakob Kaup. Der große Naturforscher aus Darmstadt

Königinnen der Lüfte
Königinnen der Lüfte in Deutschland
Königinnen der Lüfte in Europa
Königinnen der Lüfte in Frankreich
Königinnen der Lüfte in England und Australien
Königinnen der Lüfte in Amerika
Königinnen der Lüfte von A bis Z
Königinnen des Tanzes
Malende Superfrauen
Meine Worte sind wie die Sterne Die Entstehung der Rede des Häuptlings Seattle (zusammen mit Sonja Probst, verheiratete Werner)
Monstern auf der Spur. Wie die Sagen über Drachen, Riesen und Einhörner entstanden
Neues vom Ur-Rhein. Interview mit dem Geologen und Paläontologen Dr. Jens Sommer
Österreich in der Frühbronzezeit
Österreich in der Mittelbronzezeit
Österreich in der Spätbronzezeit
Pompadour und Dubarry. Die Mätressen von Louis XV.
Raub-Dinosaurier von A bis Z. Mit Zeichnungen von Dmitry Bogdanov und Nobu Tamura
Rekorde der Urmenschen. Erfindungen, Kunst und Religion
Rekorde der Urzeit. Landschaften, Pflanzen und Tiere
Säbelzahnkatzen. Von Machairodus bis zu Smilodon
Säbelzahntiger am Ur-Rhein. Machairodus und Paramachairodus
Superfrauen aus dem Wilden Westen
Superfrauen 1 – Geschichte
Superfrauen 2 – Religion
Superfrauen 3 – Politik
Superfrauen 4 – Wirtschaft und Verkehr

Superfrauen 5 – Wissenschaft
Superfrauen 6 – Medizin
Superfrauen 7 – Film und Theater
Superfrauen 8 – Literatur
Superfrauen 9 – Malerei und FotografieSuperfrauen 10 –
Musik und Tanz
Superfrauen 11 – Feminismus und Familie
Superfrauen 12 – Sport
Superfrauen 13 – Mode und Kosmetik
Superfrauen 14 – Medien und Astrologie
Tony und Bruno Werntgen. Zwei Leben für die Luftfahrt
(zusammen mit Paul Wirtz)
Was ist ein Menhir? Interview mit dem Mainzer
Archäologen
Dr. Detert Zylmann
Wer ist der kleinste Dinosaurier? Interviews mit dem
Wissenschaftsautor Ernst Probst
Wer war der Stammvater der Insekten? Interview mit dem
Stuttgarter Biologen und Paläontologen Dr. Günther
Bechly
6000 Jahre Kastel. Von der Steinzeit bis zum 21.
Jahrhundert
5000 Jahre Kostheim. Von der Steinzeit bis zum 21.
Jahrhundert
Kastel in der Vorzeit. Von der Jungsteinzeit bis Christi
Geburt
Kostheim in der Vorzeit. Von der Jungsteinzeit bis Christi
Geburt
Wiesbaden in der Steinzeit
Anno 1.000.000. Deutschland in der älteren Altsteinzeit
Das Protoacheuléen. Eine Kulturstufe der Altsteinzeit vor
etwa 1,2 Millionen bis 600.000 Jahren

Das Altacheuléen. Eine Kulturstufe der Altsteinzeit vor etwa 600.000 bis 350.000 Jahren
Das Jungacheuléen. Eine Kulturstufe der Altsteinzeit vor etwa 350.000 bis 150.000 Jahren
Das Spätacheuléen. Eine Kulturstufe der Altsteinzeit vor etwa 150.000 bis 100.000 Jahren
Das Moustérien. Die große Zeit der Neanderthaler
Das Aurignacien. Eine Kulturstufe der Altsteinzeit vor etwa 40.000 bis 31.000 Jahren
Das Gravettien. Eine Kulturstufe der Altsteinzeit vor etwa 35.000 bis 24.000 Jahren
Das Magdalénien. Eine Kulturstufe der Altsteinzeit vor etwa 18.000 bis 12.000 Jahren
Die Hamburger Kultur. Eine Kulturstufe der Altsteinzeit vor etwa 15.700 bis 14.200 Jahren
Die Federmesser-Gruppe. Eine Kulturstufe der Altsteinzeit vor etwa 14.000 bis 12.800 Jahren
Die Altsteinzeit in Österreich. Jäger und Sammler vor 250.000 bis 10.000 Jahren
Das Jungacheuléen in Österreich
Das Moustérien in Österreich
Das Aurignacien in Österreich
Das Gravettien in Österreich
Das Magdalénien in Österreich
Die Schweiz in der Altsteinzeit
Das Magdalénien in der Schweiz
Die Mittelsteinzeit
Deutschland in der Mittelsteinzeit
Die Mittelsteinzeit in Baden-Württemberg
Die Mittelsteinzeit in Bayern
Die Mittelsteinzeit in Rheinland-Pfalz
Die Mittelsteinzeit in Hessen

Die Mittelsteinzeit in Nordrhein-Westfalen
Die Mittelsteinzeit in Niedersachsen
Die Mittelsteinzeit in Thüringen, Sachsen-Anhalt, Sachsen
und im südlichen Brandenburg
Die Mittelsteinzeit in Schleswig-Holstein, Mecklenburg
und im nördlichen Brandenburg
Die Jungsteinzeit. Eine Periode der Steinzeit vor etwa
5.500 bis 2.300 v. Chr.
Die ersten Bauern in Deutschland. Die Linienband-
keramische Kultur (5.500 bis 4.900 v. Chr.)
Die Ertebölle-Ellerbek-Kultur. Eine Kultur der
Jungsteinzeit vor etwa 5.000 bis 4.300 v. Chr.
Die Stichbandkeramische Kultur Eine Kultur der
Jungsteinzeit vor etwa 4.900 bis 4.500 v. Chr.
Die Oberlauterbacher Gruppe. Eine Kulturstufe der
Jungsteinzeit vor etwa 4.900 bis 4.500 v. Chr.
Die Hinkelstein-Gruppe. Eine Kulturstufe der
Jungsteinzeit vor etwa 4.900 bis 4.800 v. Chr.
Die Rössener Kultur. Eine Kultur der Jungsteinzeit vor
etwa 4.600 bis 4.300 v. Chr.
Die Kupferzeit. Wie die ersten Metalle in Mitteleuropa
bekannt wurden
Die Michelsberger Kultur. Eine Kultur der Jungsteinzeit
vor etwa 4.300 bis 3.500 v. Chr.
Das Rätsel der Großsteingräber. Die nordwestdeutsche
Trichterbecher-Kultur vor etwa 4.300 bis 3.000 v. Chr.
Die Baalberger Kultur. Eine Kultur der Jungsteinzeit vor
etwa 4.300 bis 3.700 v. Chr.
Pfahlbauten in Süddeutschland. Dörfer der Jungsteinzeit
und Bronzezeit an Seen, Mooren und Flüssen
Die Altheimer Kultur / Die Pollinger Gruppe. Zwei
Kulturen der Jungsteinzeit vor etwa 3.900 bis 3.500 v. Chr.

Die Salzmünder Kultur. Eine Kultur der Jungsteinzeit vor
etwa 3.700 bis 3.200 v. Chr.
Die Chamer Gruppe. Eine Kulturstufe der Jungsteinzeit vor
etwa 3.500 bis 2.800 v. Chr.
Die Wartberg-Kultur. Eine Kultur der Jungsteinzeit vor
etwa 3.500 bis 2.800 v. Chr.
Die Walternienburg-Bernburger Kultur. Eine Kultur der
Jungsteinzeit vor etwa 3.200 bis 2.800 v. Chr.
Die Kugelamphoren-Kultur. Eine Kultur der Jungsteinzeit
vor etwa 3.100 bis 2.700 v. Chr.
Die Schnurkeramischen Kulturen. Kulturen der
Jungsteinzeit von etwa 2.800 bis 2.400 v. Chr.
Die Einzelgrab-Kultur. Eine Kultur der Jungsteinzeit vor
etwa 2.800 bis 2.300 v. Chr.
Die Schönfelder Kultur. Eine Kultur der Jungsteinzeit vor
etwa 2.800 bis 2.200 v. Chr.
Die Glockenbecher-Kultur. Eine Kultur der Jungsteinzeit
vor etwa 2.500 bis 2.200 v. Chr.
Die ersten Bauern in Österreich. Die Linienbandkeramische
Kultur vor etwa 5.500 bis 4.900 v. Chr.
Die Lengyel-Kultur in Österreich. Eine Kultur der
Jungsteinzeit vor etwa 4.900 bis 4.400 v. Chr.
Die Mondsee-Gruppe. Eine Kulturstufe der Jungsteinzeit
vor etwa 3.700 bis 2.900 v. Chr.
Die Badener Kultur in Österreich. Eine Kultur der
Jungsteinzeit vor etwa 3.600 bis 2.900 v. Chr.
Die ersten Pfahlbauten in der Schweiz. Die Anfänge der
Pfahlbauforschung und die Egolzwiler Kultur
Die Cortaillod-Kultur. Eine Kultur der Jungsteinzeit vor
etwa 4.000 bis 3.500 v. Chr.
Die Pfyner Kultur in der Schweiz. Eine Kultur der
Jungsteinzeit vor etwa 4.000 bis 3.500 v. Chr.

Die Horgener Kultur in der Schweiz. Eine Kultur der Jungsteinzeit vor etwa 3.500 bis 2.800 v. Chr.
Die Schnurkeramiker in der Schweiz. Eine Kultur der Jungsteinzeit vor etwa 2.800 bis 2.400 v. Chr.

www.ingramcontent.com/pod-product-compliance
Lightning Source LLC
Chambersburg PA
CBHW071347210526
45465CB00001B/10